U0150003

增材制造先进材料及结构完整性

Integrity of Additively Manufactured Advanced Materials and Structures

胡雅楠　吴圣川　吴正凯　吴文旺　钱伟建　编著

国防工业出版社

·北京·

内 容 简 介

结构完整性是自工业革命发展起来的一种主要基于断裂力学的工程装备抗疲劳设计思想。但与传统铸造、焊接、锻造等成形材料不同,增材过程形成了难以根除的内部缺陷,是制约增材结构应用于高端装备的瓶颈技术之一。同时,鉴于增材制造"数字建模、分层制造、逐层叠加"释放出的巨大设计空间,一些负泊松比、零剪切模量等新型结构制造成为可能,在航空航天、国防军工、生物医学、高速列车等领域展现出巨大的应用潜力。本书在系统总结国内外研究进展的基础上,把"结构完整性"概念引入增材制造材料及部件的力学性能设计与可靠性评价中,推进增材制造在重大装备研发中的广度与深度。同时,一些新的技术或概念,如 X 射线原位成像、人工智能算法、智能材料结构、图像有限元建模等也在本书进行了阐述。

本书可为从事增材结构设计、工艺优化、装备研发、性能评价等领域学者和技术人员提供参考,也可作为力学、材料、医学、信息、机械、控制等学科的高校院所研究生和教师授课的参考书。

图书在版编目(CIP)数据

增材制造先进材料及结构完整性/胡雅楠等编著

. —北京:国防工业出版社,2022. 12

ISBN 978-7-118-12770-6

Ⅰ.①增⋯ Ⅱ.①胡⋯ Ⅲ.①快速成型技术 Ⅳ.
①TB4

中国国家版本馆 CIP 数据核字(2023)第 016730 号

※

*国防工业出版社*出版发行

(北京市海淀区紫竹院南路 23 号 邮政编码 100048)
北京龙世杰印刷有限公司印刷
新华书店经售

*

开本 710×1000 1/16 印张 19¾ 字数 352 千字
2022 年 12 月第 1 版第 1 次印刷 印数 1—2000 册 定价 129.00 元

(本书如有印装错误,我社负责调换)

国防书店:(010)88540777 书店传真:(010)88540776
发行业务:(010)88540717 发行传真:(010)88540762

前　言

　　增材制造被称为新一轮产业革命的代表性技术之一,在航空航天、生物医疗、国防军工、轨道交通等领域显示出了巨大的发展潜力与应用效率。然而,金属增材制造在高端装备关键承力部件中还鲜有公开报道,亟待解决的共性技术科学问题主要有微观组织、残余应力、表面质量和内部缺陷等4个方面。同时,基于上述4个方面的增材材料及部件的结构完整性评价已成为国内外前沿研究课题,也是金属增材制造技术走向高端装备必须通过的核心环节。其中,通体或广域分布的内部缺陷称为增材制造发展的顽疾,而其他3个方面均可通过工艺优化、后热处理、机械加工等手段予以有效缓解。本书在简要叙述了增材制造技术的基本概念及内涵后,分章节论述了典型增材制造的微观组织、缺陷行为、表面质量和残余应力及其对拉伸性能和疲劳性能的影响,重点讨论了基于高分辨X射线三位成像的缺陷统计表征方法及缺陷与疲劳强度和寿命的映射关系,对人工智能在增材工艺-组织-缺陷-性能的跨尺度关联建模中的应用也进行了介绍。

　　与此同时,基于金属增材制造技术的先进结构设计及评价研究引起了材料冶金、计算力学、实验力学、先进制造等领域学者的广泛重视。其中,在增材制造复杂结构时,探索外部激励后的变形损伤行为,成为学科研究前沿。与此同时,作为一项诞生于2000年的新兴交叉学科研究方向,超材料结构曾两次入选美国《科学》杂志"世界十大科技突破",更被美国国防部列为21世纪六大颠覆性技术之一。点阵结构是由杆件组元或薄面板组元沿着空间取向排布构筑的二维或三维胞元结构,可以产生超常规的机械和力学性能,具有优异的比强度、比刚度、抗冲击吸能、减振降噪、弹性波调控等多功能一体化的综合性能优势。随着增材制造技术的快速发展和应用,点阵结构设计-制造-功能-应用一体化得到快速发展。本书在第8章和第9章对增材点阵结构的力学设计及图像仿真方法进行介绍。

作者自2005年攻读博士学位至今,坚信金属增材制造必将在长寿命高可靠性重大工程装备中得到运用,见证了中国增材制造技术的发展壮大之路,有幸自2012年以来引入同步辐射X射线三维成像技术开展增材缺陷与疲劳演化关系研究,在对高铁关键结构(车轴、构架、车体等)进行疲劳行为研究中提出了"时域阶梯评估方法",认识到金属增材制造材料及部件的抗疲劳设计与评价已是当前亟待开展的重大技术课题,进而提出了增材制造结构完整性概念。

作者由衷感谢国家自然科学基金委员会大科学装置联合基金培育项目(U2032121)和青年科学基金项目(12202369)及军委科技委项目群和共性技术研究重大课题等的资助,感谢多年来保持良好合作的英国两院院士Philip J. Withers、上海同步辐射光源的肖体乔研究员、谢红兰研究员、付亚楠研究员、薛艳玲研究员、邓彪研究员,以及北京同步辐射装置的袁清习研究员和黄万霞高级工程师。还要感谢成都飞机工业(集团)有限责任公司的李飞研究员,中国航发北京航空材料研究院的郭广平研究员、刘昌奎研究员和陈冰清研究员,中国航空制造技术研究院的陈玮研究员和张杰研究员,以及华中科技大学的张海鸥教授和王桂兰教授。

本书共11章,由胡雅楠讲师、吴圣川研究员、吴正凯博士、吴文旺副教授和钱伟建博士共同撰写,在结构完整性框架内,围绕增材材料的力学性能和疲劳性能,以实验分析、理论建模和图像仿真为手段展开叙述。由于从事增材制造材料结构强度及寿命评估研究时间不长,知识深度与认识能力有限,行文中难免有疏漏甚至错误之处,恳请大家批评指正。

吴圣川

2022年9月18日

CONTENTS

目　录

V

第3章 组织特征及调控方法 ·································· 030

第 ① 章
引　言

　　增材制造(Additive Manufacturing),亦称为 3D 打印,是一种基于"数字建模,分层制造,逐层叠加"理念,以激光束、电子束、等离子体、电弧及其组合为热源,以粉末、丝材和块材等为原材料,实现零部件和复杂构件渐进式"近净成形"的先进制造技术,它具有材料利用率高、设计自由度高、生产周期短、制造成本低、能量消耗少、绿色环保等诸多优点,成为"碳中和、碳达峰"战略的重要技术途径之一。增材制造技术涉及材料科学与工程、控制科学、计算机图形学、冶金物理化学、电气自动化、力学、机械等多个高度交叉融合学科。经过 40 多年的发展,增材制造在航空航天、武器装备、汽车工业、生物医学、微纳制造、轨道交通等领域展示了极其广阔的应用前景,成为当前先进制造领域发展最快、基础研究最活跃、关注度最高的研究方向之一。

　　增材制造普遍被认为是一种可能颠覆传统机械加工和制造技术(如铸造、锻造)的变革性先进技术,并已在航天、军工、医学、汽车等重大装备中得到示范性应用。文献检索表明,自从 2015 年第一篇与增材制造有关的论文在国际三大刊之一 *Science* 发表以来,至今已有涉及不同学科、技术和应用的 30 余篇研究论文陆续登上 *Science* 期刊,而在另一顶刊 *Nature* 上亦有类似趋势。几乎在同一时间,著名出版集团 ScienceDirect 官宣推出一本新期刊 *Additive Manufacturing*,至 2022 年其影响因子达到 11.632,位列中国科学院 SCI 期刊分区第一阵列。可见,增材制造基础研究、技术创新和工程应用的活跃度、成熟度及影响力均呈现出井喷的发展态势;在其他材料、疲劳、力学、控制、机械、计算机等领域专业期刊上也发表了大量增材制造的研究型论文。与此同时,在我国重点研发计划、科技重大专项、科技创新 2030 年重大项目、国家基金重大项目和重点及国防军工等申报指南中,与增材制造及其重大装备相关的研究项目日益增多。值得注意的是,在教育部和科技部的大力支持下,国内一些高校也逐渐把增材制造技术增设为普通高校本科和职高教育新专业名单。

由此可见,增材制造技术正以前所未有的发展热度成为当前先进制造领域的热点前沿课题。其中,成形质量是增材材料、结构、部件及装备的技术难点,也是增材制造走向重大工程装备尤其是应用于主承力部件的核心技术指标。这是因为,与基于传统的焊接、铸造或锻造技术制造的构件相比,增材金属部件显示出典型的四大技术特征:微观组织各向异性、内部缺陷广域随机分布、残余应力通体分布和表面形貌复杂。这些不确定性因素无一不直接影响着增材制造材料及部件的基本力学性能和疲劳寿命,迫切需要从材料成分、工艺特性、成形过程、微结构及缺陷特征、服役性能等宏微细观层面开展跨尺度多维度关联建模、协同测试与定量表征研究。相关研究表明,上述问题均可通过不同形式的后期热处理(如热等静压)、工艺优化或机械加工等最大程度地予以有效解决,公开报道的增材制造构件的基本力学性能和疲劳强度甚至与锻件相当,这就为增材制造技术用于关键承力部件提供了无限可能。然而,要完全消除增材制造部件中的内部缺陷还需要做出很大努力。

2021 年,日本著名学者 Murakami 在国际疲劳顶刊 *International Journal of Fatigue* 发表题为“Essential structure of $S-N$ curve:Prediction of fatigue life and fatigue limit of defective materials and nature of scatter”的综述论文,认为决定增材金属材料及部件高周疲劳寿命的本质要素是内部缺陷。几乎在同一时间,意大利米兰理工的 Stefano Beretta 教授、德国材料研究所的 Uwe Zerbst 教授、美国奥本大学的 Nima Shamsaei 教授及西南交通大学吴圣川研究员团队,针对增材制造钛合金和铝合金的缺陷表征与疲劳力学行为开展了系统研究。这些研究中,不仅基于传统的名义应力方法开展了增材制造试样的疲劳强度和寿命预测工作,而且把“结构完整性”概念引入增材部件的抗疲劳评估中,尤其是 Stefano Beretta 教授和吴圣川研究员各自独立地采用三维成像方法(包括工业 CT 和同步辐射 CT)开展增材制造先进材料与结构的内部缺陷表征及缺陷-疲劳寿命的关联建模方法研究,并提出应用修正的 Kitagawa-Takahashi 图(K-T 图)来建立疲劳强度-临界缺陷-疲劳寿命的三参数 K-T 图。进一步地,吴圣川研究员与英国两院院士 Philip J. Withers 将机器学习方法引入疲劳寿命模型,建立了考虑缺陷尺寸、形貌和位置的疲劳寿命预测 Wu-Withers 参数模型,简称 W-W 参数。由此可见,目前针对增材制造材料及部件的疲劳性能研究,已基本形成了欧洲、中国和美国的三足鼎立竞争态势。然而,美国材料与试验协会(American Society for Testing and Materials,ASTM)每年举办的 International Conference on Additive Manufacturing 却鲜有来自中国本土学者的邀请报告。本书著者于 2020 年和 2021 年连续两年作为特邀报告嘉宾参加本次会议,也是由米兰理工 Stefano

Beretta 教授发出报告邀请;另外,由德国材料研究所 Uwe Zerbst 等在内的 10 家单位和 21 位作者于 2021 年在 *Progress in Materials Science* 撰写的一篇综述 429 篇文献中鲜有一篇来自中国本土单位和学者,当然,也仅有一位来自美国。据此认为,欧洲和美国学术界也存在着对于中国在增材制造领域的共同阵线,但其内部也存在一定竞争。

如前所述,增材制造先进材料与结构的质量是其广泛用于工业工程关键重大装备的核心保障。早在 2009 年,美国 ASTM 就成立在增材制造技术委员会,国际标准化组织(ISO)也于 10 年前成立了标准化技术委员会,目前已经发布了近 30 余项增材制造标准。国内方面,中共中央政治局常委、国务院总理李克强在 2015 年主持了卢秉恒院士的专题讲座"先进制造与 3D 打印",充分表明了中国加快实施"中国制造 2025"的战略决心与意志。迄今为止,全国增材制造标准化技术委员会发布了近 15 项标准,涉及概念、工艺、测试、质量等多个方面。遗憾的是,国内外相关标准中尚未涉及增材制造材料及结构的疲劳性能测试及认证内容。就在近日,美国商务部国家标准与技术研究院给予纽约州立大学奥尔巴尼分校、奥本大学、科罗拉多矿业学院和通用电气研究院共 370 万美元科研立项,旨在推进金属增材制造标准化和测量科学研究,帮助解决目前和未来广泛采用金属增材制造技术的障碍。其中,美国奥本大学获得了 94.9 万美元建立一个具有计算机视觉和机器学习功能的数据驱动分析系统,用于开展因疲劳而无法承受故障的部件进行增材制造材料和零件的无损鉴定,而这一工作的本质就是开展增材金属部件的完整性评估。

在增材制造金属材料及部件的疲劳力学和断裂力学评估方面,意大利米兰理工的 Stefano Beretta 教授和西南交通大学吴圣川研究员的相关研究处于领先地位,基本在同一时间提出将断裂力学用于增材制造金属的疲劳性能预测及全寿命周期管理的学术思想,这得益于两位学者此前在高速铁路车轴结构完整性领域的系统深入研究。结构完整性(Structural Integrity)主要研究工程金属结构中所含缺陷(孔洞、裂纹等)对满足其规定功能要求、安全性与可靠性影响程度的一种新型学科思想与系统分析技术。众所周知,传统工程结构的设计思想是以材料及结构中不存在任何缺陷(包括宏观、细观和微观尺度)为基本前提或假设,通过引入一个足够大的安全系数来控制结构的极限承载强度和安全阈值。这种广泛认可的名义应力设计与评估思想的研究对象是一个假想的"完整性"结构。前述文献分析表明,缺陷是增材制造金属的"痛点和难点",是增材制造真正走向重大装备关键承力部件的核心科学问题和瓶颈技术。结构完整性的内涵便是对存在缺陷或预知缺陷的工程结构开展定量的可靠性评价,其理论基础包括线弹性断裂力学、弹塑性断裂力学、概率断裂力学、计算断裂力学,同时还跨越了材料科学、系统工程、可靠性工程等学科。与偏于保守的和定性的经典名义应力法评估相比,具有实际工程意义的基于断裂力学的结构完整性理论是设计与评估思想发展历程上的重大进步,而在工业装备领域中常常称为损伤容限(Damage Tolerance)方法。由于增材制造金属中缺陷的广域随机分布特点,从疲劳断裂力学角度来看,增材制造金属材料并不存在严格意义上的裂纹萌生阶段,这主要是由于增材缺陷的前提性存在,进而成为天然的疲劳裂纹源。此处的裂纹萌生与第10章中相关概念并不完全相同,后者是指要突破微结构障碍缺陷成为裂纹所需要的塑性变形程度。这也是 Stefano Beretta 教授和吴圣川研究员提出的基于疲劳断裂力学的增材金属部件全寿命周期预测的理论依据之一。从这一角度来看,与传统工程结构的完整性评估相比,增材结构完整性评估并非仅仅针对服役中产生了缺陷或裂纹之后的剩余寿命评估,而是直接基于断裂力学开展疲劳强度和寿命预测研究。最后,鉴于增材缺陷的全域分布特点,即使通过机加工等手段改善了表面质量,更为深部的缺陷可能成为(亚)表面缺陷,这也是增材制造金属合金疲劳 $P-S-N$ 曲线在长寿命区或低应力水平下离散性增大的重要原因。

综上所述,作为新一轮工业革命的代表性技术之一,增材制造相比传统机械加工技术具有突出优势,如复杂结构一体化成型、设计自由度高、小批量低成本快速生产、高材料利用效率、生产过程可预测性和可调控性优异、结构装配和连接大幅减少。但是,在用于关键承力部件时,必须首先解决其概率疲劳断裂力学问题。为此,本书拟借鉴承载设备和铁路车辆中广泛应用的结构完整性评估技术,结合近年来相关领域研究积累,阐述增材制造最新研究进展及未来发展。其中,第2章给出了增材制造技术的基本概念与内涵,以及与传统减材技术相比的技术优势和重要性,同时也给出了增材制造技术亟待解决的基础科学问题和关键卡脖子技术难题。众所周知,增材制造材料及部件具有显著的不同于传统冶金材料的固有微结构特征,如微观组织各向异性、内部广域分布的缺陷、层层堆积相关的表面阶梯以及因热输入形成的残余应力和变形,成为影响增材制造走向工程应用的四大关键科学问题。因此,在增材制造技术走向实际工程结构应用过程中,需要克服工艺不确定性、材料不确定性、结构不确定性和服役载荷不确定性等带来的诸多挑战。与传统制造和机械加工技术一样,增材制造部件也需要采用后期热处理和机加工等工序,在一定程度上改善晶粒组织、表面质量、几何精度,缓解残余应力并抑制结构变形,实现结构件的形性调控和性能优化,相关研究也表明了缺陷尺寸、数量和形貌的变化,力学和疲劳性能的分散性也有显著改善,使得增材制造材料及部件的基本力学性能与锻件基本一致。为此,本书第 3 章、第 4 章、第 5 章和第 6 章针对上述四大要素进行了阐述,对国内外相关研究进展进行了详细综述和讨论。大量研究表明,内部缺陷难以完全消除,称为增材制造高端金属部件的痛点和难点。为此,第 7 章引入 X 射线三维成像对典型增材材料内部缺陷进行测试表征研究,试图建立不同类型缺陷与疲劳性能之间的定量映射模型。

最后,考虑到增材制造可以创造具有内部特征的先进构件和器件,通过对内部微结构的理性设计,可以使得增材制造复杂构件和器件在服役中表现出独特的力学、声学、磁学等外部响应,在国防军工等战略性领域具有广阔应用前景,这一概念可以定义机械超材料(Mechanical Metamaterials)。超材料(Metamaterials)指的是一种具有人工设计的微观复合结构呈现出天然材料所不具备的超常物理性质的材料。"超材料"(Metamaterial)是 21 世纪以来出现的一类新材料,其具备天然材料所不具备的特殊性质,而且这些性质主要来自人工的特殊结构。超材料的设计思想是新颖的,其基础是通过在多种物理结构上的设计来突破某些表观自然规律的限制,从而获得超常的材料功能。机械超材料因其具有传统材料所不具有的独特力学性能而受到学者的广泛关注,其独特新颖的性能与自身结构紧密相关,通过设计和制备不同的结构,能够使材料具有许多独特的力学性能,显示出独特的超常规比强度、比刚度、冲击吸能、减振吸声降噪、弹性波调控等性能优势。为阐述相关研究进展,简要介绍机械超材料力学设计原理和性能调控方法,并结合 X 射线三维成像技术和图像有限元,介绍了基于增材制造制备机械超材料的"制造工艺-缺陷特征-服役性能"关联关系研究方法,后面章节对此进行了简单讨论。

第❷章
增材制造技术及其特点

　　增材制造(简称 AM,亦称为 3D 打印)技术被认为是现代高端装备制造技术的一次革命性突破。增材制造技术不需要使用刀具、夹具及多道加工工序,在一台设备上便可以快速、精密地制造出任意复杂形状的零部件,从而实现了工程零部件的"自由制造",解决了复杂结构件成形难题,减少了加工工序,缩短了生产周期。其优势是,产品结构越复杂,其制造速度的优势就越显著。因此,增材制造技术可以弥补传统制造工艺的不足,目前已广泛应用于一些复杂结构的制造中,尤其在航空航天、生物医疗、汽车工业、轨道交通等领域中的应用越来越广泛。

2.1　增材制造的概念与内涵

　　根据 GB/T 35351—2017 增材制造术语标准的相关定义,增材制造是以三维模型数据为基础,通过材料堆积的方式制造零件或实物的工艺。与传统的等材制造(如铸造、锻压、冲压)或者减材制造(如机械加工、数控加工、特种加工)不同,增材制造是通过一层一层地增加材料来获得最终形状,可以高效完成终形制造,而不需要使用模具和切削工具等[1],如图 2.1 所示。增材制造也称为 3D 打印、分层制造、快速原型制造、实体自由制造等。

　　增材制造具有数字化、网络化、定制化等特点,被认为是制造领域的一次重大突破,以其为代表的数字化制造将极大地推动第四次工业革命[2]。增材制造将多维制造转化为自下而上的二维叠加制造,大大降低了设计和制造的复杂度,给工业产品的设计思想和制造方法带来了颠覆性的变化。增材制造的出现,尤其是高性能金属构件增材制造技术的发展,为航空航天、生物医疗、汽车工业、轨道交通等工业产品的优化设计、原型制造、快速生产和定制生产等带来了新的思想和技术途径,具有巨大的发展和应用前景。

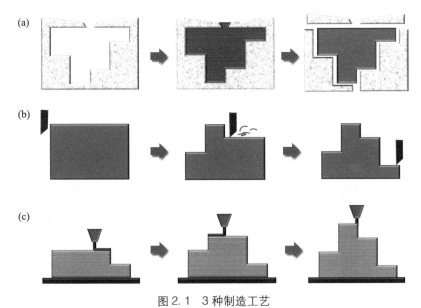

图 2.1　3 种制造工艺

(a)等材制造；(b)减材制造；(c)增材制造。

2.2　增材制造工艺及分类

经过近 40 年的发展，增材制造已成为世界先进制造领域发展最快、技术研究最活跃、关注度最高的学科方向之一。根据增材制造的原理并结合不同的材料和实现方法，形成了多类型的增材制造技术和设备。国际标准组织（ISO）和美国材料与试验协会（ASTM）在 ISO/ASTM 52900 标准中定义了 7 种增材制造工艺，主要以原料的形式或者用于叠加材料的工艺方式为分类依据。每一种增材制造技术具有其独特的优势和适合的应用对象。

2.2.1　粉末床熔融

粉末床熔融（Powder Bed Fusion，PBF）技术是通过热源（激光、电子束、电弧等）选择性地熔化/烧结粉末床区域的一种增材制造工艺，如图 2.2 所示。在基于 PBF 的制造中，塑料或金属粉末通过热源（激光或电子束）一次一层选择性地熔融。激光粉床熔融（Laser-PBF，L-PBF）或称为选择性激光熔化（Selective Laser Melting，SLM）、电子束粉床熔融（Electron-PBF，EB-PBF）或称为电子束熔化（Electron Beam Melting，EBM）、选择性激光烧结（Selective Laser Sintering，

SLS)和直接金属激光烧结(Direct Metal Laser-sintering,DMLS)等均属于该技术[3]。通常,基于 PBF 的金属零件具有复杂的几何形状,经过优化设计可以最大限度地降低质量。尽管基于 PBF 的增材部件性能优越,但其制造成本也更高,因此,通常应用于高价值零部件的快速制造[3]。

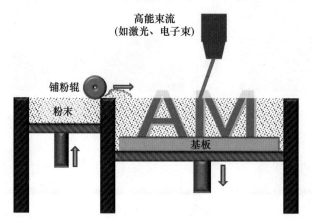

图2.2　基于粉末床熔融技术的增材制造工艺过程示意图

2.2.2　定向能量沉积

定向能量沉积(Direct Energy Deposition,DED)是利用聚焦热能(激光、电子束、电弧、等离子束等)将材料同步熔化沉积的增材制造工艺,基本原理如图 2.3 所示。该技术的原料主要为金属粉末或金属丝,通常称为激光金属沉积(Laser Metal Deposition,LMD)。激光近形制造(Laser Engineered Net Shaping,LENS)、电子束增材制造(Electron Beam Additive Manufacturing,EBAM)和丝弧增材制造(Wire and Arc Additive Manufacturing,WAAM)等均属于此技术。由于材料的沉积速率较高,定向能量沉积技术主要用于制造中型和大型零件。此外,DED 还可用于局部损坏部件的快速修复和再制造[4]。

2.2.3　黏结剂喷射

黏结剂喷射(Binder Jetting,BJ)是选择性喷射沉积液态黏结剂和黏结粉末材料的增材制造工艺,如图 2.4 所示。与其他增材制造工艺不同,BJ 技术不需要热源,这意味着其可以避免像基于 PBF 增材制造中出现的热效应(如翘曲和内应力),并且不需要支撑。虽然 BJ 设备体积相对较大,但即使是中小批量生产,与传统制造相比,其在成本上也具有一定竞争力[3]。

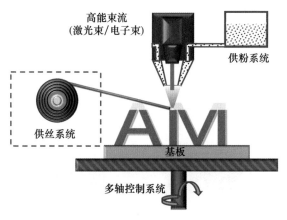

图2.3　基于定向能量沉积技术的增材制造工艺过程示意图

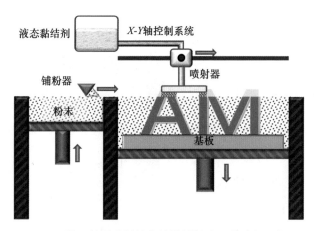

图2.4　基于材料喷射技术的增材制造工艺过程示意图

2.2.4　材料喷射

材料喷射(Material Jetting,MJ)是将材料以微滴的形式按需喷射沉积的增材制造工艺。典型的材料包括高分子、生物分子、活性细胞、金属粉末等。使用紫外光或热来硬化光敏材料、金属或蜡,逐层构建零件,如图2.5所示。纳米颗粒喷射(Nano Particle Jetting,NPJ)和按需微滴喷射(Drop on Demand,DOD)属于MJ工艺。MJ可以实现多材料的复合制造,如树脂、橡胶和全透明材料,这也使得MJ成为视觉原型和模具制造的优选工艺[5]。

2.2.5　立体光固化

立体光固化(Vat Photolithography,VP)是通过光致聚合作用选择性地固化液态光敏聚合物的增材制造工艺,是光聚合物暴露于某些波长的光下并变成固体的过程,如图 2.6 所示。立体光刻(Stereo Lithography Appearance,SLA)、直接光处理(Direct Light Processing, DLP)和连续数字光处理(Continuous Digital Light Processing,CDLP)等都属于该类工艺。在 SLA 中,通过使用紫外激光束逐层选择性固化聚合物树脂来创建物体。采用 VP 工艺制造的产品的细节还原度较高,并且表面比较光滑,可用于精密部件的制造[5]。

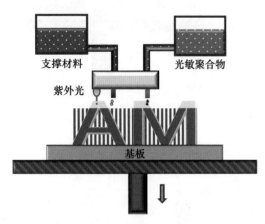

图 2.5　基于材料喷射技术的增材制造工艺过程示意图

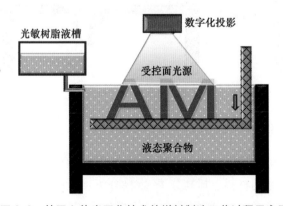

图 2.6　基于立体光固化技术的增材制造工艺过程示意图

2.2.6　材料挤出

材料挤出(Material Extraction,ME)技术是将材料通过喷嘴或孔口挤出的增材制造工艺,如图 2.7 所示。熔融沉积成形(Fused Deposition Modelling,FDM)是最典型的 ME 技术。FDM 常用材料为具有高冲击强度、热稳定性和耐化学性的热塑性高分子材料,适用于工业热塑性部件成形[5]。

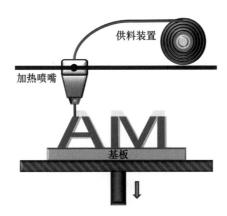

图 2.7　基于材料挤出技术的增材制造工艺过程示意图

2.2.7　薄材叠层

薄材叠层(Sheet Lamination,SL)是通过堆叠和层压薄片材料来构建三维实体的增材制造工艺,如图 2.8 所示。SL 技术包括超声波增材制造(Ultrasonic Additive Manufacturing,UAM)、选择性沉积层压(Selective Deposition Lamination,SDL)和分层实体制造(Laminated Object Manufacturing,LOM)等。聚合物在没有黏结剂的情况下使用热量和压力将板材熔化并连接在一起。金属板材可以采用超声波焊接或钎焊进行黏结,而纤维基材料和陶瓷则可以使用烘烤形式的热能将各层组合在一起。最终形状需通过激光切割或计算机数控加工来实现。SL 技术成形过程中不存在收缩和翘曲,但其适用材料较少,制件性能较低,制备的复杂结构件通常用于新产品的外形验证[6]。

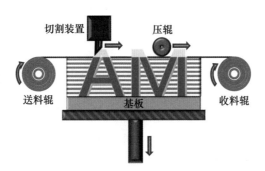

图 2.8　基于薄材叠层技术的增材制造工艺过程示意图

2.2.8　复合增材制造

除了以上 7 种典型的增材制造工艺之外,国内外也在不断涌现新的成形技

术。其中复合增材制造是指在增材制造单步工艺过程中,同时或分步结合一种
或多种增材、等材和减材制造技术,完成零件或实物制造的新工艺[7]。复合增
材制造系统通常由机床组成,如铣床、车床或轧辊,该机床配有定向能量沉积
头,用于沉积金属粉末或丝材,如图 2.9 所示。例如,微区原位锻造复合电弧熔
丝增材制造(Hybrid in Situ Rolled Wire+Arc Additive Manufacturing,HRAM)就是
一种新型的复合增材制造技术,它将原位微轧与标准 WAAM 技术相结合来制
造大型部件,从而提高部件的延展性和抗拉强度等[8]。

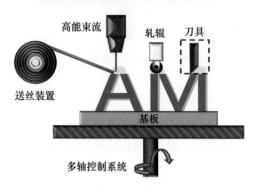

图 2.9　复合增材制造工艺过程示意图

2.3　增材制造的技术优势

增材制造通过降低复杂模型的维度来构建三维实体,与传统制造相比,其
局域制造(逐点、逐行和逐层)特征具有独特优势[9-10]。

2.3.1　设计自由度大

传统制造方式对产品设计限制较多,如拔模角度、底切和工具进入等设计
要求。对于增材制造而言,其对最小尺寸特征有一定要求,但增材制造为设计
师打开了前所未有的设计自由度,允许创建非常复杂的几何形状。增材制造与
结构优化设计相结合,如一体化设计、拓扑优化和点阵结构设计等,可以在装配
一体化、结构轻量化等方面带来新的突破[11]。

1. 一体化设计

传统上,复杂组件通常包含多个简单部件,通过焊接、螺栓连接、铆接等方
式组合在一起。然而,与单个零件相比,此类组件的性能较低,检查和维护的成
本也更高[12]。一体化结构设计是一种创建轻量化结构并提高组件可靠性和性

能的方法,可以使用增材制造实现零件合并,以提高功能集成及性能可靠性。如图 2.10 所示,一体化整体叶盘可以减少传统连接中的榫头、榫槽及锁紧装置等,降低结构重量,减少零件数量,提高气动效率,使发动机结构大为简化[13]。此外,使用一台增材制造设备便可以制造复杂部件,将会减少零件库存,并降低大型集中生产的经济规模和总体制造成本。

　　在航空航天工业领域,美国通用电气航空集团使用增材制造技术已实现将传统制造需要的零件数量由 855 个减少至十几个,简化了航空航天工业的 10 种零部件设计,降低了重量,将燃油效率提高了 20%。此外,采用增材制造技术,将由 20 个部分组成的燃油喷嘴整合为一个部件,重量降低了 25%。同样,空中客车公司将一个由 126 个零件组成的液压壳体油箱缩减为单个增材制造部件[12]。

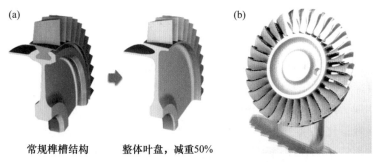

图 2.10　增材制造航空结构[13]

(a)常规榫槽结构及整体叶盘结构对比;(b)增材制造整体叶盘。

2. 拓扑优化设计

　　拓扑优化是根据给定的负载、约束条件和性能指标,在给定区域内对材料分布进行优化的数学方法[14]。拓扑优化可以在均匀分布材料的设计空间找到最佳的分布方案,获得更大的设计空间,在结构轻量化设计方面具有极大的发展前景。2014 年以来,德国 EOS 公司和空客公司对空客 A320 机舱铰链支架进行了联合研究,优化流程及构件如图 2.11 所示[15]。

　　与传统的铸造工艺相比,直接金属激光烧结具有商业整合和生态可持续性的优势。增材制造工艺释放的自由度使得拓扑优化设计更易于实现。通过减轻重量,机舱铰链整个寿命周期的 CO_2 排放量减少了近 40%。此外,通过消除二次加工产生的废物,原材料消耗减少了 75%,从 918g(钢)减至 326g(钛)。尽管材料的变化约占质量的 1/2,但增材制造在优化设计方面仍显示出了优势,尤其在小批量生产中实现快速制造[16]。

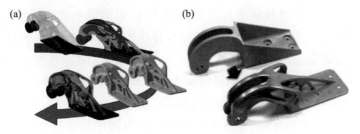

图 2.11　空客 A320 机舱铰链支架[15]

(a)拓扑优化流程;(b)增材制造拓扑优化构件。

3. 点阵结构设计

点阵结构由节点和节点间的连接杆按照一定的空间周期规律扩展构成,具有重量轻、比强度高、比刚度高等优良的力学性能,以及吸声、减震、散热等特殊性能,兼备了结构和功能材料双重特性。对于点阵结构而言,高度灵活的设计自由度是实现其优异性能的基础,而增材制造技术在释放设计自由度方面的巨大优势为增材点阵结构的开发提供了无限的可能性[17-18]。

点阵结构所能实现的轻量化效果在很大程度上依赖于点阵单胞的尺寸、排布方式和加密位置。通常来说,越小的点阵单胞尺寸和越复杂的点阵结构对应着越好的轻量化效果[19-20]。通过传统技术(机加工、焊接、编织等)制造点阵结构不仅需要复杂的程序,而且生产时间较长。作为一种自支撑结构,增材制造可以快速、准确地进行复杂点阵结构和层次结构制造。图 2.12 所示为西北工业大学开发的一种点阵填充式结构的卫星支架,与初始拓扑优化设计结构相比,其动态响应降低了 25%,重量降低了 17%[21]。

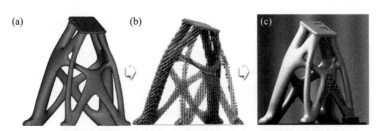

图 2.12　卫星支架三类设计及其制造原型[21]

(a)传统拓扑优化设计;(b)点阵结构填充式设计;(c)实体-点阵填充式设计。

4. 定制化设计

有时需要针对不同适用场景和特殊群体定制产品,而增材制造以数字化方式生产定制产品,可实现"所想即所得"的定制化设计及制造。例如,在医疗领域,增材制造技术可以根据患者体征,设计制造具有针对性的复杂金属移植体。2012 年,Jules Poukens 博士和他的团队在比利时制造出了世界上第一个钛合金增材下颌骨植入体,如图 2.13 所示[22]。下颌骨植入体经涂覆羟基磷灰石后被植入一位 83 岁的女性患者体内。多孔种植体比天然颌骨略重,可以提供强健的肌肉附着位置和足够的空间容纳神经。此外,利用数字化设计和增材制造技术对每个部件进行定制来满足特定客户的兴趣和需求,可以为消费者带来更合适的产品,如矫正器、手柄、铭牌等。

图 2.13　增材制造下颌骨植入体[22]

(a)计算机生成的患者骨骼结构的 3D 图像;(b)根据患者骨骼设计的骨骼植入体(蓝色);

(c)增材制造钛合金下颌骨实物。

2.3.2　材料利用率高

减材制造(如数控铣削和车削)通过从实体材料块中移除材料来创建对象,是一种广泛使用的制造技术[1]。减材制造是一个材料浪费的过程,因为去除了多余的材料来生产最终的零件,产生了大量的废料。与之相比,增材制造导致的材料浪费要少得多,因为材料是有选择性地进行烧结或熔化,并且大多数原材料可以回收和再利用,材料废品率通常低于 5%[15]。最近的一项重要进展是空客 A350 机舱支架的增材制造,如图 2.14 所示[23]。这是一个相对复杂的支架,过去采用铝合金铣削制造,在加工时会导致 95% 的材料浪费,而采用钛合金增材制造时,材料的浪费率仅有 5%。

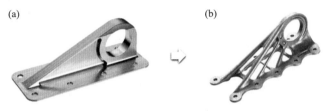

图 2.14　空客 A350 的客舱支架[23]

(a)传统铝合金铣削部件;(b)钛合金增材制造部件。

2.3.3　生产周期短

作为一种数字化制造技术,增材制造工艺依赖于数字化工作流程,而无需其他工具(如模具)来创建零件[2]。与传统的制造工艺相比,增材制造提供的无工具生产可以显著缩短物料准备和整体制造时间,该优势在生产小批量部件、过时备件、损坏部件时尤为突出。如图 2.15 所示,与由 8 个步骤组成的传统砂型铸造工艺相比,增材制造可以在几小时内完成复杂结构的设计,为快速验证开发设计理念提供了新途径。在过去,可能需要几天甚至几周的时间才能完成设计原型,而增材制造将其缩短至几个小时。增材制造提供的"一步法制造"可以显著地减少对其他制造工艺(如机加工、焊接)的依赖。即使多数零件在增材成形以后需要进行一定时间的后处理,但与传统制造工艺相比,增材制造以小批量生产最终零件的能力仍然可以节省大量时间[24]。

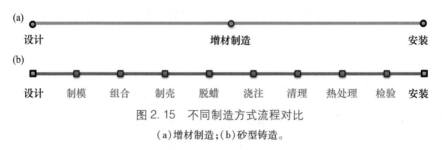

图 2.15　不同制造方式流程对比

(a)增材制造;(b)砂型铸造。

2.4　增材制造的工程应用

进入 21 世纪以来,各国制造业正面临着能源减少和原材料供应不足的巨大压力,同时也面临着产品越来越复杂和使用条件极端化的设计挑战。产品开发团队的技术复杂性增加,终端用户对质量和耐久性的需求增加,轻量化和低成本要求都迫切需要制造商寻找新的解决方案。而增材制造技术的提出和发展使其成为可能。增材制造已经从最初的新产品原型制作工具发展成为一个可持续且极具成本优势的先进制造工艺,为装备制造业提供了全新的解决方案。作为一种全新制造工艺,已经为要求苛刻的航空航天和生物医疗等行业开辟了新的路径。图 2.16 给出了增材制造在不同领域的应用概况及其经济效益百分比[5]。可以看出,航空航天是增材制造应用最为广泛的工业部门,其次是生物医疗和汽车工业以及轨道交通等领域。

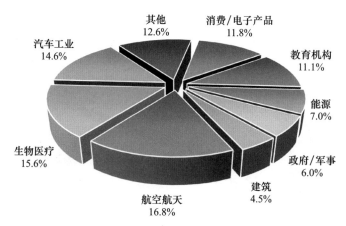

图 2.16 增材制造在不同领域应用的经济规模[5]

2.4.1 航空航天

航空航天产品要求高可靠和能适应各种极端环境,同时又要满足高强度、轻量化的要求,结构通常比较复杂,并且加工技术要求较高,这也导致航空航天产品更长的研发周期。增材制造的巨大优势,使得航空航天业成为应用金属增材制造的重要场景。采用增材制造技术,航空航天公司可以更高效地生产更轻量化的部件,以提高飞机的整体性能。例如,通用电气广泛使用金属增材制造来研发和生产新产品,制造出了比传统生产轻25%且燃油效率提高15%的燃油喷嘴[22]。图 2.17 总结了增材制造在航空航天领域的应用现状和潜在应用[25]。欧洲航天局、美国国家航空航天局、相对论空间公司和 SpaceX 公司正在使用增材制造生产火箭的点火器、喷射器、燃烧室和燃料箱。大多数商用飞机也开始采用增材制造部件,包括通风管道、支架、夹子、固定电线和电缆的设备等。航空航天公司正在从传统制造工艺转向增材制造,以更高效生产所需的复杂高性能零件,增材制造正在改变着航空航天业。

2.4.2 生物医学

在生物医疗领域,由于患者个体差异及病情不同,常常需要小型个性化的产品,如骨科植入物、血管支架等。这类产品往往结构精巧、材质特殊且需具有生物相容性。以人体骨骼为例,其内部呈现复杂多孔结构,具有促进细胞增殖、提供各向异性力学性能和渗透性能等功能和优点,但也对骨科移植替代物的制造提出了挑战。人造骨骼内部需要具有精确形状、尺寸和分布类型的孔,才能获得与实际骨骼一样的优异力学性能和响应行为。

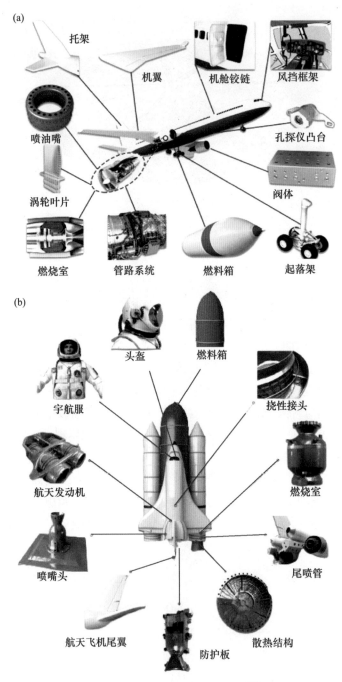

图 2.17 增材制造技术的应用[25]

(a)航空领域;(b)航天领域。

得益于增材制造技术高成形自由度的特点,已有多种定制化骨科植入物成功用于临床的案例,如图 2.18 所示。通过成形 β-磷酸三钙[26]、生物玻璃[27]、不锈钢[28]、聚合物和陶瓷复合材料[29]等,可获得具有多孔特征且与实际人骨力学性能相近的人造植入物。此外,外部支撑物(如矫形器、义肢)同样在骨科临床应用中发挥重要作用。以金属、泡沫、复合材料和热塑性塑料等为成形材料,引入增材制造技术,可为患者节省购买开销,并提高使用舒适度,已在糖尿病足、足底筋膜炎[30-31]等方面有所应用。

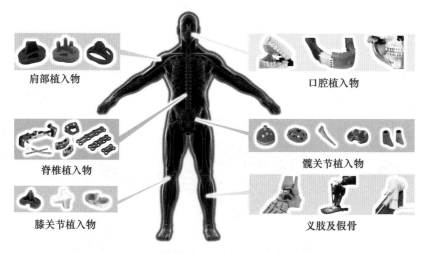

图 2.18　增材制造在生物医疗领域的应用

2.4.3　汽车工业

为满足轻量化需求,汽车零部件往往几何形状相对复杂,而新潮流、新技术的不断涌现,又在缩短产品开发设计流程、快速响应市场需求、控制生产成本及交付周期等方面提出了更高的要求。对此,增材制造因其技术特点而成为有效的解决途径。目前,其主要应用集中在零部件原型制造、定制化产品柔性制造、结构复杂零部件直接生产、成形模具快速制造、零部件快速修复等方面。如图 2.19 所示,以金属或者复合材料等为成形原料,可通过选择性激光熔化等增材制造工艺直接成形复杂结构,如发动机缸体、缸盖、排气管、离合器壳体、车顶、挡泥板和挡风玻璃框架等[32-34]。增材制造不仅简化了常规难加工部件的生产制造过程,还为成形拓扑优化部件以实现轻量化设计提供了有效的途径[35-38]。此外,打破了传统制造带来的设计限制,可通过合并多个零部件并一体化成形以减少生产组件所需的零件数量。更少的零件数量不仅意味着对装配过程的极大简化,还可降低产品的废品率。

在专用及高端车辆定制方面,增材制造展现出了出色的材料、时间和成本优势,极大缩短了生产周期,更好满足了特殊群体需求。2010年,世界首款增材成形汽车在美国问世,整车相关配件生产仅需约2500小时,并且生产过程中无需成形模具、复杂机械设备和传统生产流水线。依据客户反馈优化车型设计时,设计师仅需调整相关三维数字化模型的相应参数,并再次快速成形和装配检验,即可完成车型迭代改造,进而实现私人订制。

图2.19　增材制造在汽车工业领域的应用

2.4.4　轨道交通

与航空航天、汽车工业相比,增材制造技术在轨道交通领域仍处于探索阶段,相关研究和应用案例主要集中在维保领域及小型功能件制造[25,39]。在过去的10年中,国内外铁路公司和研究人员开始在铁路行业采用增材制造技术。例如,2013年,皇家墨尔本理工学院(RMIT)进行了基于激光熔覆修复的车轴表面损伤的研究[40];德国国家铁路德国铁路(DB)自2015年以来一直应用增材制造技术制造稀有备件及零部件;移动增材制造网络(MGA)于2019年打印了地铁制动单元的制动悬架连杆,这也是增材制造技术在轨道车辆关键承载零部件的首例应用报道[41];2020年,中国铁路车辆公司(CRRC)成功开发出用于铁路结构的超高强度SLM铝合金粉末,用于抗蛇形减震器座及垂向减震器座的优化设计制造[42]。图2.20给出了增材制造在世界各地铁路部件中的应用实例,显示了增材制造在铁路行业的巨大应用潜力。

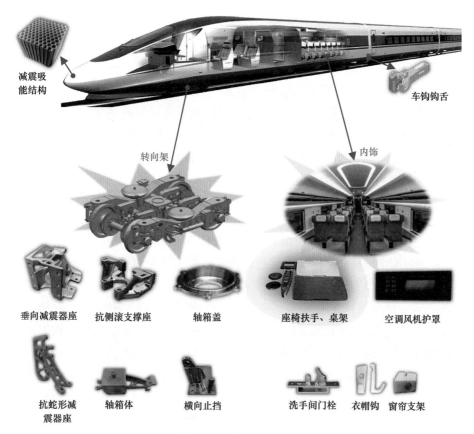

减震吸能结构

车钩钩舌

转向架

内饰

垂向减震器座　　抗侧滚支撑座　　轴箱盖　　座椅扶手、桌架　　空调风机护罩

抗蛇形减震器座　　轴箱体　　横向止挡　　洗手间门栓　　衣帽钩　　窗帘支架

图 2.20　增材制造技术在轨道交通领域的应用

2.4.5　其他领域

除了上述领域以外,增材制造在其他领域也有着重要应用。例如,在军事领域,现代化军事特点不仅仅是机械化、信息化,还要有快速的战损修复能力。在战场上,军械的修复需要大量备件以及辅助工具,而这些在机动性强、变化迅速的战场上则会严重制约作战效率[5]。增材制造技术只需具有零件的数字模型,就能"打印"出所需要的零件和工具,完成机械的修复。在建筑领域,增材制造突破传统制造技术瓶颈,将建筑设计师具有创意性和更具艺术效果的作品制造成为可能。2014年3月,荷兰建筑师利用3D打印技术"打印"出了世界上第一座3D打印建筑。2015年9月9日,第一座3D打印酒店在菲律宾落成。此外,增材制造在核工业、深海探测、电子设备、珠宝装饰、柔性穿戴等领域也有广

泛的应用潜力[25]。

2.5　增材制造的相关标准

针对增材制造工艺、过程控制、性能预备等一系列节点，欧洲、美国和中国形成了三足鼎立的竞争态势，以欧洲 Stefano Beretta 教授、美国 Nima Shamsaei 教授及中国吴圣川研究员为代表的学者系统开展了相对系统深入的增材性能评价工作。与此同时，随着增材制造技术的深度革新与发展，生产规范化、质检标准化势在必行，对改善行业生态、保证产品质量、推动技术落地具有重要意义。为完善指导增材制造过程及其产品质量检验的现行标准，国内外各类组织机构均做出了巨大的努力，相继颁布和推行了系列标准规范。

2.5.1　国外增材制造标准

美国 ASTM 的 F42 委员会由 400 余名来自 20 多个国家的技术专家组成，其目标是通过制定增材技术标准来促进该技术的相关研究、发展和应用，以保证美国在该领域的竞争力。F42 近年来发布了系列标准，含盖增材制造标准术语及文件格式、定向能量沉积方法、金属粉末表征方法、聚合物及不锈钢、镍合金、铝合金等激光粉末床熔融工艺规程、后热处理制度、增材制造系统的几何能力评估、缺陷无损检测等多方面。此外，作为世界上最大的国际标准化组织，ISO 成立的增材标准化技术委员会 TC261 与 ASTM 合作发布了系列标准。表 2.1 总结了近 5 年来 ASTM 及 ISO 发布的代表性标准。2021 年，由我国牵头申报的第一项增材制造国际标准 ISO/IEC 23510：2121《信息技术 3D 打印和扫描增材制造服务平台（AMSP）架构》颁布，也标志着我国在增材制造领域国际标准化工作中实现了零的突破。

在航空航天、汽车等领域具有全球影响力并受美国国防部认可的国际自动机工程师学会（SAE International）也于 2015 年成立了增材制造委员会 AMS-AM，并协助联邦航空管理局制定适用于增材制造产品的认证准则。现已发布了现行标准 30 余项，含盖激光和电子束定向能量沉积、电子束和激光粉末床熔融、黏结剂喷射等多种增材制造成形工艺、增材制造部件设计、成形粉末或者丝材制备以及后热处理工艺等多方面。

表 2.1　ASTM 及 ISO 系列增材制造标准

标准编号	标准名称	实施年份
ISO/ASTM 52925：2022	Additive Manufacturing of Polymers—Feedstock Materials—Qualification of Materials for Laser-based Powder Bed Fusion of Parts	2022

续表

标准编号	标准名称	实施年份
ISO/ASTM TR 52916:2022	Additive Manufacturing for Medical—Data—Optimized Medical Image Data	2022
ISO/ASTM TR 52906:2022	Additive Manufacturing—Non-Destructive Testing—Intentionally Seeding Flaws in Metallic Parts	2022
ISO/ASTM 52900:2021	Additive Manufacturing—General Principles—Fundamentals and Vocabulary	2021
ISO/IEC 23510:2021	Information Technology—3D Printing and Scanning—Framework for an Additive Manufacturing Service Platform(AMSP)	2021
ISO/ASTM TS 52930:2021	Additive Manufacturing—Qualification Principles—Installation, Operation and Performance(IQ/OQ/PQ) of PBF-LB Equipment	2021
ISO/ASTM 52903-2:2020	Additive Manufacturing—Material Extrusion-based Additive Manufacturing of Plastic Materials—Part 2:Process Equipment	2020
ISO/ASTM 52903-1:2020	Additive Manufacturing—Material Extrusion-based Additive Manufacturing of Plastic Materials—Part 1:Feedstock Materials	2020
ISO/ASTM TR 52912:2020	Additive Manufacturing—Design—Functionally Graded Additive Manufacturing	2020
ISO/ASTM 52915:2020	Specification for Additive Manufacturing File Format(AMF) Version 1.2	2020
ASTM F3413—2019	Guide for Additive Manufacturing—Design—Directed EnergyDeposition	2019
ISO/ASTM 52907:2019	Additive Manufacturing—Feedstock Materials—Methods to Characterize Metallic Powders	2019
ISO/ASTM 52911-2:2019	Additive Manufacturing—Design—Part 2:Laser-based Powder Bed Fusion of Polymers	2019
ISO/ASTM 52911-1:2019	Additive Manufacturing—Design—Part 1:Laser-based Powder Bed Fusion of Metals	2019
ISO/ASTM 52904:2019	Additive Manufacturing—Process Characteristics and Performance:Practice for Metal Powder Bed Fusion Process to Meet Critical Applications	2019
ISO/ASTM 52902:2019	Additive Manufacturing—Test Artifacts—Geometric Capability Assessment of Additive Manufacturing Systems	2019
ASTM F3318—2018	Standard for Additive Manufacturing-Finished Part Properties-Specification for AlSi10Mg with Powder Bed Fusion-Laser Beam	2018
ASTM F3301—2018a	Standard for Additive Manufacturing-Post Processing Methods-Standard Specification for Thermal Post-Processing Metal Parts Made via Powder Bed Fusion	2018

2.5.2 国内增材制造标准

总体来说,国内增材制造领域的标准化仍有待加速推进。早期的增材制造相关标准由全国特种加工机床标准化技术委员会(SAC/TC 161)编写。直至2016年,全国增材制造标准化技术委员会(SAC TC562)才于北京成立。SAC TC562成立后,对术语和定义、成形工艺、测试方法、质量评价、软件系统及相关技术服务等方面的标准制定工作开展了探讨,并搭建了集标准研制、应用、交流和共享于一体的技术平台,加快了我国增材制造标准的编制。表2.2列举了我国近5年的代表性标准。虽然我国牵头申报了首项国际标准,但与欧洲和美国相比,对于标准的重视程度和投入力度尚有待加强。

表2.2 国内系列增材制造标准

标准编号	标准名称	实施年份
GB/T 41337—2022	粉末床熔融增材制造镍基合金	2022
GB/T 41338—2022	增材制造用钨及钨合金粉	2022
GB/T 40210—2021	增材制造云服务平台参考体系	2021
GB/T 39955—2021	增材制造 材料 粉末床熔融用尼龙12及其复合粉末	2021
GB/T 39247—2020	增材制造 金属制件热处理工艺规范	2021
GB/T 39251—2020	增材制造 金属粉末性能表征方法	2021
GB/T 39252—2020	增材制造 金属材料粉末床熔融工艺规范	2021
GB/T 39253—2020	增材制造 金属材料定向能量沉积工艺规范	2021
GB/T 39254—2020	增材制造 金属制件机械性能评价通则	2021
GB/T 39328—2020	增材制造 塑料材料挤出成形工艺规范	2021
GB/T 39329—2020	增材制造 测试方法 标准测试件精度检验	2021
GB/T 37698—2019	增材制造 设计 要求、指南和建议	2019
GB/T 37461—2019	增材制造 云服务平台模式规范	2019
GB/T 35021—2018	增材制造 工艺分类及原材料	2019
GB/T 35351—2017	增材制造 术语	2018

上述国内外相关增材制造标准的编制概述及汇总既有助于了解当前行业发展的现状,又有助于把握行业发展的动态及方向,对增材制造相关领域的从业人员具有一定指导和参考意义。

2.6 增材制造技术挑战性

经过近40年的发展,增材制造已经从原型制造、快速成型逐渐发展为直接制造、批量制造;从 3D 打印到时间或者外场可变的 4D 打印;从以形状控制为主要目的的模型、模具制造,到形性兼具的结构功能一体化的部件、组件制造;从一次性成形的构件制造,到具有生命力活体制造;从微纳米尺度的功能元器件制造到数十米大小的民用建筑物制造等[43]。尽管作为一项颠覆性的制造技术,增材制造经历了蓬勃的发展,但仍面临诸多挑战。

1. 形性主动控制难度大

控形与控性是增材工艺的两个重要考察指标。但是,在"逐点扫描-逐线搭接-逐层堆积"的增材制造过程中,材料经历了一系列短时、变温、非稳态、强约束、循环固态相变、非平衡凝固及逐层堆积成形过程,同时伴随着复杂的形变过程,其中涉及的影响因素众多,包括材料类型、结构设计、工艺参数、后处理等,这使得材料-工艺-组织-性能关系难以准确把握,形性的主动、有效调控难以实现,并且不利于实现一致的、可重复的产品精度和性能。在"自下而上"的增材制造中,性能或者功能的实现是被动的,存在着反复试凑与优化的过程。因此,制造过程的纳观-微观-宏观跨尺度建模仿真、微米-微秒介观时空尺度上材料物性变化的时空调控、基于人工智能技术,发展形性可控且具有自采集、自诊断、自学习、自决策的智能化增材制造技术和装备、构建完备的工艺质量体系在形性主动控制中扮演着重要角色。

2. 力学性能准确预测难度大

研究表明,增材制造金属的静态或者准静态服役强度或与传统的锻件或铸件相当,但疲劳强度较低,疲劳寿命呈现出极大的离散性,这为疲劳性能的可靠评估与准确预测带来了极大的挑战。疲劳失效是工程结构或部件在服役过程中最常见、最主要的失效形式之一。除了深入挖掘控形与控性的物理学机制,制造出高性能的增材构件之外,准确揭示疲劳失效机制、可靠预测疲劳与断裂性能也是保障增材构件长效服役可靠性与安全性的重要前提。微观组织、残余应力、表面质量和制造缺陷是影响金属增材制造疲劳性能的四大要素。如何综合考虑上述因素,包括缺陷的位置、尺寸、形貌和取向、晶粒尺寸和晶体取向、残余应力分布和表面粗糙度等,建立差别化、可量化的数学物理方程,实现对目标材料和部件力学性能的可靠预测,是目前增材构件性能评价和运维决策中值得关注的重要课题之一。大数据、机器学习、多尺度多物理场模拟及先进实验表征手段等在这一过程中可以承担重要角色。

同步辐射光源和散裂中子源等先进光源和粒子源是最具潜力的材料高通量实验平台。以同步辐射光源为例,考虑到其频谱较宽,可提供探测多种微观结构特征所需的波长,表明同步辐射光源具有开展材料成分、晶粒、织构、缺陷和应力等高通量实验表征的巨大潜力。为了充分利用同步辐射高时空分辨的优势,需研制基于同步辐射光源的材料原位制备、加工和测试系统,以实现材料成形和损伤演化过程的追踪。结合数字图像相关技术、数字体积相关技术、声发射技术以及红外热像仪等,搭建出基于先进光源和粒子源的材料加工-结构表征-损伤演化-性能评价的多维、多尺度、高通量的一体化表征平台,为跨尺度探索材料结构与性能的定量或准定量关系提供可能。

此外,随着人类不断地探索外太空,在太空实现原位增材制造的需要强烈。然而,对于极端条件下的增材制造机理及增材构件在极端服役环境下的失效机理和性能评估还有待深入开展。借助增材制造实现在同一构件中材料组分梯度连续变化、多种结构有机结合,这样的设计对材料力学和结构力学提出了挑战。对更多新型材料的增材制造技术研究也十分迫切。

2.7　本章小结

增材制造是一种颠覆传统制造模式的新兴加工技术,具有设计自由度大、材料利用率高、生产周期短、制造成本低等显著优点。经过近40年的发展,增材制造的原理结合不同的材料和工艺方法,形成了多类型的增材技术和专业设备,面向航空航天、生物医学、汽车工业和轨道交通等领域展示出了广阔的发展前景。增材制造已成为世界先进制造领域发展最快、技术研究最活跃、关注度最高的学科方向之一,得到了美国、欧洲、德国、日本和中国等大国在战略层面上的高度重视和大力支持,各国纷纷出台了发展战略规划和路线图。随着增材制造技术的不断革新与发展,为完善指导增材制造过程及其产品质量检验的现行标准,国内外相继颁布和推行了系列标准规范,以促进生产规范化和质检标准化。尽管增材制造经历了蓬勃的发展,但仍然面临着诸多的困难与挑战,主要包括形性主动控制难度大和力学性能准确预测难度大。大数据、机器学习、多尺度多物理场数值模拟等前沿方向、智能化增材制造技术和装备以及先进实验表征手段在这其中承担着重要角色。

参 考 文 献

[1] Lu B H, Li D C, Tian X Y. Development trends in additive manufacturing and 3D printing [J]. Engineering, 2015, 1(1):85-89.

［2］ Ceruti A, Marzocca P, Liverani A, et al. Maintenance in aeronautics in an industry 4. 0 context: The role of augmented reality and additive manufacturing ［J］. Journal of Computational Design and Engineering, 2019, 6(4):516-526.

［3］ Tofail S A M, Koumoulos E P, Bandyopadhyay A, et al. Additive manufacturing: scientific and technological challenges, market uptake and opportunities ［J］. Materials Today, 2018, 21(1): 22-37.

［4］ Kim H, Cha M, Kim B C, et al. Maintenance framework for repairing partially damaged parts using 3D printing ［J］. International Journal of Precision Engineering and Manufacturing, 2019, 20(8):1451-1464.

［5］ Wohlers T, Mostow N, Campbell I, et al. 3D printing and additive manufacturing global state of the industry: Wohlers Report ［R］. Washington: Wohlers Associates, 2022.

［6］ 熊华平,郭邵平,刘伟,等. 航空金属材料增材制造技术 ［M］. 北京:航空工业出版社,2019.

［7］ Pragana J P M, Sampaio R F V, Braganca I M F, et al. Hybrid metal additive manufacturing: A state-of-the-art review ［J］. Advances in Industrial and Manufacturing Engineering, 2021, 2:100032.

［8］ Hu Y N, Ao N, Wu S C, et al. Influence of in situ micro-rolling on the improved strength and ductility of hybrid additively manufactured metals ［J］. Engineering Fracture Mechanics, 2021, 253:107868.

［9］ Collins P C, Brice D A, Samimi P, et al. Microstructural control of additively manufactured metallic materials ［J］. Annual Review of Materials Research, 2016, 46(1):63-91.

［10］ Olakanmi E O, Cochrane R F, Dalgarno K W. A review on selective laser sintering/melting (SLS/SLM) of aluminium alloy powders: Processing, microstructure, and properties ［J］. Progress in Materials Science, 2015, 74:401-477.

［11］ Anton T, Winkler B, Kovacs A, et al. Feasibility study demonstrates potential of industrial 3D printing in the rail industry［EB］//Rail Vehicle Systems, 2020.

［12］ Najmon J C, Raesisi S, Tovar A. Review of additive manufacturing technologies and applications in the aerospace industry［M］//Additive Manufacturing for the Aerospace Industry. Elsevier, 2019.

［13］ Kumar B. A review on blisk technology ［J］. International Journal of Innovative Research in Science, Engineering and Technology, 2013, 2(5):1353-1358.

［14］ Plocher J, Panesar A. Review on design and structural optimisation in additive manufacturing: Towards next-generation lightweight structures ［J］. Materials & Design, 2019, 183:108164.

［15］ Nickels L. AM and aerospace: an ideal combination ［J］. Metal Powder Report, 2015, 70(6): 300-303.

［16］ Zhu J H, Zhang W H, Xia L. Topology optimization in aircraft and aerospace structures design

[J]. Archives of Computational Methods in Engineering,2016,23(4):595-622.

[17] Pan C,Han Y F,Lu J P. Design and optimization of lattice structures:a review [J]. Applied Sciences-Basel,2020,10(18):6374.

[18] Helou M,Kara S. Design,analysis and manufacturing of lattice structures:an overview [J]. International Journal of Computer Integrated Manufacturing,2018,31(3):243-261.

[19] Eren O,Sezer H K,Yalcin N. Effect of lattice design on mechanical response of PolyJet additively manufactured cellular structures [J]. Journal of Manufacturing Processes,2022,75: 1175-1188.

[20] Kang D,Park S,Son Y,et al. Multi-lattice inner structures for high-strength and light-weight in metal selective laser melting process [J]. Materials & Design,2019,175:107786.

[21] Zhu J,Zhou H,Wang C,et al. A review of topology optimization for additive manufacturing: Status and challenges [J]. Chinese Journal of Aeronautics,2021,34(1):91-110.

[22] Wang X J,Xu S Q,Zhou S W,et al. Topological design and additive manufacturing of porous metals for bone scaffolds and orthopaedic implants:A review [J]. Biomaterials,2016, 83:127-141.

[23] Wimpenny D I,Pandey P M,Kumar L J. Advances in 3D printing & additive manufacturing technologies [M]. Singapore:Springer Singapore,2017.

[24] Sivarupan T,Balasubramani N,Saxena P,et al. A review on the progress and challenges of binder jet 3D printing of sand moulds for advanced casting [J]. Additive Manufacturing, 2021,40:101889.

[25] Liu G,Zhang X F,Chen X L,et al. Additive manufacturing of structural materials [J]. Materials Science & Engineering R-Reports,2021,145:100596.

[26] Shim J H,Won J Y,Sung S J,et al. Comparative efficacies of a 3D-printed PCL/PLGA/β-TCP membrane and a titanium membrane for guided bone regeneration in beagle dogs [J]. Polymers,2015,7:2061-2077.

[27] Liu J L,Hu H L,Li P J,et al. Fabrication and characterization of porous 45S5 glass scaffolds via direct selective laser sintering [J]. Materials and Manufacturing Processes,2013, 28:610-615.

[28] Čapek J,Machová M,Fousová M,et al. Highly porous,low elastic modulus 316L stainless steel scaffold prepared by selective laser melting [J]. Materials Science and Engineering:C, 2016,69:631-639.

[29] Youssef A,Hollister S J,Dalton P D. Additive manufacturing of polymer melts for implantable medical devices and scaffolds [J]. Biofabrication,2017,9:012002.

[30] Ma Z,Lin J C,Xu X Y,et al. Design and 3D printing of adjustable modulus porous structures for customized diabetic foot insoles [J]. International Journal of Lightweight Materials and Manufacture,2019,2:57-63.

［31］ Xu R,Wang Z H,Ma T J,et al. Effect of 3D printing individualized ankle-foot orthosis on plantar biomechanics and pain in patients with plantar fasciitis:A randomized controlled trial ［J］. Medical Science Monitor,2019,25,1392-1400.

［32］ Borrelli A,DErrico G,Borrelli C,et al. Assessment of crash performance of an automotive component made through additive manufacturing ［J］. Applied Sciences,2020,10:9106.

［33］ Ituarte I F ,Chekurov S,Tuomi J,et al. Digital manufacturing applicability of a laser sintered component for automotive industry:a case study ［J］. Rapid Prototyping Journal,2018,24: 1203-1211.

［34］ Salifu S,Desai D,Ogunbiyi O,et al. Recent development in the additive manufacturing of polymer-based composites for automotive structures-a review ［J］. The International Journal of Advanced Manufacturing Technology,2022,119:6877-6891.

［35］ Barbieri S G,Giacopini M,Mangeruga V,et al. A design strategy based on topology optimization techniques for an additive manufactured high performance engine piston ［J］. Procedia Manufacturing,2017,11:641-649.

［36］ Bassoli E,Defanti S,Tognoli E,et al. Design for additive manufacturing and for machining in the automotive field ［J］. Applied Sciences,2021,11:7559.

［37］ Kim G W,Park Y I,Park K. Topology optimization and additive manufacturing of automotive component by coupling kinetic and structural analyses ［J］. International Journal of Automotive Technology,2020,21:1455-1463.

［38］ Mantovani S,Barbieri S,Giacopini M,et al. Synergy between topology optimization and additive manufacturing in the automotive field ［J］. Proceedings of the Institution of Mechanical Engineers,Part B:Journal of Engineering Manufacture,2021,235:555-567.

［39］ Fu H,Kaewunruen S. State-of-the-art review on additive manufacturing technology in railway infrastructure systems ［J］. Journal of Composites Science,2021,6(1):7.

［40］ Soodi M. Investigation of laser deposited wear resistant coatings on railway axle steels ［D］. Melbourne:RMIT University,2013.

［41］ Boissonneault T. First 3D printed safety-relevant part approved in the railway sector ［EB］// 3D Printing Media Network. 2019.

［42］ 杨冰,廖贞,吴圣川,等. 增材制造技术发展和在先进轨道交通装备中的应用展望 ［J］. 交通运输工程学报,2021,21(1):132-153.

［43］ 卢秉恒. 增材制造技术:现状与未来 ［J］. 中国机械工程,2020,31(1):19-23.

增材制造是以"逐点扫描-逐线搭接-逐层堆积"为典型成形特征的长周期循环往复过程。在逐层熔化/沉积过程中,高温熔池在固体基底"无界面热阻"快速导热,并在极高温度梯度、超快冷却速率条件下完成非平衡凝固,其凝固热力学和动力学过程难以被量化描述。已沉积的材料经历了多周期、变循环、剧烈加热和冷却的复杂热历程,即一系列短时、变温、非稳态、强约束、循环固态相变过程。移动熔池中合金熔体的冶金动力学行为及晶体形核和长大过程直接决定了增材构件的微观结构特征(如组织形态、晶粒尺寸、晶体取向、晶界特征及化学成分分布等)及宏观力学性能,并表现出对增材制造工艺参数及过程的强烈依赖性和复杂时变性[1]。因此,增材制造材料与传统制造方法(铸造、锻造和焊接等)得到的材料在微观结构特征上具有显著差异。准确揭示增材制造过程中微观组织的形核与生长机制是实现增材材料凝固晶粒形态主动控制,并有效改善其宏观力学性能的前提与基础。

目前,增材制造材料涵盖了金属材料、复合材料、陶瓷材料、塑料材料及高分子材料等。在金属材料范畴,铝合金、钛合金、镍基高温合金、铁基合金的增材制造技术发展较为成熟,并且应用比较广泛。本章首先简要介绍材料微观结构的表征方法。然后,以 AlSi10Mg 铝合金、Ti-6Al-4V 钛合金、Inconel 718 高温合金和 316L 不锈钢等典型材料为代表,阐述激光/电子束增材制造材料的微观结构特征。此外,还介绍了 6 种常见的微观组织调控方法。最后,论述微观结构对材料力学性能各向异性的影响。

3.1　微观组织的表征方法

随着新型材料研发和结构材料服役性能研究的不断深入,材料微观结构特征的表征技术和方法得到了长足发展。基于二维切片的传统金相显微镜(Optical Microscopy，OM）、透射电镜（Transmission Electron Microscopy，TEM）、扫描电镜（Scanning Electron Microscopy，SEM）、电子探针微区分析仪（Electron Probe Microanalyzer，EPMA）、同步辐射微束 X 射线荧光（Synchrotron Radiation Micro X-ray Fluorescence，SR-μXRF）、配合 SEM 使用的电子背散射衍射（Electron Backscattered Diffraction，EBSD）以及配合 SEM 和 TEM 使用的能量色散光谱仪（Energy Dispersive Spectrometers，EDS）能够获取材料表面的原子点阵、位错、第二相、化学成分、晶体学信息及微观组织形态等。

同时，借助聚焦离子束（Focused Ion Beam，FIB）或等离子体聚焦离子束（Plasma Focused Ion Beam，P-FIB），从微米或者纳米级样品上逐层、连续切取适用于上述材料微观表征手段的薄膜，进而能够间接堆叠重建出材料成分、组织和结构的空间分布特征。以同步辐射（Synchrotron Radiation，SR）光源为代表的先进光源为三维、无损、可视化地研究材料内部的晶粒、第二相、应力分布、缺陷等提供了全新的技术手段，有助于基于材料表面、亚表面和内部微观结构特征深入揭示失效机制从而建立更加准确、更为完善的评价体系。

然而，上述二维有损和三维有损或者无损的表征技术针对的是未受载样品、加载至一定损伤阶段的样品或者断裂样品。为实现材料损伤演化的原位、实时和动态观测，兼容于这些表征系统的原位加载装置应运而生。目前，应用最为广泛的是集扫描电镜、微纳测试单元（纳米压痕、微柱压缩和微悬臂梁）、静载和疲劳组件甚至复杂样品环境生发单元（冲氢、低温、高温、腐蚀和辐射）等于一体的原位 SEM 表征测试系统。具有更高空间分辨率的原位 TEM 在表征微观点缺陷、线缺陷和面缺陷的演化方面具有优势，有助于更加深入地揭示材料损伤机理。然而，原位 SEM 和原位 TEM 仅适用于表征材料表面的损伤演化行为。为实现材料内部损伤演化和力学参量的同步采集，国内外学者先后研制出了兼容于先进光源的原位加载机构，在一定程度上提升了先进光源的使用效能，并强劲推动着材料损伤表征的快速发展，已成为基础科学研究最重要的平台之一。

材料的微观结构具有跨尺度（纳观、细观、微观、介观、宏观）和多维度（从一维、二维到三维，并随时间和服役条件的变化而变化）的特征。因此，开展多维、多尺度（不同空间分辨率）材料组织结构表征及服役性能测试至关重要。常见的样品制备和表征方法如图 3.1 所示[2-3]。其中长条框右侧界限对应着实验表征方法的最高空间分辨率或者样品的最小厚度，左侧界限对应着样品的最大尺寸，内部箭头表示需要借助多种实验手段以覆盖整个尺度区间。

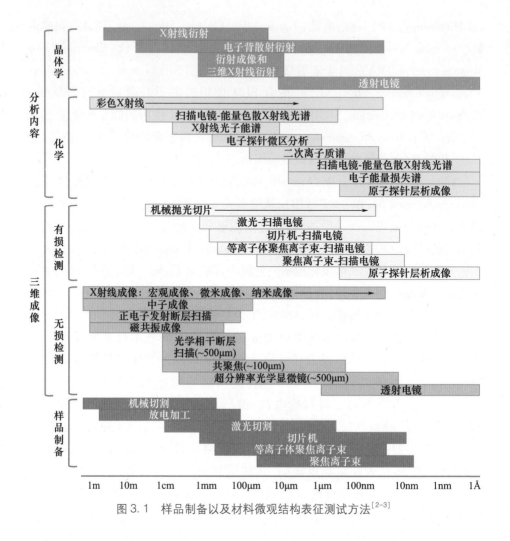

图 3.1　样品制备以及材料微观结构表征测试方法[2-3]

3.2　典型材料的微结构特征

3.2.1　铝合金

铝合金具有密度低、比强高、塑性好、导电性和导热性强、耐蚀性优良、易于加工等特点,是结构轻量化设计的首选金属材料之一,广泛应用于航空航天、汽车工业和轨道交通等领域。铝合金结构的应用也促进了制造技术的持续发展,其中增材铝合金部件的可行性研究已取得理想进展。图 3.2 为选区激光熔化成形 AlSi10Mg 铝合金在不同成形方向上的微观结构特征[4-6]。

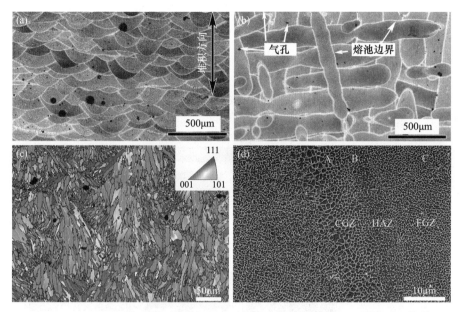

图 3.2　选区激光熔化成形 AlSi10Mg 铝合金在不同成形方向上的微观组织[4-6]
(a)、(c)和(d)平行于堆积方向(纵向截面);(b)垂直于堆积方向(横向截面)。

可见,微观结构在相对于成形方向的不同平面上具有显著的各向异性。在图 3.2(a)纵向截面上,熔池呈现出鱼鳞结构,是由若干个半椭圆形的熔池搭接而成,这与逐层熔化/逐层沉积过程有关;而在图 3.2(b)横向截面上,熔池呈现出条带状结构,这与激光扫描路径有关。同时,熔池边界和内部的组织形态和晶粒尺寸有所差异,主要取决于温度梯度 G 与凝固速度 v 的比值 G/v。从熔池边缘至内部,温度梯度逐渐减小,凝固速度逐渐增加,使得 G/v 逐渐减小,进而导致熔池边界为粗大的胞状枝晶,呈现典型的外延生长特性,枝晶生长的择优取向为<100>,而熔池内部为细小的树状枝晶。进一步从图 3.2(d)发现,基本结构由 α-Al 基体(灰色)和共晶 Si(白色)组成,网状结构的共晶 Si 均匀分布在 α-Al 基体中。根据共晶 Si 的尺寸不同,熔池内部可分为 3 个区域,即细晶区(Fine Grain Zone,FGZ)、粗晶区(Coarse Grain Zone,CGZ)和热影响区(Heat Affected Zone,HAZ),而熔池边界则由 MPB(Molten Pool Boundary)表示。熔池内部较快的冷却速率抑制了共晶 Si 的生长,进而形成细小的 Al-Si 共晶组织;熔池边界较大的温度梯度和较低的凝固速度促进了粗大组织的形成。

选区激光熔化成形过程中的高冷却速率(高达 10^6 K/s)、强温度梯度(约为 10^6 K/m)以及粉末-熔池之间复杂的交互作用,使得 AlSi10Mg 铝合金表现出分层、多维、异质的微结构特征,如图 3.3 所示[7-10]。多尺度微观结构跨越 5 个数量级,涉及 4 种组织,即过饱和原子及原子团($10^{-10} \sim 10^{-9}$m)、纳米级析出相($10^{-9} \sim 10^{-8}$m)、Al-Si 网状共晶组织($10^{-7} \sim 10^{-8}$m)、晶粒和熔池($10^{-5} \sim 10^{-4}$m)。跨尺度微观结构的形成是由于在细小析出相与粗大晶粒之间存在着 Al-Si 共晶组织,并且单个晶粒又比熔池结构小得多。上述分层、多维、异质的微结构特征直接决定着材料的宏观力学性能及疲劳行为。

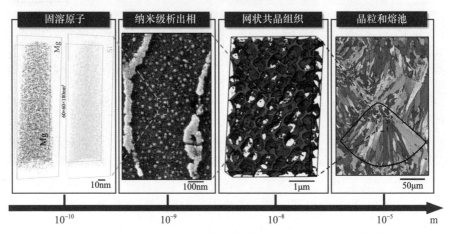

图 3.3　选区激光熔化成形 AlSi10Mg 铝合金跨尺度微观结构(从埃尺度的溶质原子至纳米级析出相至亚微米尺度的胞状结构再至微米尺度的晶粒和熔池)[7-10]

　　为了提高增材制造金属材料及构件的力学性能,通常采取后处理方法以改善材料的微观结构特征,如去应力退火、热等静压、机械加工及搅拌摩擦加工等。图 3.4 为选区激光熔化成形 AlSi10Mg 铝合金在不同后处理制度下的 Al-Si 共晶组织[10]。图 3.4(a)中沉积态的共晶 Si 相呈连续网络状分布在 α-Al 基体中,晶胞内部存在着弥散分布的细小析出相。经 250℃、2h 去应力退火后,共晶 Si 相的形态未发生明显变化,如图 3.4(b)所示,但共晶 Si 相和晶胞内的析出相均粗化长大。经 300℃、2h 去应力退火后,图 3.4(c)中共晶 Si 相的形态已由沉积态的连续网络状转变为离散球状或者椭球状,晶胞内的析出相进一步粗化。图 3.4(d)为经搅拌摩擦加工后的 Al-Si 共晶组织,发现与 300℃、2h 去应力退火相比,共晶 Si 相的形态更加不规则,尺寸更粗大,晶胞内析出相的数量急剧下降。采取去应力退火和搅拌摩擦加工等后处理制度,可改变 Al-Si 共晶组织的形态和尺寸,在略微降低合金强度的前提下,能够有效地提高延伸率[10-13]。

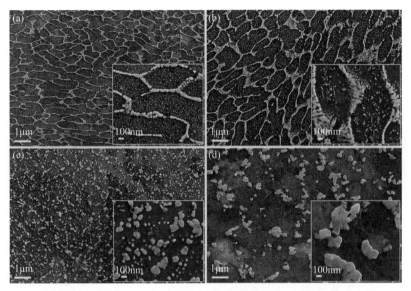

图3.4　选区激光熔化成形 AlSi10Mg 铝合金不同后处理制度下对应的 Al-Si 共晶组织[10]
(a)沉积态；(b)250℃、2 h 去应力退火；(c)300℃、2 h 去应力退火；(d)搅拌摩擦加工。

3.2.2　钛合金

　　钛合金因具有比强度高、耐蚀性强、耐热性和耐低温性能好等特点，而成为航空航天重要零部件制造的首选材料之一。从研究和应用的角度来看，与其他金属相比，钛合金增材制造技术的成熟度较高。图3.5 为电子束熔化成形 Ti-6Al-4V 钛合金沿着堆积方向的微观结构特征[14]。

　　可见，沿着堆积方向不同位置的微观结构特征基本一致，表现为 α+β 相组成的网篮状结构。增材制造过程中，熔池与基板之间存在着自上而下的温度梯度，进而形成了沿着温度梯度方向、与堆积方向一致、贯穿数个熔覆层的粗大 β 柱状晶，如图3.5(a)所示。对于激光增材制造，由于冷却速率较高，凝固时间较短，使得初生 β 柱状晶内部形成了针状马氏体 α′ 相，固态相变过程为 L→β→α；对于电子束增材制造，经历了 700~750℃ 的基板预热处理，其固态相变过程为 L→β→α′→α+β，且从 β 到 α+β 的固态相变过程通常会产生交错分布的 α 板条，如图3.5(b)所示，进而形成了网状组织结构。

　　对沉积态 Ti-6Al-4V 合金实施后热处理后，获得的微观组织演化结果如图3.6 所示[15]。与图3.6(a)中沉积态的细小针状 α′ 相(尺寸小于 0.5μm)相比，经700℃、1 h 后热处理后，细小 α′ 马氏体转变为 α 相和 β 相混合组织，α 相仍

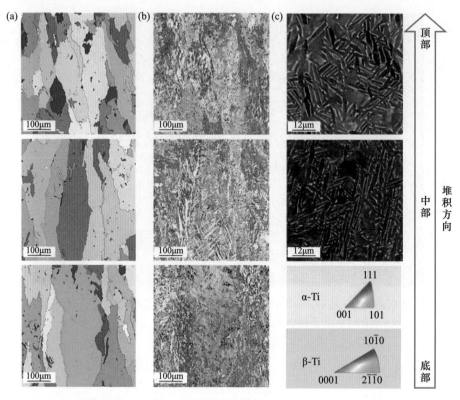

图 3.5　电子束熔化成形 Ti-6Al-4V 钛合金沿着堆积方向不同位置处的微观结构特征[14]
(a)β-Ti；(b)和(c)α-Ti。

呈现针状,但尺寸更大,如图 3.6(b)所示。经 900℃、2h 后热处理后,马氏体组织转变为图 3.6(c)中嵌入 α/β 相晶界的 α 柱状晶,宽度约为 3μm,长度为 50~60μm。经热等静压处理(900℃、100MPa、2h)后,图 3.6(d)中的微观组织与图 3.6(c)相似,仍呈现出在 β 相基体中初生 α 柱状晶,其中 α-Ti 的体积分数为 93.5%,β-Ti 的体积分数为 6.5%。对于 Ti-6Al-4V 合金,当热处理温度低于其相变转变温度(约为 995℃)时,β 尺寸不会发生异常增大。

3.2.3　镍基合金

镍基高温合金具有优异的抗热腐蚀性、抗氧化性、高温稳定性及组织稳定性,广泛应用于航空航天、船舶工业及极端复杂环境和工况中。目前,增材制造镍基高温合金的研究主要集中在 Inconel 系列合金。图 3.7 为选区激光熔化成形 Inconel 718 镍基合金跨尺度分级的微观结构特征[16]。

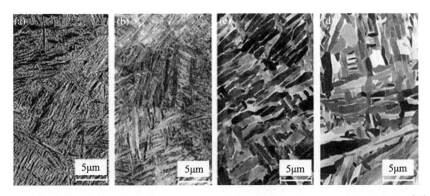

图 3.6　电子束熔化成形 Ti-6Al-4V 钛合金不同后热处理制度下对应的微观组织[15]
（a）沉积态；（b）700℃、1h；（c）900℃、2h；（d）热等静压（900℃、100MPa、2h）。

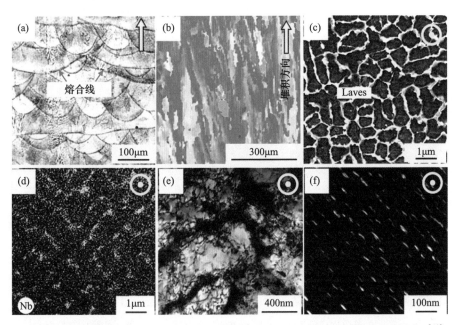

图 3.7　选区激光熔化成形 Inconel 718 镍基高温合金跨尺度分级的微观结构特征[16]
（a）熔池形貌；（b）晶粒取向；（c）胞状组织；（d）Nb 元素偏析；（e）位错胞结构；（f）γ″析出相分布。

　　图 3.7（a）中的熔池呈现搭接的鱼鳞结构，与逐层熔化/逐层沉积过程有关。熔池内部为粗大的柱状晶，生长方向与堆积方向趋于一致，具有定向凝固组织的特征，织构特征呈现典型的 {100} <001> 型立方织构（图 3.7（b））。图 3.7（c）中晶粒内部为细小的胞状晶结构，枝晶间连续分布着网络状 Laves 相。激光增材制造过程中较大的冷却速率抑制了 γ″（Ni_3Nb）、γ′（Ni_3（Al、Ti、Nb））和

δ(Ni₃Nb)相析出,使得 Nb 和 Ti 等元素在枝晶间富集(图 3.7(d)),进而在冷却过程中发生共晶反应:Liquid→γ→γ+NbC→γ+NbC+Laves,在枝晶间形成了大量的 Laves 硬脆相。当材料受到外加载荷时,基体与 Laves 硬脆相因变形程度不一致而形成不协调裂纹,进而引发材料的脆性断裂。在胞状晶结构中均匀分布着短棒状或者针状的 γ″析出相,如图 3.7(f)所示。

不过,对沉积态 Inconel 718 合金进行固溶热处理和时效处理,可促进合金中强化相的析出,进而改善合金的力学性能。图 3.8 为不同固溶热处理和时效处理后合金的微观组织[17]。选区激光熔化成形过程中极高的冷却速率会抑制沉淀相析出,导致沉积态合金内部的 γ′和 γ″相含量较低。经时效处理后,γ′和 γ″相增多,枝晶组织的尺寸及 Laves 相的形态均未发生改变。经 930℃固溶热处理后,由于接近 δ 相的最高析出率,在晶内和大角度晶界上析出了大量的针状 δ 相,大角度晶界通常被视为 δ 相形核的首选位置。此外,高温回复过程使得 Laves 相溶解。经 1000℃固溶处理后,由于接近 δ 相的固溶温度(约为1010℃),几乎不存在 δ 相,γ′和 γ″相明显粗化。

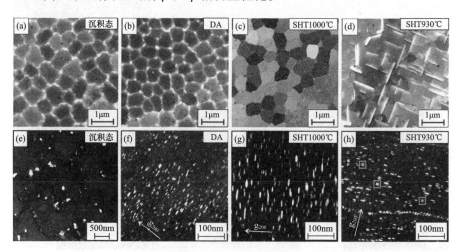

图 3.8 选区激光熔化成形 Inconel 718 镍基合金不同后热处理后的微观结构特征[17]
(a)和(e)沉积态;(b)和(f)时效处理(720℃/8h+620℃/8h);
(c)和(g)1000℃固溶热处理与时效;(d)和(h)930℃固溶热处理与时效。

3.2.4　不锈钢

不锈钢是一种高合金钢,铬元素的质量分数不低于 10.5%。不锈钢表面易形成氧化物钝化膜,使其在腐蚀性介质中表现出优异的耐蚀性,此外,其还具有塑性和韧性好、化学稳定性高、耐热性能优良等优点。316L 不锈钢具有优异的可焊接性和塑性,是较适宜增材制造的材料体系之一。图 3.9 为选区激光熔化成形 316L 不锈钢在不同堆积方向上的微观结构特征[18]。

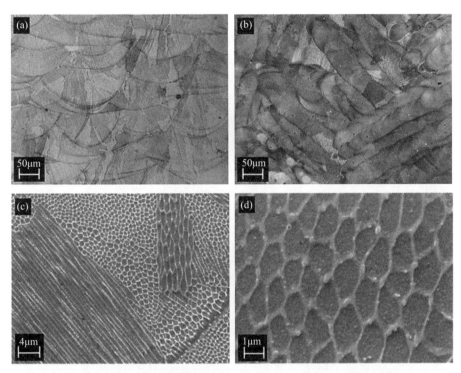

图 3.9　选区激光熔化成形 316L 不锈钢在不同堆积方向上的微观结构特征[18]
(a)为平行于堆积方向(纵向截面);(b)垂直于堆积方向(横向截面);(c)和(d)熔池内部的微观组织。

可见,选区激光熔化成形奥氏体 316L 不锈钢在不同成形方向上的微观结构具有显著的各向异性。在图 3.9(a)纵向截面上,宏观组织表现为周期性排列且相互搭接的半椭圆形熔池结构。熔池形貌并不完全相同,呈现出熔合线平直拉长和熔合线大幅凸起两种形貌特征,这是由于温度积累、粉末分布及散热条件的变化导致熔池之间的表面张力不同所致。在图 3.9(b)横向截面上,熔池呈现出取决于扫描路径的条带状结构,相邻层间旋转角为 67°。熔池内部存在两种组织特征:柱状晶和胞状树枝晶,如图 3.9(c)所示。细小的柱状晶垂直于熔合线或与熔合线呈一定角度择优生长,由于温度梯度较大,使得晶粒沿着热量散失的方向逆向生长为柱状晶。胞状树枝晶间结合紧密,尺寸在亚微米级别,形貌近似六边形,具有最小的界面能,晶粒处于相对稳定的平衡状态。

图 3.10 进一步比较了激光选区熔化成形 316L 不锈钢在不同退火温度下

的微观组织[19]。图 3.10(a)中沉积态的微观组织表现为沿着堆积方向分布的粗大柱状晶,柱状晶的择优取向为<001>。经 650℃、2h 热处理后,图 3.10(b)中的微观结构特征(组织形态和织构特征)未发生明显变化。经热等静压处理(1150℃、100MPa、4h)后,组织经历了重结晶,如图 3.10(c)所示。与沉积态相比,热等静压态晶粒有等轴化趋势,粗大的柱状晶演变为细小的柱状晶和粗大的等轴晶,组织不再具有显著的织构特征。

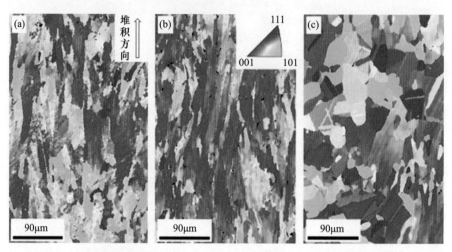

图 3.10 选区激光熔化成形 316L 不锈钢不同退火温度下对应的微观结构组织[19]

(a)沉积态;(b)650℃、2h 热处理;(c)热等静压处理(1150℃、100MPa、4h)。

3.2.5 其他材料

1. 高熵合金

高熵合金(High Entropy Alloys,HEA)是一种不同于传统合金设计理念的新兴合金材料,具有高强度、高硬度、出色的耐腐蚀性、良好的耐辐照性、优秀的低温韧性、高温抗软化及抗氧化等性能,被视为 21 世纪最具发展潜力的材料之一,近年来在各个领域引起极大的关注。图 3.11 为选区激光熔化成形 CoCrFe-Ni HEA 在不同后热处理制度下的微观结构特征[20-21]。可见,沉积态材料呈现出含有大量亚结构的柱状晶,晶界处存在大量的位错。经高温(>1173 K)退火后,图 3.11(a₁)~(a₄)中的柱状晶完全退化成含有大量孪晶的等轴晶,其中分布在再结晶晶粒中的退火孪晶是由快速凝固致大量位错和高残余应力引起的。低温退火(<973 K)对微观组织的影响较小。对于沉积态和低温退火材料,不可移动的位错网及其与其他位错的交互作用是导致材料强化的主要原因,如

图 3.11(b_1)、(b_2)所示。高温退火材料的强度则取决于孪晶与位错之间的交互作用以及晶界位错壁的形成,如图 3.11(b_3)、(b_4)所示。

图 3.11 选区激光熔化成形 CoCrFeNi HEA 不同后热处理制度下对应的微观组织[20-21]

(a_1)沉积态;(a_2)1173 K,2h 退火;(a_3)1373 K,2h 退火;(a_4)1573K,2h 退火;

(b_1)和(b_2)沉积态变形组织;(b_3)和(b_4)1573 K 退火变形组织。

2. 镁合金

镁合金具有密度小、比强度和比刚度高、切削加工性和抗电磁辐射性能良好、生物相容性好等特点,广泛用于汽车工业、航空航天、生物医疗等领域。随着镁合金应用的不断拓展,其先进制造方法也受到更多的关注,其中镁合金增材制造技术取得一定进展。图 3.12 为选区激光熔化成形 AZ91D 镁合金在不同体积能量密度下的微观结构特征[22]。宏观组织形态与其他金属类似,均表现为在纵向截面的搭接鱼鳞状熔池结构和在横向截面的交替条带状熔池结构。熔池内部由 α-Mg 等轴晶和沿晶界分布的离异共晶 β-$Mg_{17}Al_{12}$ 组成,并且熔池内部的晶粒尺寸小于熔池边界,与边界区重熔致冷却速率降低有关。随着体积能量密度的降低,β-$Mg_{17}Al_{12}$ 的数量减少,尺寸也有所减小。

3. 金属基复合材料

颗粒增强金属基复合材料由于具有高的强度、硬度和耐磨性,并同时保持着良好的韧性、高温蠕变性能和疲劳强度,广泛用于航空航天、汽车工业等领域。图 3.13 为选区激光熔化成形 SiC 颗粒增强马氏体时效钢(Maraging Steel, MS)基复合材料的微观组织[23]。原始态 MS 钢的微观组织为典型的胞状结构。随着 SiC 颗粒的加入,胞状组织逐渐向枝晶组织转变。当 SiC 的体积分数大于12%时,复合材料内部主要表现为枝晶组织,这与高热导的 SiC 颗粒提高了熔池的凝固速率有关。此外,SiC 的加入诱导了复合材料内部富 C、Mo 和 Ti 颗粒的生成,而这些颗粒在原始态 MS 钢中较为少见,说明 SiC 的加入可能诱导了增材制造过程中的原位析出。进一步分析发现,这些析出相为 Fe₂Mo 和 η-Ni₃Ti 相。MS 钢内部原位析出相的形成使得该类复合材料为 SiC 和原位析出相双相增强复合材料,有效地提升了力学性能。

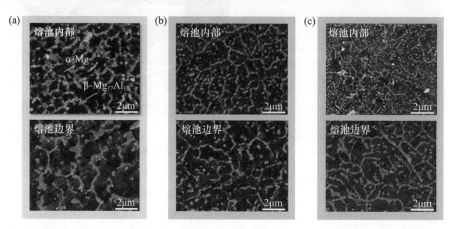

图 3.12　选区激光熔化成形 AZ91D 镁合金横截面熔池中心和熔池边界的微观结构特征[22]
(a)体积能量密度 $E = 166.7 \ \text{J/mm}^3$；(b) $E = 111.1 \ \text{J/mm}^3$；(c) $E = 83.3 \ \text{J/mm}^3$。

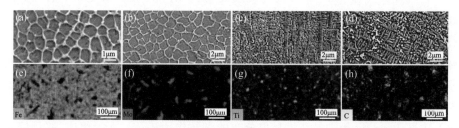

图 3.13　选区激光熔化成形 SiC 颗粒增强马氏体时效钢基复合材料的微观组织[23]
(a)马氏体时效钢；(b)~(d)加入 SiC 的体积分数分别为 3%、6%和 12%；
(e)~(h)在马氏体时效钢中加入体积分数为 9%SiC 的成分分析。

3.3　微观组织的调控方法

增材制造的逐层熔化/堆积过程使材料产生了独特的微观结构特征,这些微观结构直接决定了材料的失效行为及力学性能(强度、韧性、疲劳与断裂性能等)。为有效改善材料的力学性能,可见合理地调控材料的微观组织,实现形性可控增材制造,这是目前增材制造领域的一个重要研究方向。本节介绍了若干种改善材料组织和性能的方法,包括工艺参数优化、后处理、纳米颗粒引入、滚压轧制以及超声冲击、超声振动和微锻造等。

3.3.1　工艺参数优化

工艺参数优化是最为常见的增材制造组织调控方法。大量研究证实,优化增材制造工艺参数具有改善材料组织和性能的有益效果。这种组织调控方法通过调节工艺参数以改变材料成形过程中经历的热历程,进而起到调控组织的目的。例如,通过控制输入熔池的能量密度以改变熔池温度梯度和凝固速率,进而实现对晶粒尺寸、组织形貌和析出相类型、数量、尺寸和形貌等方面的调控;通过控制扫描策略来改变晶粒生长方向,从而实现组织各向异性调控。然而,这种基于工艺参数的调控方法对组织和性能的改善程度十分有限,并且多个工艺参数之间的耦合机理复杂,需要进行大量的实验摸索。

3.3.2　后处理技术

此外,热处理也是调控材料微观组织与力学性能的一种重要手段,主要包括:淬火、回火、退火和正火,还包括热等静压处理(高温和高压结合)、表面热处理(感应热处理)及化学热处理(渗碳/渗氮)等。在金属增材制造领域,通常采用工艺参数优化结合后处理技术的方法来改善材料的组织和性能。在 3.2 节中已简要介绍了不同后处理制度对微观组织的影响,如通过后处理可改善铝合金的共晶组织形态和尺寸、钛合金的相类型和尺寸、镍基合金的相类型、数量和尺寸以及不锈钢的组织形态等。除了组织调控外,还可以有效地改善残余应力分布,消除内部缺陷。从设备以及热应力等角度看,中小型构件更容易实施后处理;对于大型构件,需要寻求更加简便、高效的方法来改善材料的组织和性能。

3.3.3　纳米颗粒引入

纳米颗粒改性与增强是改善材料微观组织、成形质量和力学性能的良策。激光增材不可焊 6000 系和 7000 系铝合金的裂纹敏感性较高,而基于晶体学理论,通过添加合适的纳米颗粒形核剂,可制备出与锻件力学性能相当的增材铝合金,如图 3.14 所示[24]。将纳米锆粒子作为形核剂,通过静电附着将其组装到粉末表面,在激光增材制造过程中,熔池中的锆颗粒与铝基体发生反应生成 Al_3Zr 相。这为晶粒形核提供了大量低能量势垒的位点,促进了细小等轴晶的形成,降低了凝固收缩力的影响,进而可制备出具有均匀细小等轴晶、无裂纹且强度高的增材铝合金样品。也有学者将 TiB_2 纳米颗粒添加到 AlSi10Mg 粉末中,采用选区激光熔化技术成形出高强高韧的铝合金[25]。

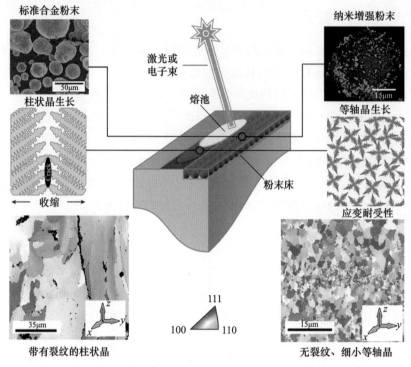

图 3.14　选区激光熔化成形 7075 铝合金：基于纳米颗粒改性实现
有裂纹的柱状晶向细小等轴晶转变及裂纹抑制[24]

3.3.4　滚压轧制技术

　　对沉积层进行滚压处理是另外一种改善材料微观组织和残余应力的一种
有效措施。克兰菲尔德大学采用轧辊对电弧熔丝增材材料进行滚压处理,结果
如图 3.15 所示[26]。可见,未经滚压轧制的 Ti-6Al-4V 钛合金呈现出典型的沿着
堆积方向生长的粗大 β 柱状晶,晶粒择优取向为<001>。滚压轧制态的 β 组织形
态已由柱状晶转变为等轴晶,晶粒尺寸更小,并且随着压力的增加,晶粒尺寸逐
渐减小,织构特征消失。华中科技大学进一步提出了微区原位锻造复合电弧熔
丝增材制造技术[27]。与克兰菲尔德大学的层间离位轧制不同,该技术是由微
轧辊跟随焊枪对沉积的材料进行同步轧制,由于微轧辊与焊枪之间的距离很
短,轧制时金属仍具有较高温度,因此属于热轧诱导的材料沉积。滚压轧制技
术不仅可以改变材料的组织形态和细化晶粒,还能够有效地减小材料内部的残
余应力,并降低缺陷水平。

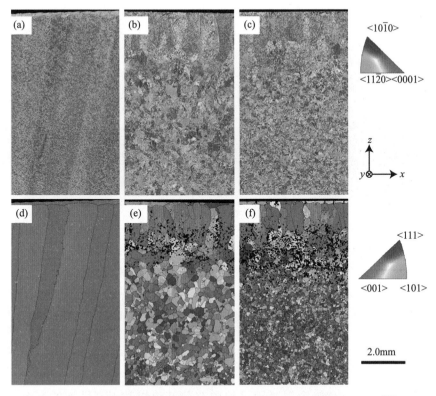

图 3. 15　未经和经滚压轧制的电弧熔丝增材钛合金的微观结构特征[26]

(a) ~ (c) α 相；(d) ~ (f) β 相，从左至右依次为未经滚压轧制、滚压压力为 50kN 和滚压压力为 75kN。

3.3.5　超声冲击处理

超声冲击技术是指利用高频次运动的冲击头来挤压材料表面,高频次机械冲击能量及超声应力波均传递至材料表面,从而使得材料表层发生一系列变化,如晶粒变形和破碎。图 3.16 为未经和经超声冲击的激光增材制造 Ti-6Al-4V 钛合金的微观结构特征[28]。可见,图 3.16(a)中未经超声冲击的 Ti-6Al-4V 呈现出典型的沿着堆积方向生长的粗大 β 柱状晶,晶粒生长的择优取向为<001>。而每隔 5 个沉积层进行一次超声冲击后,如图 3.16(b)所示,连续生长的柱状晶被细小等轴晶构成的窄带打断,细晶带间距约为 4mm,等轴晶的取向随机分布。当每个沉积层均实施超声冲击后,图 3.16(c)中的柱状晶尺寸显著减小,晶粒取向由具有织构特征变为随机分布,细小等轴晶与柱状晶更频繁地交替分布,细晶带间距或柱状晶高度减小至 0.5mm。

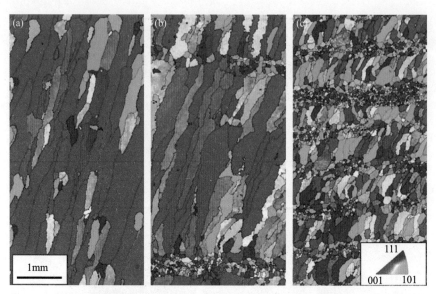

图 3.16　未经和经超声冲击的激光增材制造 Ti-6Al-4V 钛合金的微观结构特征[28]

(a)未经超声冲击;(b)每隔 5 个沉积层实施超声冲击;(c)每个沉积层均实施超声冲击。

3.3.6　其他方法

超声振动是在传统金属凝固过程中改善其组织和提高性能的有效方法之一,近年来,在增材制造金属组织调控方面得到一定应用。采用耦合超声振动的增材制造技术,在液态金属结晶过程中,借助超声波产生的高频振动和辐射压力,对液态金属实施力作用、热作用、空化作用和声流作用等,以实现晶粒细化、组织均匀化和改善残余应力的目的[29]。近年来,还提出了超声微锻造技术,它综合了超声冲击频率高和机械滚压致塑性变形大的优点,实现了超声冲击与连续滚压微锻造复合作用,进而大幅度细化了晶粒、改变了组织和提高了性能[30]。除了上述形变处理的方法外,变质处理也可以有效地改善增材制造材料的组织和性能。例如,采用硼或者硅变质处理辅助以感应加热和热处理的方法,也有助于细化晶粒、改变组织形态、改善各向异性,进而实现材料强度和塑性的双赢[31]。

需要指出,本节介绍的若干种组织调控方法在一定程度上均可以改善增材金属材料的微观组织,提高其力学性能。但是,每种组织调控方法有着各自的优势也均存在着一定的局限性,使其适用性在一定程度上受到限制,在使用过程中需要根据具体情况进行选择。

3.4　对力学性能各向异性的影响

3.4.1　熔池结构

逐点扫描-逐线搭接-逐层堆积的增材制造过程形成了特有的逐层搭接的鱼鳞状熔池结构,其中位于两熔池之间的粗大共晶组织区和热影响区被定义为熔池边界,由于其强度较弱,成为熔池结构的薄弱环节,对增材制造材料的失效行为、力学性能及其各向异性具有重要影响[32]。图 3.17 为选区激光熔化成形铝合金在不同成形方向上的拉伸失效行为[33]。

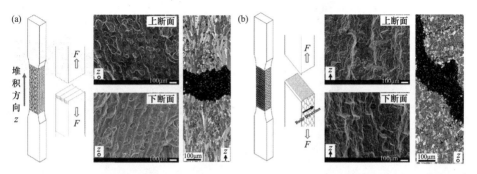

图 3.17　选区激光熔化成形 AlSi10Mg 铝合金在不同成形方向的拉伸失效行为[33]

(a)加载方向与堆积方向平行;(b)加载方向与堆积方向垂直。

当加载方向与堆积方向相平行时,材料具有较低的延伸率,这与熔池边界的分布密切相关。从图 3.17(a)中的失效断口上可以清晰地观察到扫描迹线,表现为平坦的断面,表明材料沿着层间熔池边界发生失效,这与熔池界面与拉伸方向相垂直且熔池边界为熔池结构的薄弱环节有关。微观机制为,在外加载荷作用下,熔池边界优先发生变形,并且塑性变形被熔池边界两侧的高强度细小共晶组织区所抑制,进而在熔池边界上形核微孔洞。较为平坦的断裂面表明其微观组织经历的变形较小,宏观上表现出较低的延伸率和较差的塑性。而当加载方向与堆积方向相垂直时,此时的熔池界面与拉伸方向相平行,材料的失效倾向于跨越熔池边界,在不同堆积层的熔池内部进行,因此失效断口较为粗糙,表明材料在断裂前经历了较大的塑性变形,从而对应着更高的延伸率和更好的塑性。

此外,熔池分布对材料的裂纹扩展阻力和断裂韧性也有着显著的影响。图 3.18 为不同成形方向上制备紧凑拉伸试样显示的裂纹扩展行为[32,34]。当裂纹扩展方向与堆积方向相平行时,材料具有更高的断裂韧性。断裂韧性的各向异性与裂纹扩展路径的曲折程度有关,其中更为曲折的断裂路径有助于提高材料的断裂韧性。

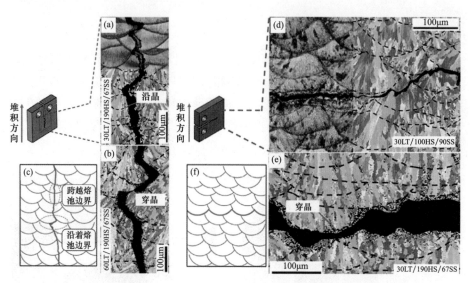

图 3.18　选区激光熔化成形 AlSi10Mg 铝合金不同成形方向紧凑拉伸试样的断裂行为[32,34]
(a)~(c)裂纹扩展方向与堆积方向相平行;(d)~(f)裂纹扩展方向与堆积方向相垂直。

如图 3.18(a)~(c)所示,当裂纹扩展方向平行于堆积方向时,裂纹倾向于穿越熔池扩展,由于熔池边界偏转,导致裂纹路径较为曲折。当扩展方向垂直于堆积方向时,如图 3.18(d)~(f)所示,裂纹沿着熔池边界扩展,此时的扩展阻力较小。熔池内部和边界上裂纹扩展偏转程度和断裂阻力的差异性导致了断裂韧性的各向异性。更进一步,扫描策略会影响熔池结构进而影响材料的断裂韧性。例如,当堆积层之间的旋转角为 67°时,随机分布的熔池促进了裂纹偏转和扭转,使得扩展路径相对曲折;当堆积层之间的旋转角为 90°时,裂纹沿着连续分布的熔池边界扩展,没有明显偏转,对应的断裂韧性较低。

3.4.2　组织形态

晶粒尺寸和形态也会影响裂纹扩展行为,导致增材材料疲劳性能的各向异性。通常,粗晶由于具有大面积的晶界,使得裂纹发生较大的偏转,对应的裂纹扩展阻力较高。此外,具有定向生长的粗大组织对不同加载方向的裂纹扩展行为具有显著影响;例如,增材制造中形成的与堆积方向近似平行的粗大柱状晶。当加载方向与堆积方向相垂直时,裂纹沿着堆积方向扩展,如图 3.19(a)所示,此时,裂纹主要沿着柱状晶的晶界扩展,没有明显偏转,扩展阻力也较小。当加载方向与堆积方向相平行时,裂纹垂直于堆积方向扩展,如图 3.19(b)所示,此时,裂纹仍以沿着柱状晶的晶界扩展为主,但是裂纹发生了明显的偏转路径更为曲折,扩展阻力较大。

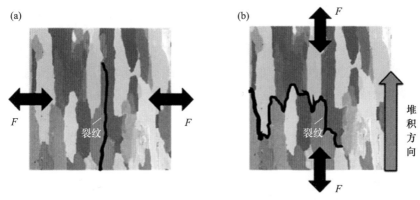

图 3.19 组织形态对裂纹扩展行为各向异性的影响[35]

(a)裂纹扩展方向与堆积方向相平行;(b)裂纹扩展方向与堆积方向相垂直。

但值得注意的是,对于不同的增材制造材料,其微观结构特征具有显著差异,因此决定其损伤破坏的主导因素也有所不同。如图 3.18 所示,对于增材铝合金而言,其力学性能对熔池边界更为敏感,裂纹扩展行为受熔池边界的形态和分布影响较大,垂直于堆积方向的裂纹路径相对平坦,扩展阻力更小;而对于具有图 3.19 中所示的增材钛合金而言,晶粒的尺寸、取向及分布特征在裂纹扩展过程中则占主导因素,垂直于堆积方向的裂纹路径相对曲折,扩展阻力更大。因此,对于不同增材制造金属材料的损伤破坏机理研究,需要结合具有针对性的微观结构分析和力学性能测试。

3.4.3 缺陷分布

最后,与焊接、铸造和锻造等加工方法不同,增材制造通过层层叠加完成结构件加工,缺陷不仅存在于扫描道内部,而且在熔积层之间广泛存在。在目前已知技术水平下,尚无法彻底消除或完全抑制内部缺陷的广域生成和分布。相关研究表明,随着缺陷数量和体积的降低,增材材料的韧性和强度均有一定程度地提高,这一现象可以从材料孔隙率和密度值的变化上来解释。自然地,缺陷特征及分布对不同方向上的力学性能也有较大影响,在随后章节中将进一步讨论。

3.5 本章小结

增材制造作为一种颠覆性的材料成形方法,已成为满足国家重大工程需求、促进产业结构调整的"前沿技术"。增材制造逐点扫描-逐线搭接-逐层堆积的成形过程产生了不同于传统制造的独特微结构特征。增材材料的宏观组织形态表现为,在与堆积方向相平行的截面上产生取决于逐层熔化/逐层沉积工艺的鱼鳞状熔池结构,在与堆积方向相垂直的截面上产生取决于扫描路径的条带状熔池结构。熔池内部呈现出分层、多维、异质的微观结构特征。材料的微观结构决定着其宏观力学性能及变形行为。为改善增材制造材料的力学性能,发展了组织调控方法,例如工艺参数优化、后处理、纳米颗粒引入、滚压轧制、激光冲击、超声冲击等,这些方法从细晶强化、第二相强化、位错强化和固溶强化等角度,通过调控晶粒尺寸以及析出相的类型、尺寸、形态和分布等,以提高成形材料的力学性能。此外,增材材料的力学性能(塑性、韧性、疲劳与断裂性能等)具有显著的各向异性,取决于熔池结构和组织形态的各向异性。因此,部分组织调控方法也有助于改善组织和性能的各向异性。

参 考 文 献

[1] 王华明. 高性能大型金属构件激光增材制造:若干材料基础问题 [J]. 航空学报,2014,35(10):2690-2698.

[2] 吴圣川,吴正凯,康国政,等. 先进材料多维多尺度高通量表征研究进展 [J]. 机械工程学报,2021,57(16):37-65.

[3] Burnett T L, Withers P J. Completing the picture through correlative characterization [J]. Nature Materials,2019,18(10):1041-1049.

[4] Xiong Z H, Liu S L, Li S F, et al. Role of melt pool boundary condition in determining the mechanical properties of selective laser melting AlSi10Mg alloy [J]. Materials Science & Engineering A,2019,740-741:148-156.

[5] Alghamdi F, Song X, Hadadzadeh A, et al. Post heat treatment of additive manufactured AlSi10Mg: On silicon morphology, texture and small-scale properties [J]. Materials Science & Engineering A,2020,783:139296.

[6] Amir B, Grinberg E, Gale Y, et al. Influences of platform heating and post-processing stress relief treatment on the mechanical properties and microstructure of selective-laser-melted AlSi10Mg alloys [J]. Materials Science & Engineering A,2021,822:141612.

[7] Zhao L, Song L B, Macías Santos J G, et al. Review on the correlation between microstructure and mechanical performance for laser powder bed fusion AlSi10Mg [J]. Additive Manufacturing, 2022, 56: 102914.

[8] Lefebvre W, Rose G, Delroisse P, et al. Nanoscale periodic gradients generated by laser powder bed fusion of an AlSi10Mg alloy [J]. Materials and Design, 2021, 197: 109264.

[9] Macías Santos J G, Douillard T, Zhao L, et al. Influence on microstructure, strength and ductility of build platform temperature during laser powder bed fusion of AlSi10Mg [J]. Acta Materialia, 2020, 201: 231-243.

[10] Zhao L, Macías Santos J G, Ding L P, et al. Damage mechanisms in selective laser melted AlSi10Mg under as built and different post-treatment conditions [J]. Materials Science & Engineering A, 2019, 764: 138210.

[11] Prashanth K G, Scudino S, Klauss H J, et al. Microstructure and mechanical properties of Al-12Si produced by selective laser melting: Effect of heat treatment [J]. Materials Science & Engineering A, 2014, 590: 153-160.

[12] Wang C G, Zhu J X, Wang G W, et al. Effect of building orientation and heat treatment on the anisotropic tensile properties of AlSi10Mg fabricated by selective laser melting [J]. Journal of Alloys and Compounds, 2022, 895: 162665.

[13] Fiocchi J, Tuissi A, Biffi C A. Heat treatment of aluminium alloys produced by laser powder bed fusion: A review [J]. Materials and Design, 2021, 204: 109651.

[14] Seifi M, Salem A, Satko D, et al. Defect distribution and microstructure heterogeneity effects on fracture resistance and fatigue behavior of EBM Ti-6Al-4V [J]. International Journal of Fatigue, 2017, 94: 263-287.

[15] Kasperovich G, Hausmann J. Improvement of fatigue resistance and ductility of TiAl6V4 processed by selective laser melting [J]. Journal of Materials Processing Technology, 2015, 220: 202-214.

[16] 杨浩, 李尧, 郝建民. 激光增材制造 Inconel 718 高温合金的研究进展 [J]. 材料导报, 2022, 36(6): 20080021.

[17] Pröbstle M, Neumeier S, Hopfenmüller J, et al. Superior creep strength of a nickel-based superalloy produced by selective laser melting [J]. Materials Science & Engineering A, 2016, 674: 299-307.

[18] Casati R, Lemke L, Vedani M. Microstructure and fracture behavior of 316L austenitic stainless steel produced by selective laser melting [J]. Materials Science & Engineering A, 2016, 32: 738-744.

[19] Riemer A, Leuders S, Thöne M, et al. On the fatigue crack growth behavior in 316L stainless steel manufactured by selective laser melting [J]. Engineering Fracture Mechanics, 2014, 120: 15-25.

[20] Moghaddam A O,Shaburova N A,Samodurova M N,et al. Additive manufacturing of high en-tropy alloys:A practical review [J]. Journal of Materials Science & Technology,2021,77: 131-162.

[21] Lin D Y,Xu L Y,Jing H Y,et al. Effects of annealing on the structure and mechanical prop-erties of FeCoCrNi high-entropy alloy fabricated via selective laser melting [J]. Additive Manufacturing,2020,32:101058.

[22] Wei K W,Gao M,Wang Z M,et al. Effect of energy input on formability,microstructure and mechanical properties of selective laser melted AZ91D magnesium alloy [J]. Materials Sci-ence & Engineering A,2014,611:212-222.

[23] Tan C L,Zou J,Wang D,et al. Duplex strengthening via SiC addition and in-situ precipitati-on in additively manufactured composite materials [J]. Composites Part B, 2022, 236:109820.

[24] Martin J H,Yahata B D,Hundley J M,et al. 3D printing of high-strength aluminium alloys [J]. Nature,2017,549:365-369.

[25] Li X P,Ji G,Chen Z,et al. Selective laser melting of nano-TiB$_2$ decorated AlSi10Mg alloy with high fracture strength and ductility [J]. Acta Materialia,2017,129:183-193.

[26] Donoghue J,Antonysamy A A,Martina F,et al. The effectiveness of combining rolling deform-ation with Wire-Arc Additive Manufacture on β-grain refinement and texture modification in Ti-6Al-4V [J]. Materials Characterization,2016,114:103-114.

[27] Xie C,Wu S C,Yu Y K,et al. Defect-correlated fatigue resistance of additively manufactured Al-Mg4. 5Mn alloy with *in situ* micro-rolling [J]. Journal of Materials Processing Technolo-gy,2021,291:117039.

[28] Donoghue J,Sidhu J,Wescott A,et al. Integration of deformation processing with additive manufacture of Ti-6Al-4V components for improved β grain structure and texture [C]. TMS 2015 144th,Annual Meeting & Exhibition. Springer International Publishing,2015,144:437-444.

[29] 王潭,张安峰,梁少端,等. 超声振动辅助激光金属成形 IN718 沉积态组织及性能的研究 [J]. 中国激光,2016,43(11):1102005.

[30] 袁丁,高华兵,孙小婧,等. 改善金属增材制造材料组织与力学性能的方法与技术 [J]. 航空制造技术,2018,61(10):40-48.

[31] 梁朝阳,张安峰,李丽君,等. 感应加热辅助变质剂硼细化激光熔覆沉积 TC4 晶粒的研究 [J]. 中国激光,2018,45(7):0702001.

[32] Zhao L,Song L B,Macías J G S,et al. Review on the correlation between microstructure and mechanical performance for laser powder bed fusion AlSi10Mg [J]. Additive Manufacturing, 2022,56:102914.

[33] Patakham U,Palasay A,Wila P,et al. MPB characteristics and Si morphologies on mechani-

cal properties and fracture behavior of SLM AlSi10Mg [J]. Materials Science & Engineering A,2021,821:141602.

[34] Paul M J,Liu Q,Best J P,et al. Fracture resistance of AlSi10Mg fabricated by laser powder bed fusion [J]. Acta Materialia,2021,211:116869.

[35] Yadollahi A,Shamsaei N. Additive manufacturing of fatigue resistant materials: Challenges and opportunities [J]. International Journal of Fatigue,2017,98:14−31.

第 **4** 章
增材制造缺陷的形成及影响

众所周知,金属增材制造技术具有逐点、逐线、逐层累积成形的基本特征,材料在高能束流热源作用下经历复杂的多物理场耦合作用。在加热熔化、熔池流动、冷却凝固的循环往复过程中,受热源参数、扫描参数、材料成分、零件结构等诸多因素影响,成形件中不可避免地会产生各种缺陷,进而影响成形件的力学完整性服役性能。内部缺陷已成为阻碍增材构件工程应用的瓶颈问题之一。如何有效地检出和表征缺陷,并可靠地评估其对构件服役性能的影响是增材构件走向工程化应用的必要条件。

4.1 增材制造缺陷特征

4.1.1 缺陷的类型

金属增材制造过程中产生的典型缺陷主要有气孔、未熔合和裂纹等。如图 4.1 所示,气孔缺陷形状通常比较规则,为近球形,尺寸较小,有时亦称为冶金缺陷。与焊接气孔类似,气孔缺陷一般是由于能量输入过多或者工艺过程不稳定导致气体残留在熔池内部形成的[1-2]。一方面,增材制造成形过程中材料熔化和凝固速率极快,过高的热输入导致低熔点合金元素汽化,金属蒸气在熔池快速凝固时没有充足的逸出时间而形成气孔;另一方面,熔化过程中熔池温度较高,溶解于高温熔池中的氢气和氮气,随着熔池的冷却,温度降低,溶解度减小,气体来不及逸出而残留在熔池内部形成气孔。

此外,增材制造用粉体材料在制备过程中内部本身可能存在气孔,尤其是对于气雾化制备的粉体材料,制备过程处在氩气保护氛围内,在凝固过程中不可避免地会有微量的氩气包含在其内部[3]。保护气体如氩气和氮气等在成形过程中也可能被裹挟到熔池内部而形成孔隙。

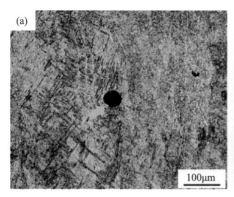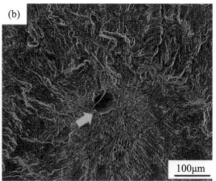

图 4.1　增材制造气孔缺陷

(a)光学显微图像[1];(b)扫描电子显微图像[2]。

　　具体而言,对于铺粉式的 SLM 成形技术,粉床本身比较松散,粉末之间会存在部分气体;对于送粉式的成形工艺来说,成形过程中受送粉气体流速的影响,保护气体容易被卷入熔池,成为熔池内气体的来源。另外,当能量输入过大时,金属或合金材料内,低熔点金属蒸发汽化时对表面熔池产生反冲力,形成凹坑,如果后续金属液未能有效地填充时,也会形成气孔。受成形条件的影响,此类缺陷一般在成形件内部随机分布,难以彻底消除[4]。

　　对于未熔合缺陷,其形状通常不规则,且尺寸较大,缺陷处可见未熔化的粉末颗粒。如图 4.2 所示,此类缺陷主要是由于成形过程中能量输入不足、熔池宽度不足、各扫描线间未能形成良好的搭接,在后续扫描过程中,很难将扫描线之间的粉末熔化,从而形成较大的未熔合缺陷[1,5]。

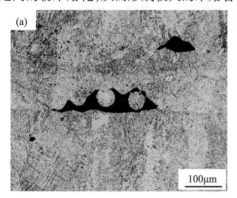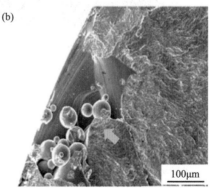

图 4.2　增材制造未熔合缺陷

(a)光学显微图像[1];(b)扫描电子显微图像[5]。

另外,能量输入不足导致熔池深度不足时,层与层之间难以形成紧密熔合,导致层间结合不良,形成较大的层间未熔合缺陷。已形成未熔合缺陷的地方,随着后续沉积过程的进行,表面质量较差,熔融金属流动性差,缺陷逐渐向上扩展,形成尺寸较大的穿层缺陷。因此,未熔合缺陷主要分布于各扫描线及各沉积层之间,具有近二维几何特征,最大尺寸方向通常与堆积方向近似垂直[6]。

裂纹是增材制造中最为严重的一类缺陷。如图 4.3 所示,由于热应力高,会导致零件从底板开裂或出现热裂纹[7]。裂纹缺陷的产生是材料物理性能和残余应力综合作用的结果。在成形过程中,高能束能量非常集中,材料局部区域能量输入较高,使得熔池及其附近部位被迅速加热,局部熔化。这部分因受热而膨胀的材料受到周围温度较低区域的约束,产生压应力。同时,由于温度升高后材料的屈服强度降低,使得这部分受热区域的压应力值会超过其屈服强度,从而转变成塑性的热压缩,冷却后这部分区域相比于周围区域,会相对缩短、变窄或减小。同时,在凝固冷却时受到基体材料冷却收缩的约束,在熔覆层中形成残余应力。当残余应力超过材料的强度极限时,产生裂纹。

裂纹

图 4.3　增材制造高速钢裂纹缺陷[7]

4.1.2　缺陷的影响因素

国内外学者对增材过程中缺陷形成的工艺因素进行了系统研究,发现影响缺陷形成的因素主要包括能量密度、扫描方式及粉体材料等。材料孔隙率与能量密度相关,能量密度直接决定粉末的熔化状况和熔融液体的流动,对缺陷的类型和大小有显著影响。如图 4.4 所示,通过改变成形工艺中的扫描速率和激光功率,对不同能量密度输入条件下 SLM 成形 Ti-6Al-4V 合金内部缺陷特征进行研究[8]。结果表明,存在一个合适的工艺窗口,使内部缺陷数量极大减少。当能量密度 E_v 过低时,粉末颗粒熔化不足,熔池出现中断不连续,产生大量的未熔合缺陷。当 E_v 过高时,缺陷比较规则,数量显著增加,且呈随机分布。

通过改变扫描速度和扫描间距,对不同工艺参数下成形件孔隙率进行了分析。图 4.5(a)表明,在一定范围内,随着扫描速度的降低,能量密度输入增大,成形件内部缺陷逐渐减少。但是当能量输入过多时,熔池产生严重变形,缺陷数量反而增多。经过优化后,在最佳能量密度条件下,成形件致密度可达 99.98%。图 4.5(b)表明扫描间距对孔隙率的影响较小,在整个区间内,孔隙率的变化均保持在 0.1% 以下,因此认为扫描间距是缺陷不敏感参数[8]。

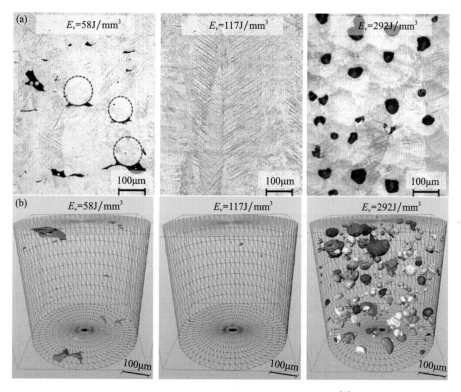

图 4.4　不同能量密度下增材钛合金内部缺陷[8]

(a)二维切片表征;(b)三维成像表征。

扫描方式直接影响能量在粉体材料中的传递、材料的熔化和凝固,对缺陷的分布位置有显著影响。增材制造工艺的扫描方式通常有单向扫描、"Z"字形扫描、螺旋式扫描、分区式扫描等。对于单向扫描,在起始端和末端激光功率不稳定,扫描速度较低,能量输入较高,导致熔池不稳定,极易产生缺陷。采用螺旋式扫描使得各方向的能量输入更加均衡,可以避免在同一位置缺陷的累积,提高成形件致密度。为研究扫描策略对增材缺陷分布的影响,图 4.6 采用 X 射线计算机断层扫描技术表征了不同扫描策略下电子束选区熔化钛合金内部的缺陷分布[9]。不同扫描策略下缺陷的尺寸和分布差异较大。合理的扫描策略能够减少缺陷数量,减少表面和近表面缺陷,有助于提高材料的疲劳强度和寿命。基于外轮廓内部单向均匀扫描填充(图4.6(c))以及基于外轮廓由外至内均匀填充(图4.6(d))是较为合理的扫描策略,可以有效地降低材料孔隙率。

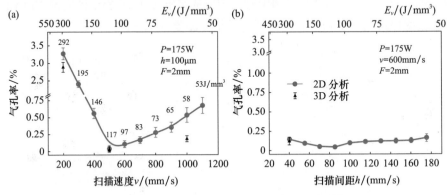

图4.5 增材制造工艺参数对孔隙率的影响[8]

(a)扫描速度;(b)扫描间距。

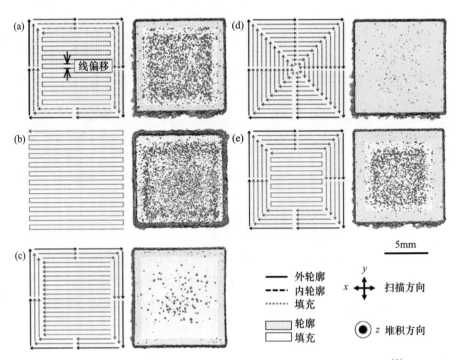

图4.6 扫描策略对 EBM 成形 Ti-6Al-4V 钛合金缺陷分布的影响[9]

关于制造材料的影响,以粉末材料为例,增材制造工艺对粉末颗粒的形貌和尺寸分布具有较高的要求。不同的制粉方式(如气雾化、水雾化、等离子旋转电极法、电解法等)制备出的粉末形状和大小不同,其流动性及对激光的吸收作用也存在差异,对缺陷形成也有显著影响。对水雾化和气雾化两种方式制造的粉末而言,在一定工艺条件下,由于气雾化粉末形状呈规则球状,粉体松装密度较好,流动性好,并且氧含量较低,成形过程中润湿性较好,成形件密度较高,缺陷含量较少。水雾化粉末形状呈不规则条状,并且氧含量较高,成形过程中易产生氧化物杂质,成形件致密度较低[1]。

4.2　增材制造缺陷检测技术

与传统制造方法相比,增材材料内部的缺陷具有独特的几何特征,存在不均匀性和显著的各向异性,并且几何形状复杂。传统的无损检测方法在检测增材缺陷时表现出可达性差、检测盲区大等问题。因此,对于增材制造构件,不能简单地沿用传统制件的无损检测技术,需要慎重分析缺陷特征与无损检测信号的对应关系,明确典型缺陷的无损检测信号特征,进而选择更为适用的无损检测方法和技术参数。

4.2.1　离线检测技术

离线监测通常是指在增材制件成形后对其进行的检测。常用的无损检测方法包括超声检测、X-CT(X-ray Computed Tomography)检测、射线检测、渗透检测、磁粉检测和涡流检测等。上述检测技术均存在一定的局限性,其中渗透检测、磁粉检测、涡流检测适用于增材制造材料表面和近表面缺陷的检测。对于内部缺陷的检测,可采用超声检测、射线检测和X-CT检测。超声检测不太适合检测复杂的零部件,射线检测和X-CT检测随着零件尺寸的增大,其分辨率随之降低。X-CT检测技术作为一种先进的射线检测技术,更适合中小尺寸、结构复杂,尤其是中空结构的内部缺陷分析。图4.7(a)、(b)分别给出了基于X-CT的增材制造复杂构件及点阵结构件中典型的缺陷分布特征[10]。无论对于复杂几何构件还是点阵结构部件,采用X-CT技术都可以可靠检测出其内部的缺陷,并对其尺寸、形貌、位置等特征进行定量分析。

4.2.2　在线监测技术

增材构件大多具有复杂的几何结构,若在部件成形后开展缺陷检测工作,

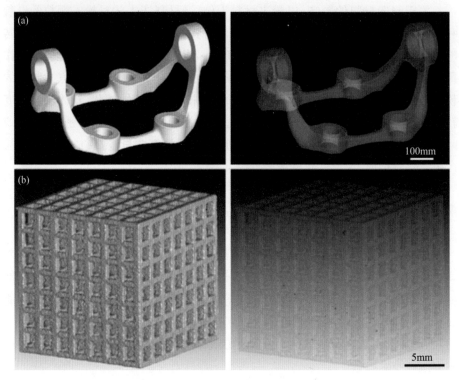

图 4.7 增材制造制件的 X-CT 检测[10]

(a)复杂结构件;(b)点阵结构件。

则存在易产生结构盲区等问题,造成重大安全隐患。对此,可在成形过程中对已经成形部分进行在线或者原位监测,实现检测与制造同步进行,一旦发现异常缺陷,可停止制造或进行修补,进而实现增材过程的闭环控制。现有的增材制造在线检测技术主要分为以视觉、可见光、红外等手段为主的表面缺陷检测方法和以超声、射线为主的内部缺陷检测方法两类。

红外热成像技术可以对增材制造过程中熔池温度的稳定性进行在线监测。熔池温度对沉积层的几何精度、成形件的孔隙率和微观组织等具有重要影响。如果熔池温度过高,会造成过大的稀释率;如果温度过低,熔池不能充分熔化,则易产生未熔合缺陷。可见,对熔池温度进行在线监测并对工艺参数进行及时反馈和调整,对增材制造零件的质量控制具有重要意义。重庆绿色智能技术研究院通过图 4.8 所示的红外热成像仪测量激光送丝增材过程的冷却速度,最终指导成形尺寸和缺陷控制[11]。德国慕尼黑大学奥格斯堡 IWB 应用中心的增材制造实验室利用红外测温技术开发出智能分层监控系统以测量温度分布,从而用来判断加工过程中的稳定性和加工部位的质量。美国密苏里科技大学以在线测量的成形高度、熔池温度和上一层送粉速度作为输入数据,对当前层所需的送粉速度进行闭环反馈控制[12]。美国橡树岭国家实验室提出了一种在线监测-图像处理方法,采用计算机视觉技术与无监督机器学习算法相结合,实现增材异常状态检测与分类,从而判定激光粉末层熔化区质量优劣[13]。在此基础上,进一步融合了多尺度神经网络和迁移学习方法,实现了多类缺陷(铺粉不足、铺粉沟纹、小碎块缺陷)的在线实时监测与分类[14]。

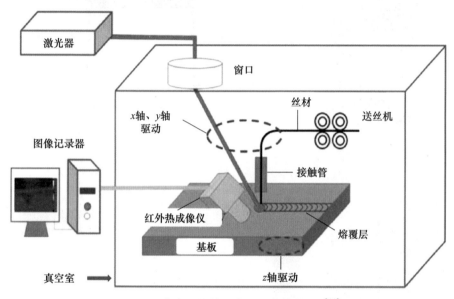

图4.8 激光送丝增材过程红外测温系统[11]

在激光超声检测领域,英国焊接研究所(TWI)最先提出了"激励+接收"两束激光监测增材制造过程的思路,整套设备集成在送粉式增材制造系统中,主要应用于回转体零件的制造[12]。弗朗霍夫研究所与 MTU 公司合作,在增材制造成形设备基板下固定了超声探头,对成形过程中的厚度、声速和超声的信号频谱变化进行在线监测,并对激光功率对增材制造成形件的质量及超声信号的影响进行了分析。如图4.9所示,对比超声检测结果与 X-CT 结果发现,对于50%激光功率下成形件孔隙率为3%时,超声在线监测方法仍可有效地检出,结果证实了其检测结果的准确率以及实时检测的可行性[15]。

鉴于电弧增材制造过程中会产生气孔、未熔合、微裂纹等内部缺陷以及传统超声检测的局限性,武汉理工大学研发了一套由脉冲激光器和激光干涉仪组成的非接触内部缺陷检测装置,通过二维轮廓重建、有限元分析、检测试验等流程,最终实现了人工定制缺陷的定量检测。在此基础上,上海航天设备制造总厂有限公司增材制造团队研发出一套激光选区熔化在线缺陷监测一体化装置,具体装备及检测原理如图 4.10 所示[11]。其中振镜 1 用于增材制造,振镜 2 用于缺陷监测。从可行性而言,激光超声技术是目前较为合理的缺陷检测技术,但该技术尚且存在着检测盲区,相关技术有待突破。

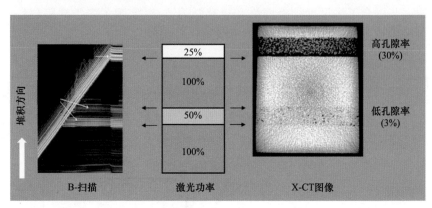

图 4.9　超声在线监测 B-扫描与 X-CT 的结果对比[15]

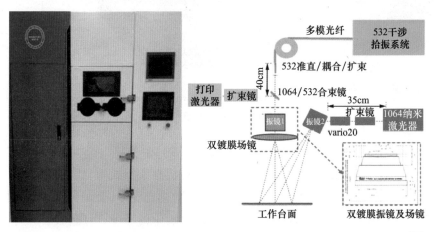

图 4.10　由脉冲激光器和激光干涉仪组成的非接触内部缺陷检测装置及原理图[11]

4.3　增材制造缺陷控制方法

4.3.1　气孔缺陷控制方法

对于气孔缺陷,其产生取决于气孔的逸出速率和材料的凝固速率的相对大小,当气体来不及从熔池中逸出时则会形成气孔。气体的主要来源有两种:一种是原始粉末材料含有气体元素,如 H、O、N 等,容易形成氢气孔、氮气孔等,同时,原材料的潮湿也会导致水蒸气的产生;另一种是粉末在送入时吸附保护气体或者粉末间隙中夹入的保护气体被卷入熔池内部。

针对第一种气体的来源,其控制方法主要是降低粉末的气体含量,同时选择球形度高、流动性好、气孔率低的粉末。针对第二种气体来源,其控制方法是优化增材制造的工艺参数,并控制保护气体的流量以减少卷入熔池的保护气体量。最近的工作表明,气孔的移动行为受温度梯度引起的热毛细力和熔体流动引起的阻力的竞争控制。当孔尺寸变大时,浮力将发挥更重要的作用。而在增材过程中消除孔隙的主要驱动力是热毛细力,并不是通常认为的浮力。图 4.11 显示了粉末床熔融制造过程中孔隙运动的动力学和孔隙消除机制[16]。当激光冲击材料时,气孔在激光相互作用区迅速移出熔池,因此,可通过控制熔池的温度梯度来消除熔池中的孔隙,进而显著降低气孔率。

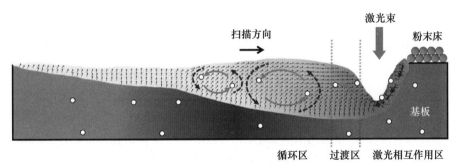

图 4.11　通过热毛细管力消除增材制造气孔缺陷[16]

4.3.2　未熔合缺陷控制方法

未熔合缺陷主要出现在不同熔道之间及不同层之间,是一种由未熔化粉末形成的搭接不良现象,在很大程度上受到工艺参数影响。在保证激光功率合理的前提下,通过充分熔化材料,再辅以提高搭接率及选择合适铺粉厚度可以有效抑制未熔合缺陷的形成。提高能量密度以充分熔化粉末成为减少未熔合缺陷的有效措施。如图 4.12 所示,在扫描速度一定的条件下,90W 的激光功率会导致能量密度过低,进而形成大量的未熔合缺陷,孔隙率超过 5%[17]。随着激光功率的增加,能量密度逐渐增加,未熔合缺陷逐步减少,孔隙率逐渐降低。在激光功率为 160W 时,几乎消除了所有未熔合缺陷,孔隙率达到最低值。但激光功率过高,也会进一步增加匙孔缺陷的数量,又造成孔隙率增加。

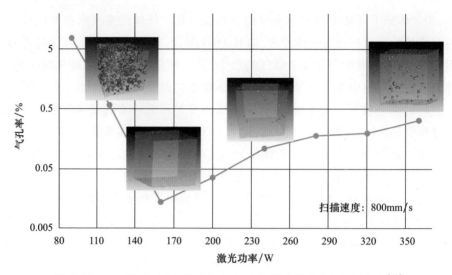

图 4.12　不同激光功率(能量密度)下内部缺陷的形态与数量变化[17]

　　如图 4.13 所示,由于激光能量呈现高斯分布,当熔道之间的区域能量密度较低,搭接区域不能充分熔合时,容易在熔道之间形成搭接不良,进而产生未熔合缺陷[18]。层间熔合不良则主要是由于堆积层厚度与熔池深度的不匹配造成的。例如,当堆积层厚度大于熔池深度时,随着堆积的进行,离焦量逐渐变大,激光能量密度不断降低,则会进一步造成熔池深度减小,形成恶性循环,导致搭接区未熔合现象,进而产生层间未熔合缺陷。因此,当前控制熔合不良的主要方法是从优化工艺参数入手,尤其需要匹配合适的能量密度和熔道搭接率。

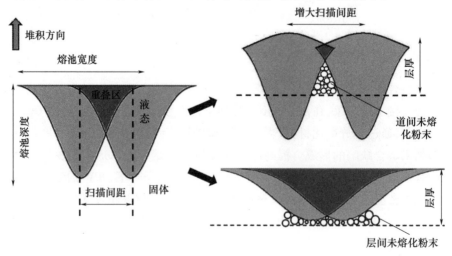

图 4.13　EBM 过程中增加扫描间距及减小熔池深度的熔池结构示意图[18]

4.3.3　裂纹缺陷控制方法

在快速熔化和凝固过程中,由于材料和基体之间的热膨胀系数、弹性模量、温度梯度等差异,极易产生残余应力。当残余应力超过材料的强度极限时,会首先在气孔、未熔合、夹杂、硬质相周围萌生裂纹,萌生的裂纹在残余应力作用下会进一步扩展[19]。裂纹作为危害性较大的一类缺陷,往往会导致产品的制造失败。因此,在工程中需要避免裂纹的产生。

对基板进行预热,降低温度梯度,减小热应力,是最经济且有效的抑制裂纹的方法。图 4.14 给出了在 3 种不同预热温度(90℃、150℃和 200℃)下制造的样品[7]。可以看出,预热温度越高,形成的裂纹越少。在扫描电镜下观察无裂纹零件的横截面时,发现该零件也不含微裂纹。必须指出的是,此处的"无裂纹"与检视方法、设备及精度等均有关,并非真正无裂纹。

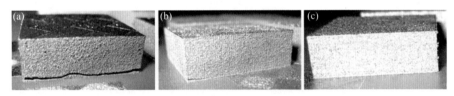

图 4.14　不同基板预热温度下的增材制造零件[7]

(a)90℃;(b)150℃;(c)200℃。

调节成形材料成分,提高材料的强韧性也是一种抑制裂纹的方法。美国休斯研究实验室引入纳米粒子来控制增材过程,在 7075 铝合金的雾化粉末上添加氢化锆纳米粒子涂层,再进行粉末床熔融增材制造。图 4.15 给出了采用上述两种不同粉末经同样的增材制造工艺制备的 7075 铝合金的扫描电镜图像[20]。结果表明,相较于采用无纳米粒子涂层的 7075 粉末制造的部件,引入纳米粒子制造的合金未出现裂纹,并且强度达到锻造材料的水平。此外,优化工艺参数,尤其是激光功率、送粉速度和扫描速度等,在保证充分熔化粉末的前提下,降低能量输入,也是一种有效抑制裂纹产生的手段。

4.3.4　热等静压处理

热等静压(Hot Isostatic Pressing,HIP)可在高温高压的密封容器中,以高压氩气等为介质,对成形件施加各向均等静压力,在一定程度上降低材料的孔隙率,提高其致密度,广泛用于粉末冶金和金属铸件等的后处理工作中。由于金属构件的力学性能强烈依赖于缺陷的数量和分布,因此,采用热等静压后处理

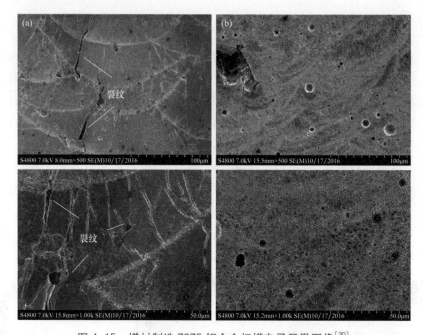

图 4.15 增材制造 7075 铝合金扫描电子显微图像[20]

(a)未添加 Zr 纳米颗粒,可以观察到长裂纹;(b)添加 Zr 纳米颗粒后,未观察到裂纹,但存在残余孔隙。

是消除成形件孔隙和裂纹,进而提高力学性能的重要手段。

  Tammas-Williams 等[21]采用 EBM 工艺制备了几种不同几何形状的钛合金试样,并借助 X-CT 三维成像技术,对比了这些试样在热等静压前后缺陷分布的差异,如图 4.16 所示。从图中可以看出,在热等静压前,T3 棱柱试样上距离表面 1mm 处分布着大量隧道缺陷,由直径 $200 \sim 600 \mu m$ 的分枝隧道构成,生长穿过多个沉积层,孔隙率为 0.225%。C1 圆柱试样孔隙率低至 0.001%。采用较高的分辨率扫描 MC 小圆柱,观察到气孔和未熔合缺陷。经热等静压后,试样 C1 和 MC 上的缺陷尺寸降至相应 X-CT 成像分辨率以下;T3 表面附近的隧道缺陷依然存在,孔隙率为 0.062%。这是由于 T3 试样中大部分与外表面相连的缺陷,经热等静压后无法消除,但所有内部孔隙的尺寸经热等静压处理后均缩小至检测设备的分辨率以下。

  对比图 4.17(a)、(b)可以发现,经历热等静压后,增材制造钛合金内部的孔隙率被控制在了 X-CT 成像的检测精度以下[22]。然而,值得注意的是,当进一步对热等静压后的试样进行高温退火处理后,具有高内部气压、含氩气的球形孔隙会重新出现,如图 4.17(c)~(e)所示,并按其初始状态的尺寸比例增长,而较大的不规则低压气孔则不会重新出现。对于不同的热处理温度和时间,孔隙的再生程度也不同,这也对缺陷的控制带来了挑战。

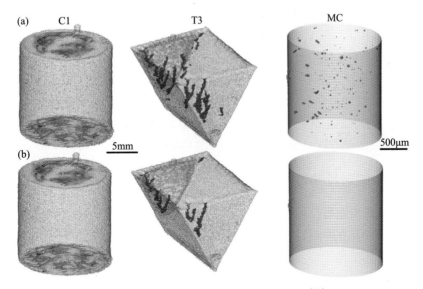

图 4.16　试样 C1、T3 和 MC 的缺陷分布[21]

(a)热等静压前;(b)热等静压后。

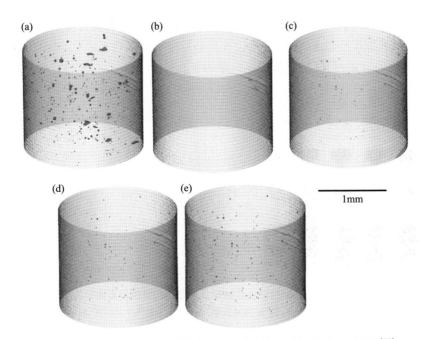

图 4.17　圆柱形垂直建造试样的 X-CT 成像结果(缺陷用红色表示)[22]

(a)初始态;(b)热等静压态;(c)1035℃、10min;(d)1035℃、10h;(e)1200℃、10min。

4.4 缺陷对力学性能的影响

目前正不断发展的增材缺陷的控制和检测技术,能够在一定程度上降低缺陷水平,但至今尚无有效方法予以完全消除。增材制造缺陷具有全域分布、形态多样、尺寸跨度大和形成机制复杂等特点,在成形件中易成为应力集中点,在外加载荷作用下缺陷处应力增大,容易导致裂纹的产生并逐步扩展直至失效断裂。因此,缺陷的存在对增材成形件力学性能影响较大。

4.4.1 缺陷对拉伸性能的影响

内部孔隙对金属拉伸性能的影响并非增材材料所特有,关于孔隙对材料延塑性的影响和其在断裂过程中的作用已有许多经典研究,包括球形孔隙和圆柱形孔隙生长等工作[23]。为了评估缺陷尺寸对拉伸性能的影响,在增材制造过程中可以预制人工缺陷,进而制备含特定尺寸缺陷的试样,这对于传统制造技术是相当困难的。Fadida 等[24]通过粉末床熔融制造出中心含单个球形孔隙、直径为 4mm 的 Ti-6Al-4V 拉伸试样,并开展相关实验研究,如图 4.18 所示。与致密样品相比,具有 $600\mu m$ 或更大直径孔隙的样品,其延展性显著降低。此外,在该临界孔隙尺寸以上,样品失效位置总是发生在预制的孔隙处。对于孔隙直径小于 $600\mu m$ 的试样,其失效则不一定源于孔隙。

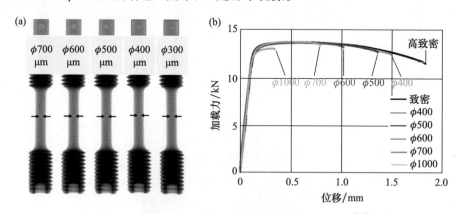

图 4.18 缺陷尺寸对增材制造合金拉伸性能的影响[24]

(a)人工预制缺陷;(b)拉伸曲线。

Wilson-Heid 等[23]采用类似的研究方法研究了内部孔隙对选区激光熔化成形 316L 不锈钢拉伸行为的影响。在增材制造中对直径为 6mm 的圆柱拉伸试样预制直径从 150μm 至 4800μm 的硬币型孔隙,如图 4.19(a)所示,以探究孔隙尺寸对拉伸性能的影响。研究发现,当孔径为 1800μm,即达到样品横截面积的 9%时,其对材料的断裂伸长率影响显著。当孔径为 2400μm 或达到样品横截面积的 16%时,预制孔隙对抗拉强度产生显著影响。

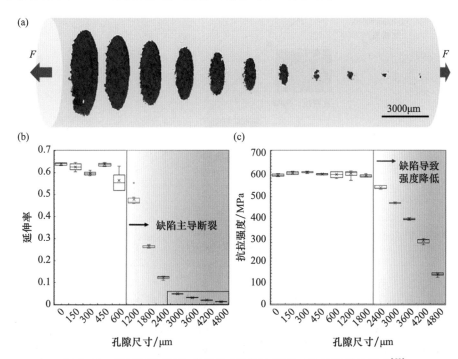

图 4.19　增材制造 316L 奥氏体不锈钢中缺陷对拉伸性能的影响[23]
(a)预制不同尺寸缺陷;(b)缺陷尺寸对延伸率的影响;(c)缺陷尺寸对抗拉强度的影响。

虽然通过预制缺陷的方法可以将缺陷尺寸变量分离出来,进而明确不同缺陷尺寸对拉伸性能的影响,但是预制的缺陷通常在数量、形貌和分布位置上与实际增材制造过程中产生的缺陷具有很大差异。为此,Li 等[25]通过改变扫描速度(激光功率恒定),研究了增材 316L 不锈钢中随机生成的缺陷对拉伸性能的影响。由图 4.20 可以看出,不同的扫描速度下,材料致密度显著不同。当扫描速度为 90mm/s 时,材料致密度大于 95%,极限抗拉强度为 650MPa。当扫描速度提升至 180mm/s 时,材料致密度降低至 65%,抗拉强度低于 50MPa。随着扫描速度的增加,材料的孔隙率增加,抗拉强度降低。

在合理的增材制造参数下,成形材料的致密度通常达到 95%以上。为研究在相同工艺水平下,金属粉末的循环利用次数造成的孔隙率变化对材料拉伸性能的影响,Laursen 等[26]基于选区激光熔化成形技术,采用不同质量的粉末成形

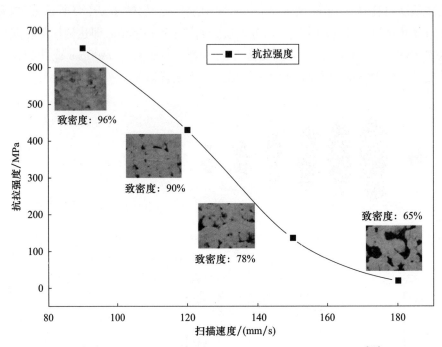

图 4.20　不同扫描速度下增材制造 316L 不锈钢的拉伸强度[25]

8 批次 AlSi10Mg 合金材料,制备了 176 个拉伸试样。首先通过阿基米德密度法测量试样的孔隙率,再统计分析拉伸后试样的孔隙率与拉伸性能的失联关系。图 4.21 给出了采用线性回归方法得到的拉伸性能参数与孔隙率之间的相关关系[26]。结果表明,孔隙率与延展性、抗拉强度、屈服强度和弹性模量均存在一定的相关性,但孔隙率和延展性之间的关系最为密切。该研究阐明了孔隙率对增材材料拉伸行为的影响规律。

应该指出的是,在工艺参数选择不合理时,成形件内部将产生沿堆积层间分布的未熔合缺陷。增材制造缺陷形态的各向异性也是导致材料拉伸性能各向异性的重要因素之一。对选区激光熔化成形 AlSi10Mg 铝合金不同堆积方向的拉伸性能进行对比,发现其在屈服强度和抗拉强度等方面的性能相当,但垂直建造试样(图 4.22(a))的延伸率为 6%,远低于水平建造试样(图 4.22(b))12.5%的延伸率。拉伸断口也表明,水平建造试样的延展性更好,断口上多为狭长但深度较大的缺陷;而垂直建造试样断面缺陷尺寸较大,但深度较浅。由 X-CT 成像可知,堆积层中的缺陷多呈扁平状,因此,垂直建造方向的试样内部缺陷沿着加载方向具有更大横截面积,导致垂直试样相比于水平试样的有效承载面积减少,进而导致增材材料拉伸性能的各向异性。

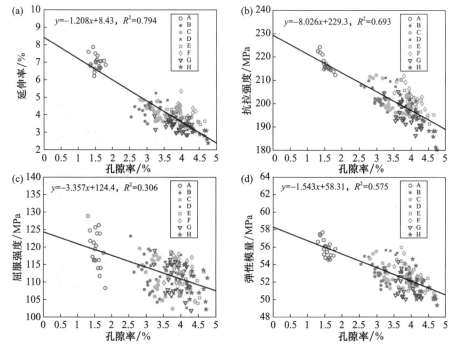

图 4.21　增材制造 AlSi10Mg 铝合金内部孔隙率对拉伸性能的影响[26]

(a)延伸率;(b)抗拉强度;(c)屈服强度;(d)弹性模量。

4.4.2　缺陷对疲劳性能的影响

相比于拉伸性能,疲劳性能对缺陷则更为敏感。这些缺陷会影响其周围应力应变场的分布,并作为应力集中源,诱导疲劳裂纹形核,降低材料的疲劳强度和寿命,是确保增材构件可靠性服役需重点关注的问题。

不同的加载条件对裂纹源位置具有重要影响。通常,具有抛光表面的圆柱形试样具有 3 种疲劳裂纹萌生与扩展形式,取决于疲劳循环寿命的高低(低周疲劳小于 10^4 周次,高周疲劳小于 10^7 周次,超高周疲劳大于 10^7 周次)。图 4.23(a)示意性地显示了不同疲劳寿命对应的疲劳裂纹萌生位置[28]。多裂纹源萌生常见于承受较大载荷(低周疲劳)的材料表面;在较低加载幅下(高周疲劳)更多表现为表面或近表面缺陷萌生裂纹;在更小的加载幅下(超高周疲劳),如图 4.23(b)所示,裂纹则倾向于从内部缺陷处起裂[28]。受加载类型(单轴或多轴)、环境条件(高温、低温、腐蚀等)和试样中的缺陷分布(表面、近表面或内部)的影响,应力集中点和裂纹萌生位置可能会有所不同。

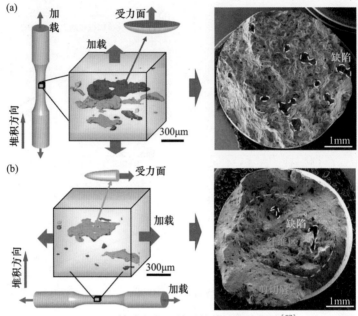

图 4.22　缺陷各向异性对拉伸性能的影响[27]

（a）垂直建造试样；（b）水平建造试样。

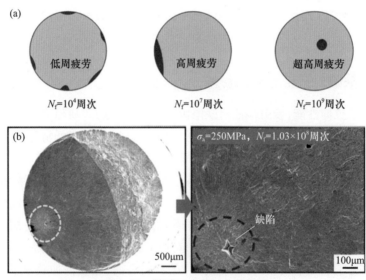

图 4.23　缺陷对疲劳性能的影响

（a）低周疲劳、高周疲劳及超高周疲劳裂纹萌生位置示意图[28]；

（b）选区激光熔化成形 Ti-6Al-4V 钛合金的典型超高周疲劳断口[29]。

通常，金属增材制造的疲劳性能低于锻造合金。通过对疲劳断口分析发现，

072

缺陷是导致增材材料疲劳裂纹形核最主要因素,显著地降低了其疲劳强度。图 4.24 给出了热等静压处理前后增材制造钛合金和不锈钢的疲劳性能对比结果[30]。可以发现,经过热等静压处理,疲劳性能得以显著提高。

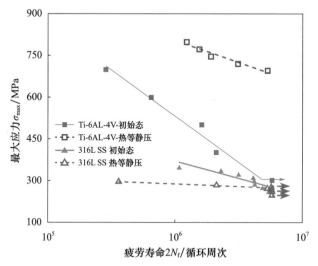

图 4.24　热等静压处理对增材制造合金疲劳性能的影响[30]

进一步,通过比较由 SLM 和 EBM 工艺制造的 Ti-6Al-4V 试样的疲劳性能,讨论工艺类型、制造方向、表面加工和热等静压处理对疲劳性能的影响。如图 4.25 所示,机械抛光试样表现出更好的疲劳性能。EBM 和 SLM 成形原始态

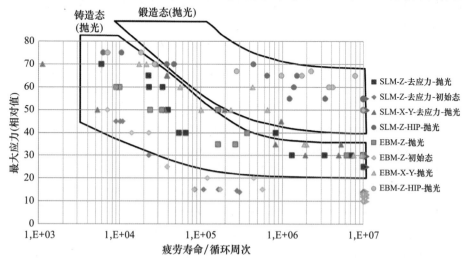

图 4.25　SLM 和 EBM 制造与传统铸造和锻造 Ti-6Al-4V 合金的疲劳寿命比较[31]

Ti-6Al-4V 合金的疲劳性能大致相同,与传统铸造工艺疲劳性能相当,但低于锻造[31]。而热等静压处理通过减小材料内部缺陷尺寸,显著提高了增材 Ti-6Al-4V 合金疲劳性能,使其接近传统锻件水平。可见,缺陷是制约增材制造合金疲劳性能的重要因素。

4.5 本章小结

内部缺陷是增材制造高端金属件走向服役的瓶颈技术问题,如何把内部缺陷(包括尺寸、形貌、位置、数量等)与基本力学和疲劳性能定量关联起来,并据此反馈至结构设计和工艺过程,进而实现控形控性的工艺-组织-结构-性能的映射建模是当前及今后一段时间的研究热点和前沿课题。本章对增材制造的缺陷特性及其在线控制和后热处理等进行了详细论述,同时对内部缺陷分布特征与基本力学和疲劳性能的关联关系进行了探讨。

<h1 style="text-align:center">参 考 文 献</h1>

[1] Galarraga H, Lados D A, Dehoff R R, et al. Effects of the microstructure and porosity on properties of Ti-6Al-4V ELI alloy fabricated by electron beam melting(EBM)[J]. Additive Manufacturing,2016,10:47-57.

[2] Hu Y N, Wu S C, Withers P J, et al. The effect of manufacturing defects on the fatigue life of selective laser melted Ti-6Al-4V structures [J]. Materials & Design,2020,192:108708.

[3] Sanaei N, Fatemi A. Defects in additive manufactured metals and their effect on fatigue performance:A state-of-the-art review [J]. Progress in Materials Science,2021,117:100724.

[4] Zhao C, Parab N D, Li X, et al. Critical instability at moving keyhole tip generates porosity in laser melting [J]. Science,2020,370(6520):1080-1086.

[5] Günther J, Krewerth D, Lippmann T, et al. Fatigue life of additively manufactured Ti-6Al-4V in the very high cycle fatigue regime [J]. International Journal of Fatigue,2017,94:236-245.

[6] Laleh M, Hughes A E, Yang S, et al. A critical insight into lack-of-fusion pore structures in additively manufactured stainless steel [J]. Additive Manufacturing,2021,38:101762.

[7] Kempen K, Vrancken B, Buls S, et al. Selective laser melting of crack-free high density M2 high speed steel parts by baseplate preheating [J]. Journal of Manufacturing Science and Engineering,2014,136(6):061026.

[8] Kasperovich G, Haubrich J, Gussone J, et al. Correlation between porosity and processing parameters in Ti-Al6-V4 produced by selective laser melting [J]. Materials & Design,2016,

105:160-170.

［9］Tammas-Williams S,Zhao H,Léonard F,et al. XCT analysis of the influence of melt strategies on defect population in Ti-6Al-4V components manufactured by Selective Electron Beam Melting［J］. Materials Characterization,2015,102:47-61.

［10］du Plessis A,Yadroitsava I,Yadroitsev I. Effects of defects on mechanical properties in metal additive manufacturing:A review focusing on X-ray tomography insights［J］. Materials & Design,2020,187:108385.

［11］郭立杰,许伟春,齐超琪,等.金属增材制造监测与控制技术研究进展［J］.南京航空航天大学学报,2022,54(3):365-377.

［12］熊华平,郭绍庆,刘伟,等.航空金属材料增材制造技术［M］.北京:航空工业出版社,2019.

［13］Scime L,Beuth J. Anomaly detection and classification in a laser powder bed additive manufacturing process using a trained computer vision algorithm［J］. Additive Manufacturing,2018,19:114-126.

［14］Scime L,Beuth J. A multi-scale convolutional neural network for autonomous anomaly detection and classification in a laser powder bed fusion additive manufacturing process［J］. Additive Manufacturing,2018,24:273-286.

［15］Rieder H,Bamberg J,Henkel B,et al. On- and offline ultrasonic inspection of additively manufactured components［C］. The 19th World Conference on Non-Destructive Testing. Munich,Germany,2016:1-8.

［16］Hojjatzadeh S M,Parab N D,Yan WT,et al. Pore elimination mechanisms during 3D printing of metals［J］. Nature Communications,2019,10(1):3088.

［17］du Plessis A. Effects of process parameters on porosity in laser powder bed fusion revealed by X-ray tomography［J］. Additive Manufacturing,2019,30:100871.

［18］Gong H J,Rafi K,Starr T,et al. The effects of processing parameters on defect regularity in Ti-6Al-4V parts fabricated by selective laser melting and electron beam melting［C］. The 24th Annual International Solid Freeform Fabrication Symposium. University of Texas at Austin,2013:424-439.

［19］Bartlett J L,Li X D. An overview of residual stresses in metal powder bed fusion［J］. Additive Manufacturing,2019,27:131-149.

［20］Martin J H,Yahata B D,Hundley J M,et al. 3D printing of high-strength aluminium alloys［J］. Nature,2017,549(7672):365-369.

［21］Tammas-Williams S,Withers P J,Todd I,et al. The effectiveness of hot isostatic pressing for closing porosity in titanium parts manufactured by selective electron beam melting［J］. Metallurgical and Materials Transactions A,2016,47(5):1939-1946.

［22］Tammas-Williams S,Withers P J,Todd I,et al. Porosity regrowth during heat treatment of hot isostatically pressed additively manufactured titanium components [J]. Scripta Materialia, 2016,122:72-76.

[23] Wilson-Heid A E,Novak T C,Beese A M. Characterization of the effects of internal pores on tensile properties of additively manufactured austenitic stainless steel 316l [J]. Experimental Mechanics,2019,59(6):793-804.

[24] Fadida R,Shirizly A,Rittel D. Dynamic tensile response of additively manufactured Ti-6Al-4V with embedded spherical pores [J]. Journal of Applied Mechanics,2018,85(4):041004.

[25] Li R D,Liu J H,Shi Y S,et al. 316l stainless steel with gradient porosity fabricated by selective laser melting [J]. Journal of Materials Engineering and Performance,2010,19(5):666-671.

[26] Laursen C M,DeJong S A,Dickens S M,et al. Relationship between ductility and the porosity of additively manufactured AlSi10Mg [J]. Materials Science and Engineering:A,2020,795:139922.

[27] 吴正凯. 基于缺陷三维成像的增材铝合金各向异性疲劳性能评价 [D]. 成都:西南交通大学,2020.

[28] Avateffazeli M,Haghshenas M. Ultrasonic fatigue of laser beam powder bed fused metals:A state-of-the-art review [J]. Engineering Failure Analysis,2022,134:106015.

[29] Qian G A,Li Y F,Paolino D S,et al. Very-high-cycle fatigue behavior of Ti-6Al-4V manufactured by selective laser melting:Effect of build orientation [J]. International Journal of Fatigue,2020,136:105628.

[30] Yadollahi A,Shamsaei N. Additive manufacturing of fatigue resistant materials:Challenges and opportunities [J]. International Journal of Fatigue,2017,98:14-31.

[31] Chastand V,Quaegebeur P,Maia W,et al. Comparative study of fatigue properties of Ti-6Al-4V specimens built by electron beam melting(EBM)and selective laser melting(SLM)[J]. Materials Characterization,2018,143:76-81.

第 5 章
表面质量的影响及评价

尽管增材制造的技术特点及优势之一为"近净成形",但是逐层熔化和沉积的过程使得材料表面形貌呈现出明显的不规则特征(表面球化黏附、局部凹陷、表面不平整、上下表面缺陷非对称、表面微裂纹等),导致其表面粗糙度高于传统制造结构。粗糙的表面作为典型的应力集中源,会诱导疲劳裂纹形核,从而大幅降低材料及结构的疲劳强度和寿命,对材料及结构的磨损性和腐蚀性也极为不利。表面粗糙度的控制作为质量调控的重要环节之一,是增材构件在应用前必不可少的步骤,目前主要通过优化工艺参数和采取后处理方法来改善表面质量。与此同时,为推动增材构件工程应用、保障工程服役可靠性与安全性,发展考虑表面粗糙度的疲劳强度和寿命的高保真预测模型与可靠评估方法也是十分紧迫的课题。

本章首先介绍表面粗糙度的定义、量化指标、测试方法及粗糙度成因。然后,论述表面粗糙度的影响因素及改善措施,包括优化工艺参数和实施后处理等。最后,融合名义应力法和缺陷容限思想,简述了考虑表面粗糙度的疲劳强度及寿命预测模型和评估方法。

5.1 表面粗糙度的内涵及形成机理

5.1.1 表面粗糙度的定义

表面质量是增材构件完整性的一个重要评价指标,而表面粗糙度是表面质量的重要表征参数。表面粗糙度是指加工表面具有的较小间距和峰谷不平度,表面粗糙度越小,表面越光滑,表面质量越高。

Ra 为最常用的表面粗糙度衡量参数,其定义为轮廓算数平均偏差,由取值长度内轮廓偏距绝对值的算术平均值表示,如图 5.1(a)所示。对于长度为 l 的

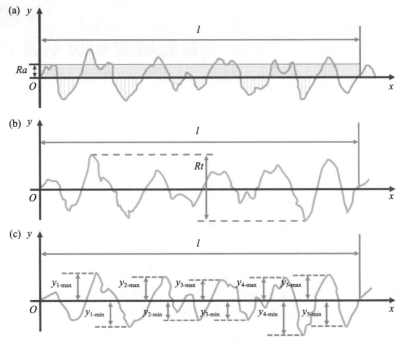

图 5.1　表面粗糙度的评定参数

（a）Ra；（d）Rt；（c）Rz_{ISO}。

轮廓表面，Ra 的一维定义表示为[1]

$$Ra = \frac{1}{l} \int_0^l |f(x)| \, \mathrm{d}x \qquad (5.1)$$

式中：$f(x)$ 表示假设整个轮廓面是水平时，沿着 x 方向的表面高度与轮廓上平均高度的偏差。如果对连续分布的表面高度进行离散化分析，沿着轮廓长度在第 N 个位置的测量高度为 f_n，则 Ra 表示为[1]

$$Ra \approx \frac{1}{N} \sum_{i=1}^{N} |f_n| \qquad (5.2)$$

将 Ra 的定义扩展到区域为 A 的二维表面轮廓区域，将分析区域沿着 x 和 y 方向分别离散为 N 和 M 等分，从而形成（NM）个表面网格区域划分，并求解表面轮廓距离平均面的平均幅值。对于第 N_i 和 M_j 表面网格区域测量的表面高度偏差为 $f_{i,j}$，Ra 可近似表示为[1]

$$Ra \approx \frac{1}{NM} \sum_{i=1}^{N} \sum_{j=1}^{M} |f_{i,j}| \qquad (5.3)$$

然而，Ra 无法准确地描述与诱导疲劳裂纹萌生的微缺口效应。为此，采用其他的表面粗糙度表示参数(Rt 和 Rz_{ISO})来定量分析表面粗糙度对疲劳行为的影响,其中 Rt 定义为轮廓的最大高度,表示取样长度内轮廓峰顶线与轮廓谷底线之间的距离,如图 5.1(b)所示;Rz_{ISO} 定义为微观不平度十点高度,由取样长度内 5 个最大的轮廓峰高的平均值与 5 个最大的轮廓谷深的平均值之和表示,如图 5.1(c)所示,则 Rt 和 Rz_{ISO} 为[2]

$$Rt = \left| y_{\max} - y_{\min} \right| \tag{5.4}$$

$$Rz_{\text{ISO}} = \frac{1}{5}\Big[\sum_{i=1}^{5} y_{i-\max} + \sum_{j=1}^{5} y_{j-\min} \Big] \tag{5.5}$$

式中:y 代表轮廓高度;$y_{\max}$ 为轮廓最大峰值;$y_{\min}$ 为轮廓最小谷值。

除了 Rt 和 Rz_{ISO} 外,参数 $\bar{\rho}_{10}$ 也可用于量化微缺口的影响,其定义为十点谷半径,由谷曲率的平均半径表示,表达式如下[2]

$$\bar{\rho}_{10} = \frac{1}{5}\Big[\sum_{j=1}^{5} \rho_{j-\min} \Big] \tag{5.6}$$

式中:$\rho_{j-\min}$ 为最深谷的半径。

5.1.2　表面粗糙度的测量

表面粗糙度的测量方法可分为接触式和非接触式两类。其中接触式测量方法主要包括比较法、印模法和触针法等;非接触式测量方法包括光切法、干涉法、散射法、光学探针法、激光法(激光全息法、激光光斑法、激光散斑法等)、气动法、电容法、热比较法、微波法、红外辐射法、电子显微镜法、光纤传感器法以及基于计算机视觉的粗糙度测量方法等。以下简要介绍目前常用的材料表面粗糙度测量方法基本原理及相关仪器。

1. 比较法

比较法是指将待测表面与表面粗糙度样板进行比较,其中表面粗糙度样板是按照各种加工方法制成的具有不同几何形状的一套标准表面样块。以样块的表面粗糙度为参考标准,通过触觉或者视觉方式获取被测样块的表面粗糙度,并与标准样块进行比对,从而判断被测表面的粗糙度是否满足要求。由于其简单易行,该方法通常用在工厂车间的表面粗糙度检验中。但也存在着局限性,一般适用于粗糙度评定参数较大的情况,判断的准确性很大程度上取决于检验人员的经验,属于一种定性检测。触觉法适宜测量 Ra 范围为 0.63~10μm,目测法适宜测量 Ra 范围为 2.5~80μm。

2. 印模法

印模法将表面轮廓形貌复印下来的材料制成负模,通过测量印制的负模表面,从而间接地获取表面粗糙度。常用的印模材料有川蜡或者石蜡、聚苯乙烯、赛璐珞等。该方法用于大型零件及内表面(深孔、盲孔、凹槽、内螺纹等)不易直接测量的情况。由于负模表面的峰谷值小于待测表面,需要借助由实验确定的、与材料有关的修正系数进行修正。

3. 触针法

触针法又称为针描法,其原理是将一个很尖的触针垂直安置在待测表面上作横向移动,粗糙不平的表面使得触针随着待测表面的轮廓形状作垂直起伏运动。通过将位移信号转换成电信号,并加以放大和处理,进而可获得待测表面粗糙度。通过记录器描绘出表面轮廓形貌,再进行数据处理,也可获得粗糙度参数。触针法具有快捷方便、测量精度高、测量成本低等优点。但该方法不适用于高密表面、不允许有划伤的软质表面及需要在线高速测量表面的情况。此外,由于表面形貌测量受到触针针尖半径和行走速度的限制,无法检出小于针尖半径的峰谷。适宜测量 Ra 范围为 $0.025 \sim 12.5 \mu m$。

4. 光切法

光切法是利用一狭窄的扁平光束以一定的倾斜角照射在待测工件表面,光束在待测表面上发生反射,将表面微观粗糙度用显微镜放大成像进行观测。常用的仪器为光切显微镜(双管显微镜)。该方法成本低、便于操作,适用于采用车、铣、刨等方法所加工的金属外表面粗糙度的测量,但不适用于检测磨削或者抛光表面。由于采用了光切原理,使得待测表面的轮廓峰谷值受到物镜的景深和分辨率的限制。当峰谷高度差超出一定的范围,就无法在目镜中观察到清晰的真实图像,从而导致很大的测量误差。该方法适宜测量 Ra 范围为 $0.16 \sim 20 \mu m$。

5. 干涉法

干涉法是利用光学干涉原理测量表面粗糙度的一种方法,联合运用显微放大原理,通过光波干涉法(确定相邻干涉带的距离和弯曲高度)对待测表面垂直高度方向上的微观不平度进行放大测量,通过显微放大系统对表面粗糙度的水平参数进行测量。干涉显微镜具有表面粗糙度观察直观、测量精度高等优点,但是仪器调整较为麻烦。适宜测量 Ra 范围为 $0.01 \sim 0.16 \mu m$。

5.1.3　表面粗糙度的形成

增材制造金属材料的表面粗糙度一般为 $10 \sim 50 \mu m$,导致较高表面粗糙度的主要原因包括阶梯效应、粉末黏附和球化效应[3]。

1. 阶梯效应

当通过逐层叠加近似成形零件的曲面或者斜面时,会形成如图 5.2(a)所示的阶梯效应,则表面粗糙度由层间厚度 t 和表面构造角 θ 来决定:

$$Ra = 1000t\sin\left(\frac{90° - \theta}{4}\right)\tan(90° - \theta) \tag{5.7}$$

由式(5.7)可知,通过减小层间厚度可以削弱"阶梯效应"对表面粗糙度的影响,但这样会显著增大制造时间。

2. 粉末黏附

未充分熔化的金属粉末黏附在材料表面同样会引起表面粗糙形貌,如图 5.2(b)所示,并且粉末黏附使得粗糙度和粉末粒径处于同一个数量级。

3. 球化效应

球化效应的形成源于普拉托-瑞利不稳定性。在金属激光选区熔化成形过程中,较高的扫描速度会导致熔池狭长,熔池趋向于通过改变形状以降低表面能,进而造成熔池分裂,从而在熔池两侧产生如图 5.2(c)所示的球状颗粒,这一过程称为"球化效应"。当熔池长度 L 和熔道宽度 D 之比满足 $L/D \geqslant \pi$ 时,发生普拉托-瑞利不稳定性。球化效应不仅会增加材料的表面粗糙度,还会降低致密度,进而对材料的物理和力学性能产生不利影响。

除了上述因素外,飞溅、未熔合以及润湿致熔池运动和不稳定性也是导致金属增材构件表面粗糙度较高、精度较差的重要原因。

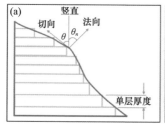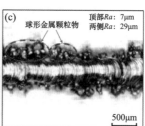

图 5.2　增材制造金属材料表面粗糙度的形成原因[3]

(a)阶梯效应;(b)粉末黏附;(c)球化效应。

5.1.4　表面粗糙度的影响因素

与传统的制造方法相比,增材制造金属材料的表面粗糙度较高。影响因素众多,如图 5.3 所示[4],主要包括原材料特性、零件设计、工艺参数以及熔化/沉积/结合等情况。金属增材制造产生的较高的表面粗糙度是多个影响因素共同作用、不断积累的结果。

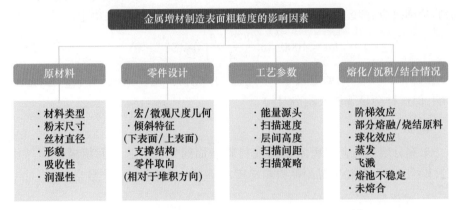

图 5.3　增材制造金属表面粗糙度的影响因素分类[4]

采用不同增材制造技术制备的样品表面粗糙度存在显著差异。Ti-6Al-4V钛合金表面粗糙度由直接金属激光烧结至选区激光熔化再至电子束熔化依次增大,如图 5.4 所示[5]。造成这种差异的主要原因是:一方面,由于粉末尺寸的差异性所致;另一方面,材料表面部分熔融粉末的黏附是决定表面粗糙度的重要因素,基于激光和电子束的粉末床熔融技术是将未使用的粉末保留在粉床中,而直接金属激光烧结是将这些粉末吹走,从而导致材料表面粉末黏附量相对减少。

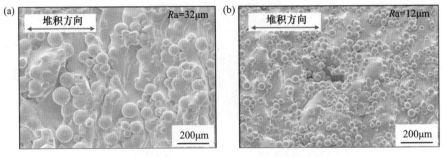

图 5.4　增材制造 Ti-6Al-4V 钛合金的表面粗糙度[5]

(a)电子束熔化成形;(b)直接金属激光烧结。

增材制造表面粗糙度也存在着各向异性。例如,采用选区激光熔化成形方法沿着与水平方向夹角 45°方向制造零件时,如图 5.5(a)所示[6],下表面粗糙度显著高于上表面。上表面粗糙度是由阶梯边缘的几何形状和附着在阶梯边缘的未熔融颗粒数量共同决定。而对于下表面,熔化区由粉末床支撑,粉末熔化后,局部散热较慢,并且形成的熔池因重力和毛细作用渗透到粉末床中,从而导致较高的粗糙度[7]。下表面与粉末床接触时产生的强对流效应还会导致近表面产生大量的孔洞,如图 5.5(b)所示[6]。

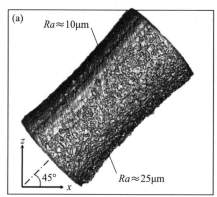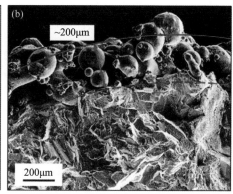

图 5.5　选区激光熔化成形 Inconel 718 镍基合金的表面粗糙度[6]

(a)X 射线成像结果;(b)扫描电镜图片。

增材制造参数对表面粗糙度具有显著影响。探明工艺参数对表面粗糙度的影响规律,有助于通过优化工艺参数,控制微熔池的形状与尺寸,进而实现在制造过程中有效地调控表面质量。影响金属增材制造表面质量的工艺参数众多,包括激光功率 P、扫描速度 v、扫描间距 h 和层厚 d 等,这些工艺参数可借助体积能量密度 E_v 进行综合考虑,即 $E_v = P/(v \cdot h \cdot d)$。图 5.6 展示了表面粗糙度 Ra 随体积能量密度 E_v 的变化趋势[8]。

粗糙度随着体积能量密度的增加呈现出先下降后上升的变化规律。在体积能量密度较低时,表面粗糙度随着体积能量密度的增加而降低,这在很大程度上是由于材料表面熔化效果的改善所致。在体积能量密度较高时,表面粗糙度随着体积能量密度的增加而增加,这归因于材料汽化(合金蒸发)。可见,存在适宜的体积能量密度区间,使得表面粗糙度最低。

通常,采用较高的激光功率会降低表面粗糙度,这是由于较高的激光功率会使熔池扁平化,增加熔体的润湿性,减少扫描过程中的球化现象,进而降低扫描轨迹及边缘的粗糙度。相对应地,采用较高的扫描速度会增加表面粗糙度,这是由于随着扫描速度的增加,单位长度的能量输入会增加,使得熔池的体积和熔体的粘度降低,进而导致扫描轨迹的不稳定性和不规则性。此外,采用较低的层间厚度可降低表面粗糙度,这是由于随着层厚的增加,熔体的流动变得不稳定,扫描轨迹由均匀分布和与相邻轨迹均匀重叠变得不规则,而熔体流动的不稳定性是导致粗糙度增加的主要原因。同时,采用较小的扫描间距会降低表面粗糙度,这是由于扫描间距的减小会增加熔池重叠率,进而使得表面变得更加平坦。相对地,采用较高的表面倾斜角会增加表面粗糙度,由于倾斜打印时的阶梯效应,残余波纹的间隙会随着倾斜角度的增加而逐渐出现粘附颗粒;一般地,水平表面(0°倾斜角)具有最低的粗糙度,并且该条件下的表面粗糙度是由波纹效应所致[7]。

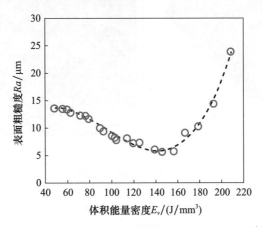

图 5.6　表面粗糙度 Ra 随体积能量密度 E_v 的变化[8]

5.2　表面质量的改善措施

表面粗糙度的控制是金属增材构件质量调控的重要环节。尽管改进原材料和零件设计以及优化工艺参数能够在一定程度上改善表面质量,但仍然无法有效地解决表面粗糙的问题,仍难满足工程应用要求。为此,需要采取合适的表面后处理技术以进一步改善表面质量。图 5.7 总结了金属增材构件表面后处理技术[4],大致分为三大类,即基于材料去除、无材料去除、涂层的表面处理方法,同时还有混合处理的组合方法。

5.2.1　基于材料去除的表面后处理

本节介绍了 3 种基于表层材料去除策略来改善表面质量的后处理方法,具体包括机械处理法、激光处理法以及化学处理法。

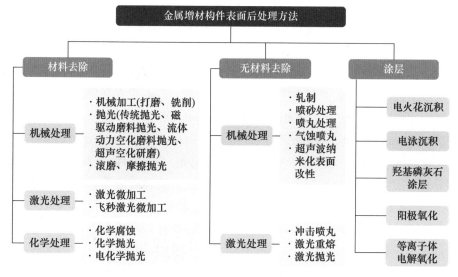

图 5.7　金属增材构件表面后处理方法[4]

1. 机械处理法

机加工是指通过机械设备对工件的外形尺寸或者性能进行改变的过程,是工程中常见的降低表面粗糙度的后处理方法。研究表明,采取机加工方法可以显著地降低增材制造金属表面粗糙度。例如,Edwards 等[9]采用机加工后处理方法,使选区激光熔化成形 Ti-6Al-4V 钛合金样品的表面粗糙度 Ra 由 33.90μm 显著降低至 0.89μm。Spierings 等[10]采用手工打磨的方法,使选区激光熔化成形 316L 不锈钢样品的表面粗糙度 Ra 由 10μm 显著降低至 0.4μm。章媛洁等[11]通过铣削处理,使选区激光熔化成形 AiSi420 不锈钢样品的表面粗糙度由 9.6μm 显著降低至 0.5μm。尽管机加工可用于改善增材制造金属的表面质量,但不适用于具有复杂几何形状的构件。

抛光是利用机械接触和相互作用,通过磨料和工件之间的相对快速运动对工件表面产生滚压和微量切削,从而获得光亮、平整表面的加工方法。最常见的是手工抛光,但是手工抛光质量依赖于操作者的经验,可重复性与一致性通常较差,人力和时间成本较高,并且在抛光过程中产生的悬浮粉尘会危害人体健康[3]。此外,还有其他基于抛光的表面质量改善措施,如磁研磨抛光、流体抛光及超声波抛光,这些方法用于评估金属增材制造表面形貌对摩擦学性能的影响。其中,磁研磨抛光利用磁性磨料在磁场作用下形成磨料刷,实现对工件表面的磨削加工。Karakurt 等[12]采用磁驱动磨料抛光方法,使电子束熔化铜样品的表面粗糙度由 40μm 显著降低至 0.4μm。流体抛光利用携带磨粒的高速流动液体冲刷工件表面。Nagalingam 等[13]采用水力空化研磨抛光方法(HCAF),使直接金属激光烧结 AlSi10Mg 铝合金样品的表面粗糙度由 62.7μm 降低至 44.1μm。超声波抛光是将工件放入磨料悬浮液中,一起置于超声波场中,通过超声波的振荡作用,使磨料在工件表面磨削抛光。Tan 等[14]采用超声空化研磨抛光方法(UCAF),使直接金属激光烧结 Inconel 625 镍基合金样品的表面粗糙度由 8.60μm 降低至 5.60μm。

滚磨光整加工,又称为摩擦抛光和滚筒抛光,是将工件、磨具、研磨剂和水等放置在滚筒内,通过控制工件和磨具的翻滚、摩擦和碰撞等运动方式与加工时间,实现光整加工的方法。该通过控制工艺参数,如磨料的尺寸、形状、成分以及滚筒的转速,实现对表面质量改善的控制,具有一次性全方位处理几何复杂结构各个部位的独特优势。例如,Denti 等[15]和 Benedetti 等[16]采用滚磨光整加工方法,使选区激光熔化成形 Ti-6Al-4V 钛合金样品的表面粗糙度分别由 21.5μm 降低至 18.9μm,以及由 6.83μm 降低至 4.96μm。

2. 激光处理法

激光处理是利用激光热源产生的能量将表层材料加热并使其蒸发,从而达到改善表面质量的目的,是一种非接触式的处理方法。常见的是激光微加工,其波长、波形及脉冲时间的范围较大。飞秒激光微纳加工将激光束聚焦在材料表面,通过优化的介质镜反射所需要的特定范围激光波长,使得激光束的能量损失达到最小。例如,Worts 等[17]采用激光微加工方法,使选区激光熔化成形 Ti-6Al-4V 钛合金样品的表面粗糙度由 4.22μm 降低至 0.82μm。

3. 化学处理法

化学处理方法的表面覆盖均匀性和覆盖率较好,适用于改善复杂几何形状零件的表面质量,如点阵结构和多孔结构。此外,化学处理也用于在金属增材构件移除支撑结构后,局部改善材料的表面光洁度。化学处理方法包括化学刻蚀、化学加工、化学抛光及电化学抛光等。在化学抛光中,将待抛光的零件侵入特制的化学氧化剂溶液中,由于溶液强烈的氧化性,使得在待抛光表面形成氧化层,该氧化层能够溶解于溶液,并且表面凸起点的氧化较快且多,表面低谷处的氧化较慢且少,从而达到改善待抛光表面粗糙度的目的。化学抛光在去除小型增材多孔结构或点阵结构表面松动易脱落的球化层方面效果显著。图 5.8 为选区激光熔化成形 Ti-6Al-7Nb 钛合金经化学抛光前后的表面形貌[18]。可见,未经化学抛光的样品表面存在着部分粉末颗粒,如图 5.8(a)所示;而采用氢氟酸和硝酸作为抛光液,在磁力搅拌器中抛光 600 s 后,样品表面更加均匀,无黏附的粉末颗粒,如图 5.8(b)所示。

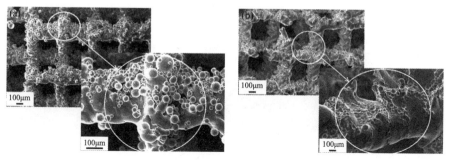

图 5.8　选区激光熔化成形 Ti-6Al-7Nb 钛合金经化学抛光前后的表面形貌[18]

(a)化学抛光前;(b)化学抛光后。

电化学抛光,也称为电解抛光,是以待抛光工件为阳极,不溶性金属为阴极,两极同侵入电解槽中,通以直流电而产生有选择性的阳极溶解,从而达到提高工件表面光整度效果的增材制造表面处理技术。例如,Jung 等研究了不同电化学抛光参数对电子束熔化成形纯钛样品表面形貌的影响,如图 5.9 所示[19]。可见,表面粗糙度随着抛光时间和电压的增加而减小,当采用最长抛光时间 600s 和最大电压 30V 时,样品表面形貌更加均匀,无黏附的粉末颗粒,表面光整度最高。进一步地,Pyka 等[20]采用化学抛光与电化学抛光相结合的方法对类于图 5.8 中的多孔结构支架进行表面处理,发现抛光后的表面粗糙度 Ra 由 6~12μm 降低至 0.2~1μm,并认为化学抛光主要用于去除材料表面粘附的粉末颗粒,电化学抛光在此基础上进一步降低表面粗糙度。无论是化学抛光还是电化学抛光,所采用的溶液主要为酸性溶液,因此,这类抛光废液的处理问题值得重点关注,采用中性溶液等环保型抛光溶液是化学及电化学抛光的发展方向之一。电化学抛光可以有效地防止医用器械的钝化,并提高其耐腐蚀性能,在牙具、骨科植入物的增材制造领域具有广阔应用潜力。

5.2.2　基于无材料去除的表面后处理

除了上述通过去除表层材料实现表面粗糙度降低和表面质量提升的表面后处理技术之外,本节进一步介绍其他若干种诱导材料表面塑性变形的新技术,大致可分为两类,即机械处理法和激光处理法。

1. 机械处理法

滚压加工是一种压力光整加工,利用金属的常温冷塑性特点,通过滚压工

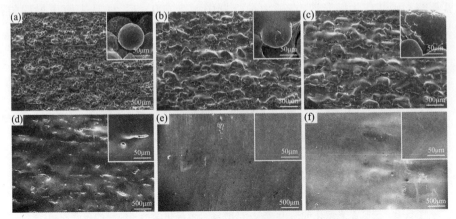

图 5.9　电子束熔化纯钛样品经不同电化学抛光参数处理后的表面形貌[19]

(a) 10s 和 30V；(b) 30s 和 30V；(c) 60s 和 30V；(d) 600s 和 10V；(e) 600s 和 20V；(f) 600s 和 30V。

具对材料表面施加一定的压力，使表层产生塑性流动，填入到原始残留的低凹波谷中，从而降低材料表面粗糙度。在金属增材领域，滚压通常用于基于丝材和电弧增材制造的直接能量沉积零件中。滚压不仅能够改善材料的表面质量，也可实现材料表层晶粒细化并引入残余压应力，进而提高材料及构件的力学性能。金属增材制造中可采用不同的滚压策略，如在外表面/最终层仅设置一个轧制道次，或者在沉积过程中逐层施加轧制道次，称为道间轧制。

　　喷砂处理利用压缩空气将喷料高速喷射到材料表面，通过磨料的冲击和切削，达到降低表面粗糙度的目的。经喷砂处理后的选区激光熔化成形 Ti-6Al-4V 钛合金样品的表面粗糙度 Ra 由 17.9μm 降低至 10.1μm。与振动磨削和微加工相比，喷砂处理在改善疲劳性能方面的效果更为显著[21]。喷砂处理还可提高表面硬度、屈服强度、抗拉强度和延伸率。通过喷砂处理，特别是使用陶瓷珠来降低表面粗糙度的技术在生物医学领域展示出了应用潜力。此外，喷砂处理还用于打印的点阵结构，以局部填充天然骨缺损，提高表面质量。

　　喷丸处理是将高速弹丸流喷射到零件表面，使材料表层发生塑性变形，从而达到改善表面质量的目的。与喷砂处理类似，喷丸除了能够降低表面粗糙度以外，还可以细化材料表层晶粒、引入高密度位错、诱导残余压应力，进而显著提高材料的表面硬度和疲劳性能，已广泛应用于金属增材制造领域。尽管经喷丸处理后的材料表面仍较为粗糙，但与成形态相比，表面形貌更加光滑。喷丸处理对表面质量的改善效果在很大程度上取决于喷丸工艺（弹丸直径、弹流速度、弹丸流量、喷丸时间）。Benedetti 等[16]比较了 3 种表面后处理方法（电化学抛光、喷丸处理、滚磨光整加工)对选区激光熔化成形 Ti-6Al-4V 钛合金表面粗糙度的影响,发现表面粗糙度由滚磨光整加工至喷丸处理再至电化学抛光依次降低,相应 Ra 值分别为 4.96μm、3.36μm 和 0.54μm。

空化喷丸是采用空化冲击而不是固体物体冲击的一种无丸喷丸技术。与前述喷丸处理类似,空化喷丸不仅能够降低表面粗糙度,还可以在材料表层引入残余压应力,进而提高材料的疲劳性能。空化喷丸是一种流体动力学现象,通过利用空化射流中空泡群溃灭的能量冲击金属零件表面,使其表面产生强化效果的一种新技术,具有表面质量好、绿色环保、通用性高等诸多优点。例如,Soyama 等[22] 比较了喷丸处理和空化喷丸对选区激光熔化成形 Ti-6Al-4V 钛合金样品表面粗糙度的影响,发现经喷丸处理和空化喷丸处理后,发现表面粗糙度由 19μm 分别降低至 17μm 和 4.5μm。Sato 等[23] 发现经喷丸处理和空化喷丸处理后,发现表面粗糙度由 16.29μm 分别降低至 16.13μm 和 7.15μm。尽管空化喷丸在改善表面光整度方面不如喷丸处理,但是由于其在材料表层能够引入更大的残余压应力,使得疲劳强度的提升空间更大。

超声纳米表面改性(UNSM)技术是一种能够在材料表面产生严重塑性变形的革新技术,通过低振幅、高频(20 kHz)的超声波作用,使得材料表面晶粒细化,并产生较高的残余压应力,进而显著提高材料的疲劳性能、耐磨性及耐蚀性。UNSM 工艺参数主要包括静压力、移动速度、频率和振幅。Zhang 等[24] 采用超声纳米表面改性技术,使得选区激光熔化成形 Ti-6Al-4V 钛合金样品的表面粗糙度由 10.4μm 降低至 6.8μm,同时使得硬度由 372 Hv 提升至 422 Hv,引入的残余压应力高达 -1050MPa。Amanov 等[25] 采用 UNSM 技术,将选区激光熔化成形 316L 不锈钢样品的表面粗糙度由 1.6μm 降低至 0.3μm。

2. 激光处理法

激光冲击强化,也称为激光喷丸,其原理是把高能量密度的激光束经聚焦透镜聚焦成毫米尺度的光斑,再透过水或玻璃等约束层照射在涂层表面。涂层充分吸收激光的能量,并在极短的时间内气化蒸发,蒸发的气体继续吸收能量,产生高压等离子层。由于受到约束层的约束,高压等离子体在喷射时发生爆炸,最终形成从靶材表面向内部传播的高强度应力波。Soyama 等[22] 比较了喷丸处理、空化喷丸及激光喷丸对选区激光熔化成形 Ti-6Al-4V 钛合金样品表面粗糙度的影响,发现喷丸处理对表面质量改善以及硬度和疲劳寿命提升的效果较好。其中,空化喷丸引入的残余压应力更高。

激光重熔是利用高能量密度激光束将具有不同成分和性能的合金快速熔

化,形成与基体具有完全不同成分和力学性能合金层的快速凝固过程。可以采取不同的激光重熔策略,即在制造过程中对每一堆积层实施激光重熔,但这样会显著增加制造时间,或者仅对最外层实施激光重熔。增加电流、降低移动速度和提高重叠率均可以提升激光重熔工艺效果。

激光抛光是利用高能激光束使材料表面重新熔化,并通过合理控制工艺参数以降低表面粗糙度的一种抛光方法,原理如图5.10所示。

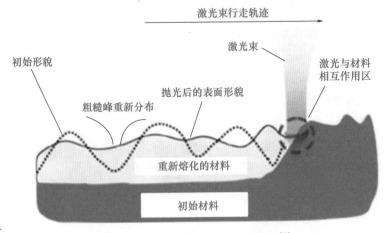

图5.10　激光抛光加工技术原理图[3]

Kahlin 等[26]采用激光抛光,使选区激光熔化成形 Ti-6Al-4V 钛合金样品的表面粗糙度 Ra 由 14.21μm 显著降低至 1.77μm。Ma 等[27]借助激光扫描共聚焦显微镜研究了激光抛光对选区激光熔化成形钛合金表面质量的影响,如图5.11 所示。经激光抛光后,TC4 表面的峰谷高度从 90μm 降低至 4μm,TC11 表面的峰谷高度从 80μm 降低至 4.5μm。

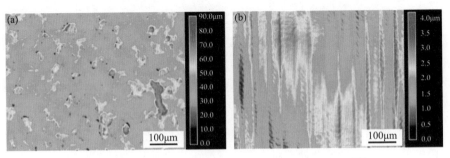

图5.11　激光抛光对增材制造钛合金表面形貌的影响[27]

(a)抛光前;(b)抛光后。

5.2.3　涂层及复合技术

　　涂层是涂料一次施涂所得到的固态连续膜,可用于降低材料表面粗糙度、覆盖缺陷、提高硬度、改善摩擦学特性以及耐腐蚀性等。电火花沉积是一种脉冲微弧焊工艺,用高电流的短脉冲将电极材料沉积到基体表面,微量的电极材料在脉冲等离子弧作用下熔化,并在表面快速固化形成涂层,实现涂层与基体材料的冶金结合,其原理如图 5.12 所示[28]。Enrique 等[29]采用低、中和高能量参数将 AA4043 铝合金沉积到镍基合金样品上,如图 5.13 所示,表面粗糙度 Ra 由 25.9μm 分别降低至 7.8μm、10.9μm 和 15.6μm。

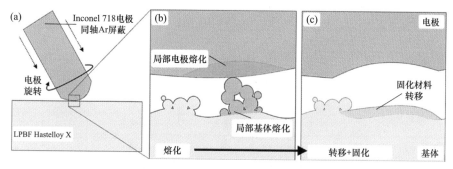

图 5.12　电火花沉积工艺原理图[28]

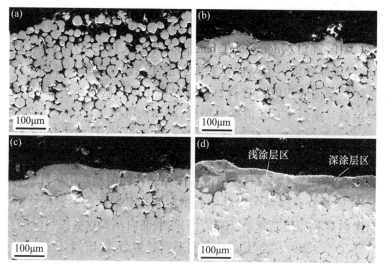

图 5.13　具有不同能量参数的电火花沉积工艺对
Inconel 625 镍基合金样品表面粗糙度影响[29]

(a)成形态;(b)低能量参数;(c)中能量参数;(d)高能量参数。

除了电火花沉积外,还存在羟基磷灰石涂层、浸银涂层、阳极氧化、等离子体电解氧化等涂层工艺用以改善表面质量及力学性能。

5.3 节将介绍若干种金属增材制造的表面质量改善措施或方法,在一定程度上均可以降低材料的表面粗糙度。每种表面质量的改善措施有着各自的优势,但也均存在着一定的局限性,使其适用性在一定程度上受到限制。表 5.1基于成本(时间和花费)对代表性的表面后处理技术进行评级[4],其中评级分数越高,对应的成本越高。

表 5.1　基于成本分析对代表性的表面后处理技术进行评级[4]

表面后处理技术		成本		评级
		时间	花费	
去除材料	机械	低	非常低	1
	激光	非常高	非常高	5
	化学	低	低	2
无材料去除	机械	适中的	低	3
	激光	非常高	非常高	5
涂层		高	高	4
复合处理		非常高	非常高	5

因此,基于金属增材构件的应用领域及服役条件,需要根据表面质量改善措施各自的优势进行选择,或者结合两种及以上的措施,充分发挥各自的优势,采用复合后处理技术以最大程度地降低表面粗糙度。

5.3　考虑粗糙度的疲劳性能评价

通常地,增材制造金属表面较为粗糙,这与阶梯效应、粉末黏附、球化效应、飞溅、未熔合等有关。材料表面表现为部分熔融的粉末颗粒,存在着高峰和低谷,形成了微缺口。这些微缺口作为典型的应力集中局部区域,会诱导疲劳裂纹早期形核,进而降低增材材料的疲劳性能。表面粗糙度成为影响增材构件疲劳性能的重要因素之一。因此,为了保障增材构件服役的可靠性与安全性,除了采取适当的增材制造工艺优化和后处理技术实现表面质量改善并降低表面粗糙度之外,建立考虑表面粗糙度的疲劳性能可靠评估和准确预测的高保真分析模型也是至关重要的。本节基于名义应力法和断裂力学理论,介绍了若干种考虑表面粗糙度的疲劳强度和寿命模型。

5.3.1　疲劳强度

粗糙的表面可视为若干个微缺口。随着微缺口尺寸的增加和形貌的复杂化,材料的疲劳性能降低。研究指出,微缺口的深度和形貌对疲劳性能具有显著影响。因此,通常采用这两个参数来表征表面粗糙度对疲劳性能的影响。例如,可在应力集中系数 K_t 中考虑缺口的深度和形貌[30]:

$$K_t = 1 + 2\sqrt{\frac{d}{\rho}} \tag{5.8}$$

式中: d 为缺口深度; ρ 为缺口宽度 w 的 $1/2$。d 和 w 的定义如图 5.14(a)所示。

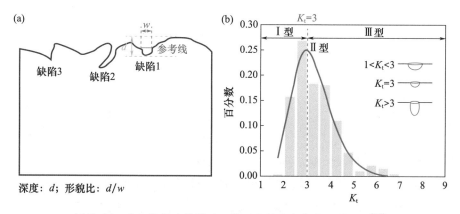

图 5.14　表面粗糙度的描述及其对应的应力集中系数分布[30]

(a)表面粗糙度的深度和形貌的描述;(b)不同深度和形貌的微缺口对应的应力集中系数。

Wan 等[30]通过有限元模拟,计算了不同深度和形貌的缺口产生的应力集中系数。进一步地,提出了 3 种缺陷简化形式,当 $1<K_t<3$ 时,Ⅰ型缺陷可简化为理想的扁半椭圆;当 $K_t=3$ 时,Ⅱ型缺陷可简化为理想的半球;当 $K_t>3$ 时,Ⅲ型缺陷可简化为理想的长半椭球,如图 5.14(b)所示。

通常采用缺口疲劳系数 K_f 来研究缺口疲劳问题,它定义为光滑件和缺口件疲劳极限的比值,表示为[31]

$$K_f = \frac{\sigma_e}{\sigma_f} \tag{5.9}$$

式中: σ_e 为光滑件的疲劳极限; σ_f 为缺口件的疲劳极限。

K_t 与 K_f 有关。K_t 越大,应力集中程度越严重;疲劳寿命越短,K_f 越大。但是 K_t 与 K_f 并不相等。因为 K_t 只依赖于缺口和构件几何,而 K_f 是一个与材料密切相关参数。通常,$K_t<K_f$,两者的关系可表示为[31]

$$q = \frac{1 - K_f}{1 - K_t} \tag{5.10}$$

式中:q 为疲劳缺口敏感系数,取值范围从 0 至 1。

由式(5.9)可以看出,含缺口试样的疲劳强度与光滑试样的疲劳强度和疲劳缺口系数有关,而由式(5.10)可知,K_f 又与 K_t 和 q 有关,其中 K_t 和 q 的表达式分别如式(5.11)和式(5.12)所示[1]:

$$K_t = 1 + n\left(\frac{Ra}{\bar{\rho}_{10}}\right)\left(\frac{Ry}{Rz_{ISO}}\right) \tag{5.11}$$

式中:n 取决于应力状态,对于剪切加载,$n=1$;对于拉伸加载,$n=2$。K_t 的表达式中包含了式(5.1)~式(5.6)中的 4 个表面粗糙度表征参数。

式(5.8)和式(5.11)K_t 表达式中均考虑了微缺口的深度与形貌两个关键参数,差别是采用了不同的深度和形貌参数。

考虑表面粗糙度的 q 表达式为[1]

$$q = \frac{1}{1 + \dfrac{\gamma}{\bar{\rho}_{10}}} \tag{5.12}$$

式中:γ 为材料的特征长度,与抗拉强度或者晶粒尺寸有关。

结合式(5.9)~式(5.12),可以对表面粗糙度对疲劳强度的影响进行评估,或者基于表面粗糙度对疲劳强度进行预测。

然而,获取每个缺口对应的 K_f 较为困难,而 K_t 计算较为简单。因此,基于 K_t 计算表面粗糙度引起的疲劳极限由下式决定[30]:

$$\sigma_f = \frac{\sigma_e}{K_t} \tag{5.13}$$

在微观上,疲劳极限对应着短裂纹扩展的临界应力,即当外加载荷不大于材料的疲劳极限时,允许发生疲劳裂纹萌生和短裂纹扩展,但短裂纹在扩展至长裂纹之前止裂,形成非扩展型裂纹。在线弹性断裂力学的范畴内,基于应力集中系数,考虑表面粗糙影响的疲劳极限可表示为[29]

$$\Delta\sigma_e = \frac{\Delta K_{th}}{fK_t\sqrt{\pi a}} \tag{5.14}$$

式中:f 为取决于裂纹几何的因子,对于表面裂纹,f 取 1.122;ΔK_{th} 为长裂纹扩展门槛值,由实验确定;a 为裂纹长度。

基于缺陷容限思想,Murakami 提出了可量化评估小尺寸缺陷($<1000\mu m$)对材料疲劳强度影响大小的 Murakami 模型。通过将这些小尺寸缺陷等效为微

裂纹,对应的应力强度因子阈值为[30]

$$\Delta K_{\text{th}} = Y \cdot \Delta\sigma_{\text{e}} \cdot \sqrt{\pi\sqrt{\text{area}}} \tag{5.15}$$

式中:$(\text{area})^{1/2}$ 为 Murakami 参数,定义为缺陷在垂直于加载轴向的投影面积的平方根值,该参数有效解决了不规则缺陷的尺寸定义问题。

在 Danninger-Weiss 模型中,当应力比 $R = -1$ 时,K_{th} 可以表示为缺陷的位置和尺寸以及材料硬度的函数,如下式所示[31]:

$$\Delta K_{\text{th}} = g \cdot (\text{HV} + 120) \cdot \left(\sqrt{\text{area}}\right)^{1/3} \tag{5.16}$$

式中:g 为表示缺陷位置的几何修正因子,对于表面缺陷,$g = 3.3\times10^{-3}$,对于近表面或者内部缺陷,$g = 2.77\times10^{-3}$;HV 为材料的维氏硬度。

联立式(5.15)和式(5.16),得到材料疲劳极限的表达式:

$$\sigma_{\text{e}}(R) = \frac{C \cdot (\text{HV} + 120)}{\left(\sqrt{\text{area}}\right)^{1/6}} \left(\frac{1 - R}{2}\right)^{-\gamma} \tag{5.17}$$

式中:C 为几何修正因子,对于表面缺陷,$C = 1.41$;对于近表面缺陷,$C = 1.43$;对于内部缺陷,$C = 1.56$。需要指出,式(5.16)是在应力比为-1 的条件下得到的。需要指出的是,为考虑应力比的影响,通过引入 Walker 因子$[(1-R)/2]^{-\gamma}$[32],可以得到任意应力比下的疲劳极限 $\sigma_{\text{e}}(R)$。Walker 因子中的指数 γ 取决于材料的类型,相关研究给出了对应的经验模型,$\gamma = 0.226 + \text{HV}\times10^{-4}$[33]。

对于大尺寸缺陷($>1000\mu\text{m}$),上述模型将不再适用。为此,Murakami 进一步提出了等效缺陷尺寸$(\text{area}_{\text{R}})^{1/2}$ 的概念,将表面粗糙度视为深度为 d(谷底至峰值的垂直距离)、间距为 $2b$(峰值之间的水平距离)的缺口。将式(5.15)中的$(\text{area})^{1/2}$ 替换成$(\text{area}_{\text{R}})^{1/2}$ 后,可以用于评估较大尺寸缺陷对疲劳强度的影响。此外,$(\text{area}_{\text{R}})^{1/2}$ 为[34]

$$\frac{\sqrt{\text{area}_{\text{R}}}}{2b} = 2.97\left(\frac{a}{2b}\right) - 3.51\left(\frac{a}{2b}\right)^2 - 9.74\left(\frac{a}{2b}\right)^3 \quad \left(\frac{a}{2b} \leq 0.195\right) \tag{5.18}$$

$$\frac{\sqrt{\text{area}_{\text{R}}}}{2b} \approx 0.38 \quad \left(\frac{a}{2b} \geq 0.195\right) \tag{5.19}$$

上述若干种考虑表面粗糙度(表面缺陷/微缺口)的疲劳强度评估模型通常需要利用表面粗糙度形成的微缺口的深度及形貌,确定出危险等级较高的微缺口,再结合考虑表面粗糙度的疲劳强度模型进行预测。此处,表面粗糙度可视为表面缺陷,因此,很多基于表面缺陷的疲劳强度模型也可用于量化表面粗糙度对疲劳性能的影响,不局限于此节介绍的模型。

5.3.2　疲劳寿命

为了考察表面缺陷的深度和形貌对疲劳寿命的影响,Wan 等[35]针对图 5.14(b)中的 3 种缺陷(Ⅰ型扁半椭圆形、Ⅱ型半球状、Ⅲ型长半椭球状),通过有限元模拟开展了疲劳寿命分析,结果如图 5.15 所示。研究发现,无论是哪种类型的缺陷($K_t=2,3,5$),当缺陷深度 d 由 12.5μm 增加至 200μm 时,疲劳寿命仅有微小的变化。当缺陷深度保持不变($d=12.5$μm,$d=50$μm),对于 $K_t \leqslant 2$ 的Ⅰ型缺陷,疲劳寿命降低 50%。当 K_t 由 2 增加至 3 时,即Ⅰ型缺陷转变为Ⅱ型缺陷时,疲劳寿命急剧降低,下降幅度达到 2 个数量级。上述研究表明,由于具有严重的应力集中,与缺陷深度($d \leqslant 200$μm)相比,缺陷形貌对疲劳性能的影响更为显著。对疲劳性能几乎无影响的应力集中系数 K_t 的安全阈值以及缺陷深度分别为 2 和 50μm。

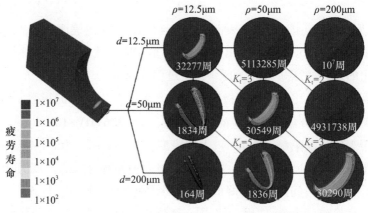

图 5.15　基于有限元模拟评估不同类型的缺陷对应的疲劳寿命[30]

我们知道,通常可采用 Wohler 公式、Basquin 公式和 Stromeyer 公式来描述高周疲劳(疲劳寿命不低于 10^4 循环周次)实验获得的光滑试样的应力-寿命(S-N)曲线。为考虑表面粗糙度的影响,可借助幂律函数对传统的疲劳 S-N 曲线拟合方程进行修正。表面粗糙度主要影响高周疲劳范畴内 S-N 曲线的斜率。如果已知打磨态增材试样(可视为光滑试样)的 S-N 曲线,通过考虑疲劳缺口系数,可对成形态(用于分析表面粗糙度影响)试样的 S-N 曲线进行评估。例如,传统的 Basquin 方程如式(5.20)所示[36],而为进一步考虑表面粗糙度效应,基于 K_f 修正的 Basquin 方程如式(5.21)所示[37]

$$\sigma_a = \sigma'_f(2N_f)^b \tag{5.20}$$

$$\sigma_a = \sigma'_f (2N_f)^{\,b-0.143\log(K_f)} \tag{5.21}$$

式中:σ_a 为应力幅;N_f 为疲劳寿命;σ'_f 和 b 分别为疲劳强度系数和疲劳强度指数,其中 σ'_f 具有应力量纲。

表面粗糙度被视为表面缺口或者缺陷,往往成为诱导疲劳裂纹萌生源,缺口或者缺陷的几何特征对疲劳裂纹萌生寿命具有显著影响。对于高周疲劳,裂纹萌生占据寿命很高的比重,因此认为表面粗糙度对于以弹性应变为主的高周疲劳具有显著影响。而表面糙度对具有很高塑性变形的低周疲劳则影响较小。此处裂纹萌生是指当表面粗糙度假设为缺陷,并进而形成疲劳裂纹的疲劳过程。低周疲劳的应变-寿命曲线通常采用 Manson-Coffin 公式来描述[36]:

$$\varepsilon_a = \varepsilon_{ea} + \varepsilon_{pa} = \frac{\sigma'_f}{E}(2N_f)^{\,b} + \varepsilon'_f (2N_f)^{\,c} \tag{5.22}$$

式中:ε_a 为总应变幅;ε_{ea} 为弹性应变幅;ε_{pa} 为塑性应变幅;E 为弹性模量;ε'_f 为疲劳延性系数,无量纲;c 为疲劳延性指数。

由于应变-寿命曲线中仅有弹性部分对表面粗糙度的影响敏感,仅对式 (5.22)中的弹性应变部分进行修正,即[37]

$$\varepsilon_a = \varepsilon_{ea} + \varepsilon_{pa} = \frac{\sigma'_f}{E}(2N_f)^{\,b-0.143\log(K_f)} + \varepsilon'_f (2N_f)^{\,c} \tag{5.23}$$

图 5.16 对比了考虑表面粗糙度的疲劳寿命预测值与实验值之间的差异[37]。图 5.16(a)应力控制的高周疲劳寿命和图 5.16(b)应变控制的低周疲劳寿命的预测值均位于实验结果的两倍误差带以内,表明式(5.21)和式(5.23)能够有效地预测考虑表面粗糙度的高周和低周疲劳寿命,在受到表面粗糙度影响的金属增材构件疲劳寿命评估中具有较大潜力。

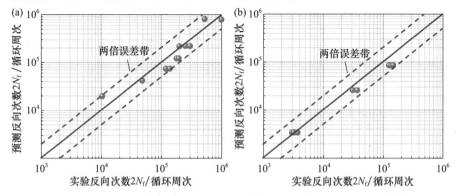

图 5.16　考虑表面粗糙度的疲劳寿命预测值与实验值之间的对比[37]

(a)应力控制的高周疲劳;(b)应变控制的低周疲劳。

对于表面缺陷诱导的疲劳寿命预测,也可以采用当量初始缺陷尺寸方法。损伤容限设计思想中的初始裂纹,是将存在于结构中初始缺陷综合等效地归结为一个非实体的当量裂纹长度,称为当量初始缺陷尺寸(Equivalent Initial Flaw Size,EIFS)。Takahashi 和 Murakimi 表明了将表面粗糙度值视为 EIFS 的可行性。将缺陷视为半椭圆形的表面裂纹,应力强度因子可表示为[38]

$$K = \left[(\sigma_n + H_s S_b) \cdot \left(\frac{\pi a}{Q} \right) \right]^{0.5} \cdot F_s\left(\frac{a}{c}, \frac{a}{t}, \frac{c}{b}, \phi \right) \tag{5.24}$$

式中:第一项中包含了均匀拉伸应力 σ_n、弯曲的修正因子 $H_s S_b$、裂纹深度 a 和形状因子 Q;第二项 F_s 为 a、裂纹长度($c = a/2$)、板厚 t、板宽 b 和椭圆参数角 ϕ 的函数。

基于损伤容限思想,裂纹从初始尺寸以一定的速率扩展至临界裂纹所经历的循环周次被视为疲劳裂纹扩展寿命。通常采用疲劳裂纹扩展速率实验来确定裂纹扩展规律。典型的长裂纹扩展速率曲线包含门槛值区、稳定扩展区(Paris 区)和失稳扩展区。1992 年,Forman 和 Mettu 提出了 NASGRO 裂纹扩展模型,能够有效地描述上述 3 个区域,NASGRO 模型的表达式为[39]

$$\frac{da}{dN} = \left(1 - \frac{\Delta K_{th}}{\Delta K} \right)^p C \left[\left(\frac{1-f}{1-R} \right) \Delta K \right]^m \left(1 - \frac{K_{max}}{K_{IC}} \right)^{-q} \tag{5.25}$$

式中:K_{max} 为最大应力强度因子;K_{IC} 为断裂韧性;f 为裂纹张开函数[40-41];C、m、p 和 q 均为实验相关的拟合参数。

对式(5.25)积分后便可得到裂纹扩展寿命,如式(5.26)所示。假设粗糙度 Rt 与 EIFS 之间具有线性关系,首先根据 Rt 得到 EIFS,再采用上述方法,基于裂纹扩展速率预测不同 EIFS 对应的 S-N 曲线,如图 5.17 所示[38]。

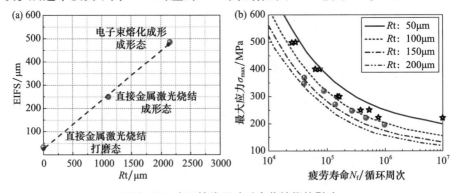

图 5.17　表面缺陷尺寸对疲劳性能的影响
(a)EIFS 与 Rt 的关系[38];(b)基于裂纹扩展速率预测具有不同 EIFS 的
直接金属激光烧结 Ti-6Al-4V 钛合金的 S-N 曲线。[38]

$$N = \int_{a_i}^{a_c} \left\{ \left(1 - \frac{\Delta K_{th}}{\Delta K}\right)^{-p} C^{-1} \left[\left(\frac{1-f}{1-R}\right) \Delta K\right]^{-m} \left(1 - \frac{k_{max}}{K_{IC}}\right)^q \right\} \mathrm{d}a \qquad (5.26)$$

式中：a_i 和 a_c 分别为有效初始裂纹长度和临界失效裂纹长度。

以上介绍了若干种考虑表面粗糙度（表面缺陷/微缺口）的疲劳寿命评估模型。同样地，很多基于表面缺陷的疲劳寿命模型也可用于量化表面粗糙度对疲劳寿命的影响，在本书中不再赘述。

5.4　本章小结

近净成形增材制造部件面临着表面质量差、成形精度不高、难以满足极端服役环境下的高使役性能要求等技术挑战。金属增材表面粗糙度的成因包括阶梯效应、粉末黏附、球化效应、飞溅和未熔合等。粗糙的表面被视为若干个缺陷或者缺口，作为典型的应力集中源，易于诱导疲劳裂纹早期形核，从而大幅度降低材料及构件的疲劳性能。因此，成形件表面粗糙度的控制是增材制造应用研究过程中需要深入研究的关键问题之一。特别是对于性能要求较高的复杂形状零件，不但要求在制造过程中要有效地控制成形件的表面质量，综合考虑原材料特性、零件设计、工艺参数以及熔化/沉积/结合情况，而且需要科学地选择合适的表面后处理工艺，以进一步提升成形件的表面质量。为了保障增材构件工程服役的可靠性与安全性，除了采取工艺参数优化和表面质量改善措施降低表面粗糙度之外，基于名义应力法和断裂力学理论，建立考虑表面粗糙度的疲劳性能可靠评估和准确预测模型也是值得重点关注的课题。

参 考 文 献

[1] Lee S J, Rasoolian B, Silva D F, et al. Surface roughness parameter and modeling for fatigue behavior of additive manufactured parts: A non-destructive data-driven approach [J]. Additive Manufacturing, 2021, 46: 102094.

[2] Lee S J, Pegues J W, Shamsaei N. Fatigue behavior and modeling for additive manufactured 304L stainless steel: The effect of surface roughness [J]. International Journal of Fatigue, 2020, 141: 105856.

[3] 高航, 彭灿, 王宣平. 航空增材制造复杂结构件表面光整加工技术研究及进展 [J]. 航空制造技术, 2019, 62(9): 14-22.

[4] Maleki E, Bagherifard B, Bandini M, et al. Surface post-treatments for metal additive manufacturing: Progress, challenges, and opportunities [J]. Additive Manufacturing, 2021, 37: 101619.

［5］ Nakatani M,Masuo H,Tanaka Y,et al. Effect of surface roughness on fatigue strength of Ti-6Al-4V alloy manufactured by additive manufacturing ［J］. Procedia Structural Integrity, 2019,19:294-301.

［6］ Yadollahi A,Shamsaei N. Additive manufacturing of fatigue resistant materials:Challenges and opportunities ［J］. International Journal of Fatigue,2017,98:14-31.

［7］ 金鑫源,兰亮,何博,等.选区激光熔化成形金属零件表面粗糙度研究进展[J].材料导报,2021,35(3):03175.

［8］ Snyder J C,Thole K A. Understanding laser powder bed fusion surface roughness ［J］. Journal of manufacturing science and engineering,2020,142:071003.

［9］ Edwards P,Ramulu M. Fatigue performance evaluation of selective laser melted Ti-6Al-4V ［J］. Materials Science and Engineering:A,2014,598:327-337.

［10］ Spierings A B,Starr T L,Wegener K. Fatigue performance of additive manufactured metallic parts ［J］. Rapid Prototyping Journal,2013,19(2):88-94.

［11］ 章媛洁,宋波,赵晓,等.激光选区熔化增材与机加工复合制造 AISI 420 不锈钢:表面粗糙度与残余应力演变规律研究 ［J］.机械工程学报,2018,54(13):170-178.

［12］ Karakurt I,Ho KY,Ledford C,et al. Development of a magnetically driven abrasive polishing process for additively manufactured copper structures ［J］. Procedia Manufacturing,2018,26:798-805.

［13］ Nagalingam A P,Yeo S H. Controlled hydrodynamic cavitation erosion with abrasive particles for internal surface modification of additive manufactured components ［J］. Wear,2018,414-415:89-100.

［14］ Tan K L,Yeo S H. Surface modification of additive manufactured components by ultrasonic cavitation abrasive finishing[J]. Wear,2017,378-379:90-95.

［15］ Denti L,Bassoli E,Gatto A,et al. Fatigue life and microstructure of additive manufactured Ti-6Al-4V after different finishing processes ［J］. Materials Science and Engineering:A,2019, 755:1-9.

［16］ Benedetti M,Torresani E,Leoni M,et al. The effect of post-sintering treatments on the fatigue and biological behavior of Ti-6Al-4V ELI parts made by selective laser melting ［J］. Journal of the Mechanical Behavior of Biomedical Materials,2017,71:295-306.

［17］ Worts N,Jones J,Squier J. Surface structure modification of additively manufactured titanium components via femtosecond laser micromachining ［J］. Optics Communications,2019,430:352-357.

［18］ Łyczkowska E,Szymczyk P,Dybała B,et al. Chemical polishing of scaffolds made of Ti-6Al-7Nb alloy by additive manufacturing ［J］. Archives of Civil and Mechanical Engineering, 2014,14:586-594.

［19］ Jung J H,Park H K,Lee B S,et al. Study on surface shape control of pure Ti fabricated by electron beam melting using electrolytic polishing [J]. Surface & Coatings Technology,2017, 324:106-110.

[20] Pyka G,Burakowski A,Kerckhols G,et al. Surface modification of Ti-6Al-4V open porous structures produced by additive manufacturing [J]. Advanced Engineering Materials,2012, 14(6):363-370.

[21] Bagehorn S,Wehr J,Maier H J. Application of mechanical surface finishing processes for roughness reduction and fatigue improvement of additively manufactured Ti-6Al-4V parts [J]. International Journal of Fatigue,2017,102:135-142.

[22] Soyama H,Okura Y. The use of various peening methods to improve the fatigue strength of titanium alloy Ti-6Al-4V manufactured by electron beam melting [J]. AIMS Materials Science,2018,5(5):1000-1015.

[23] Sato M,Takakuwa O,Nakai M,et al. Using cavitation peening to improve the fatigue life of titanium alloy Ti-6Al-4V manufactured by electron beam melting [J]. Materials Sciences and Applications,2016,7:181-191.

[24] Zhang H,Chiang R,Qin H F,et al. The effects of ultrasonic nanocrystal surface modification on the fatigue performance of 3D-printed Ti64 [J]. International Journal of Fatigue,2017, 103:136-146.

[25] Amanov A. Effect of local treatment temperature of ultrasonic nanocrystalline surface modification on tribological behavior and corrosion resistance of stainless steel 316L produced by selective laser melting [J]. Surface and Coatings Technology,2020,398:126080.

[26] Kahlin M,Ansell H,Basu D,et al. Improved fatigue strength of additively manufactured Ti-6Al-4V by surface post processing [J]. International Journal of Fatigue,2020,134:105497.

[27] Ma C P,Guan Y C,Zhou W. Laser polishing of additive manufactured Ti alloys [J]. Optics and Lasers in Engineering,2017,93:171-177.

[28] Enrique P D,Keshavarzkermani A,Esmaeilizadeh R,et al. Enhancing fatigue life of additive manufactured parts with electrospark deposition post-processing [J]. Additive Manufacturing,2020,36:101526.

[29] Enrique P D,Marzbanrad E,Mahmoodkhani Y,et al. Surface modification of binder-jet additive manufactured Inconel 625 via electrospark deposition [J]. Surface and Coatings Technology,2019,362:141-149.

[30] Murakami Y. Effects of small defects and nonmetallic inclusions[M]. Oxford:Elsevier,2002.

[31] Danninger H,Weiss B. The influence of defects on high cycle fatigue of metallic materials [J]. Journal of Materials Processing Technology,2003,143-144:179-184.

[32] Wu S C,Song Z,Kang G Z,et al. The Kitagawa-Takahashi fatigue diagram to hybrid welded AA7050 joints via synchrotron tomography [J]. International Journal of Fatigue,2019,125: 210-221.

［33］ Qian G A,Jian Z M,Qian Y J,et al. Very-high-cycle fatigue behavior of AlSi10Mg manufactured by selective laser melting:Effect of build orientation and mean stress ［J］. International Journal of Fatigue,2020,138:105696.

［34］ Nakatani M,Masuo H,Tanaka Y,et al. Effect of surface roughness on fatigue strength of Ti-6Al-4V alloy manufactured by additive manufacturing ［J］. Procedia Structural Integrity, 2019,19:294-301.

［35］ Wan H Y,Luo Y W,Zhang B,et al. Effects of surface roughness and build thickness on fatigue properties of selective laser melted Inconel 718 at 650℃ ［J］. International Journal of Fatigue,2020,137:105654.

［36］ 杨新华,陈传尧. 疲劳与断裂[M]. 第2版. 武汉:华中科技大学,2018.

［37］ Lee S J,Pegues J W,Shamsaei N. Fatigue behavior and modeling for additive manufactured 304L stainless steel:The effect of surface roughness ［J］. International Journal of Fatigue, 2020,141:105856.

［38］ Greitemeier D,Donne C D,Syassen F,et al. Effect of surface roughness on fatigue performance of additive manufactured Ti-6Al-4V ［J］. Materials Science and Technology,2016,32 (7):628-634.

［39］ Forman R G,Mettu S R. Behavior of surface and corner cracks subjected to tensile and bending loads in Ti-6Al-4V alloy[C].//Fracture mechanics 22nd symposium,Philadelphia, 1992:519-546.

［40］ Newman J C. A crack opening stress equation for fatigue crack growth ［J］. International Journal of Fatigue,1984,24(4):131-135.

［41］ Wu S C,Xu Z W,Yu C,et al. A physically short fatigue crack growth approach based on low cycle fatigue properties ［J］. International Journal of Fatigue,2017,103:185-195.

第 ⑥ 章
残余应力的形成及影响

残余应力是指在制造过程中,外力、温度或其他因素引起的存在于材料及构件内部且自身保持平衡状态的一种内应力。按其尺度范围可分为以下 3 类:作用于部件几何尺寸的宏观应力称为 I 型残余应力,会导致制造中或制造后部件的整体变形,以及直接影响其外观形状和力学性能;II 型残余应力是指作用在单个晶粒尺度上的微应力,通常称为晶间应力,这些应力由局部微观结构效应造成,如滑移行为中晶粒与晶粒间的差异;而由空位、置换原子的引入等造成的在原子尺度上的失配应力,称为 III 型残余应力或亚结构应力。虽然不同取向晶粒间的性能差异常使得多晶材料中存在 II 型和 III 型应力,但数值较大且具有各向异性的 I 型应力在影响工程部件基本力学和疲劳性能方面更为重要和主要。为此,本章主要关注 I 型残余应力。

在工程零部件的生产、运输及服役过程中通常需要考虑残余应力的影响,以便准确地评估和预测力学性能。在增材制造过程中,由成形原理决定的复杂热历程、高热输入密度及冷却速率、重熔及再凝固等将会导致残余应力在内部动态演变。当产生的残余应力较大而导致部件过度变形时,还易发生制造中断、错误或失败,甚至造成装备事故。此外,残余应力为增材制造材料沿熔池边界开裂提供了便利条件。值得注意的是,残余应力并非总是降低零件的性能,人为引入有益残余压应力在改善部件力学性能方面同样具有重要作用。因成形原理的差异,目前基于各类增材制造技术制备的成形件面临的残余应力问题有所不同。本章将以粉末床熔融成形工艺为主,介绍残余应力的形成原因、测量技术、对服役性能的影响以及相关改善措施和预测方法。

6.1 残余应力形成过程

残余应力的形成同样可依据其作用尺度范围,在宏观和微观角度分别描述。在宏观层面，Ⅰ型残余应力主要源于机械加工等引入的不均匀塑性变形、复杂热历程造成的不均匀热胀冷缩及化学作用导致的体积或密度变化。在微观层面，Ⅱ型和Ⅲ型残余应力主要源于各向异性（热膨胀系数、弹性模量）、晶粒取向差异、晶粒尺度塑性变形（晶内、晶粒间滑移）、沉淀相或相变等导致的体积变化等。下面以切削、焊接、铸造、热处理等典型加工技术以及粉末床熔融成形为例，阐述残余应力的形成过程。

6.1.1 切削致残余应力

切削过程中，材料表面承受重力和热作用发生不均匀塑性变形、组织变化等，进而产生残余应力。其中不均匀塑性变形主要源自机械应力及热应力。在切削去除表层金属时，新表面将产生大量与切削方向相同的弹塑性变形，并在切屑脱离后残留拉伸应力，而在材料内部残留压缩应力。切削热主要源于材料的强烈塑性变形及其与刀具的高速摩擦。在内外温差下，表层材料的受热伸长将受到基体材料的限制进而形成热应力，当该应力超过材料的屈服强度时，则发生塑性变形。在切削完成后，表层金属逐渐冷却并收缩，但由于前期塑性变形而受到基体金属的阻碍，最终在工件表层产生残余拉应力。切削热不仅造成塑性变形，还会引起表层局部组织演变，进而伴随体积和密度变化。若表层体积膨胀，产生残余压应力，反之，则产生残余拉应力。

6.1.2 焊接致残余应力

焊接残余应力主要源于加热和冷却过程所产生的不均匀温度场。此外，焊件成分、加工情况及工装约束同样存在一定影响，如碳含量与相变致体积变化有关，轧制或冷拔构件表面拉应力可产生附加影响等。以薄板焊后冷却过程中温度及应力分布的变化为例，如图 6.1 所示。Ⅰ为焊接初始时刻，焊缝局部被急速加热到高温状态，但由于中心材料处于熔化状态，热应力在中央为零。在焊缝边缘，材料受热伸长部分在外部材料的约束下产生压缩应力，并伴随塑性变形，外部材料则形成拉伸应力。在冷却阶段（Ⅱ至Ⅳ），温度分布逐渐趋于一致，焊缝中部凝固收缩，外部材料逐渐由拉伸应力转变为压缩应力，而焊缝中部则由压缩应力逐步转变为拉伸应力。简言之，焊接残余应力主要由加热和冷却时的热应力及由此产生的塑性变形主导。

6.1.3 铸造致残余应力

铸造残余应力的形成过程较为复杂，构件的形状、材质及铸造技术等都有影

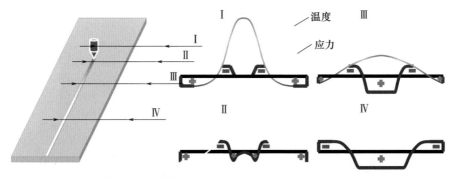

图 6.1　薄板焊接冷却过程中温度及应力分布变化示意图

响。以圆棒浇注为例,不同冷却阶段的平衡内应力如图 6.2(a)所示。此时,内、外层冷却速率差异引入的温度梯度是残余应力的产生原因。冷却凝固起始时,表层材料迅速冷却收缩,但内层冷却缓慢,从而使得表层处于拉伸状态,而内层处于压缩状态。此时,内层尚未充分凝固,其屈服强度低于外层,从而在压应力作用下发生塑性变形。随着内层逐渐冷却,其收缩行为受到已凝固外层材料限制,而逐步发生内外应力分布反向变化,铸件最终的残余应力分布表现为外层压缩、内层拉伸。对于复杂几何部件,其不同部位的残余应力形成原理基本相同,如图 6.2(b)所示。浇注完成后,小截面部分比大截面部分冷却更快,故在冷却凝固初期,小截面部分为拉应力,大截面部分为压应力。冷却后期各部分应力状态发生反向变化,形成最终的残余应力分布状态。

6.1.4　热处理致残余应力

部件表面处理过程中产生的应力可粗略分为三大类:热应力、相变应力及化学作用应力。其中热应力同样源于部件急冷过程中内外层温差,并形成"外压内拉"的典型"热应力型"残余应力分布,并且残余应力大小由温度差异及材料的屈服强度共同决定。"相变应力型"残余应力分布则与实际组织结构转变引起的体积变化有关。例如,当淬火处理使零件表层组织比体积大于内部时,将在表层产生残余压应力,内部则呈现拉应力状态;表层组织比体积变小时则刚好相反。另外,相变应力又可细分为不均匀相变和不等时相变,前者指相变后得到两种或多种相分布,后者则描述转变后虽同为一种相,但因各部分相变时刻不同而产生的应力。化学作用应力则以渗碳、渗氮等化学热处理最为典型。零件表面成分变化(碳含量或氮含量提高)后,将在表层引入较高残余压应力,而脱碳处理等则会获得残余拉应力。

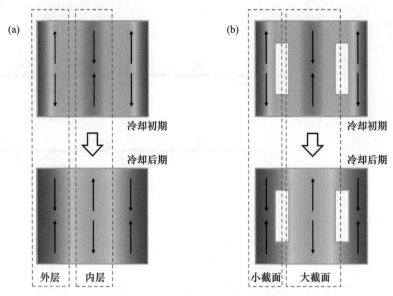

图 6.2 铸造残余应力形成过程示意图

(a)简单的浇注圆棒；(b)复杂几何部件。

6.1.5 增材制造致残余应力

金属增材制造(如粉末床熔融成形)时表层材料经历着局部快速熔融、快速凝固过程,同时伴有一定程度的次表层基体再熔化现象,这些复杂热历程时空分布不均,并在成形金属中形成残余应力,但总体而言,与金属焊接过程具有类似本质。Kruth 和 Mercelis 等[1-2]在讨论熔化—凝固—再熔化热循环过程时,通过温度梯度机制(Temperature Gradient Mechanism,TGM)模型来描述成形过程中的不均匀塑性变形,认为其为残余应力的主要来源。在该模型中,热源通常是一个高强度的点源,并且热源位置的材料温度相对于周围材料的温度迅速升高。受热膨胀的材料受到周围膨胀较少的较冷材料的限制,进而在热源区域产生压缩应力,并进入塑性屈服阶段。当热材料冷却收缩时,再次受到周围膨胀较少材料的限制,最终导致成形件中形成永久残余拉应力,并使成形件几何偏转或弯曲。这一过程如图 6.3 所示。此外,当距热源一定距离的次表层凝固基体发生重熔和再凝固或再次达到高温时(取决于工艺类型和参数),次表层在表层下方冷却并收缩,同样会拉伸顶层,从而产生永久性残余拉应力。粉末床熔融成形工艺中残余应力的另一个来源是不均匀的晶格间距。成形过程的非平衡特性导致形成不均匀的微观结构,进而使晶格间距在空间上具有依赖性,导致残余应力的方向和大小与位置相关[3]。

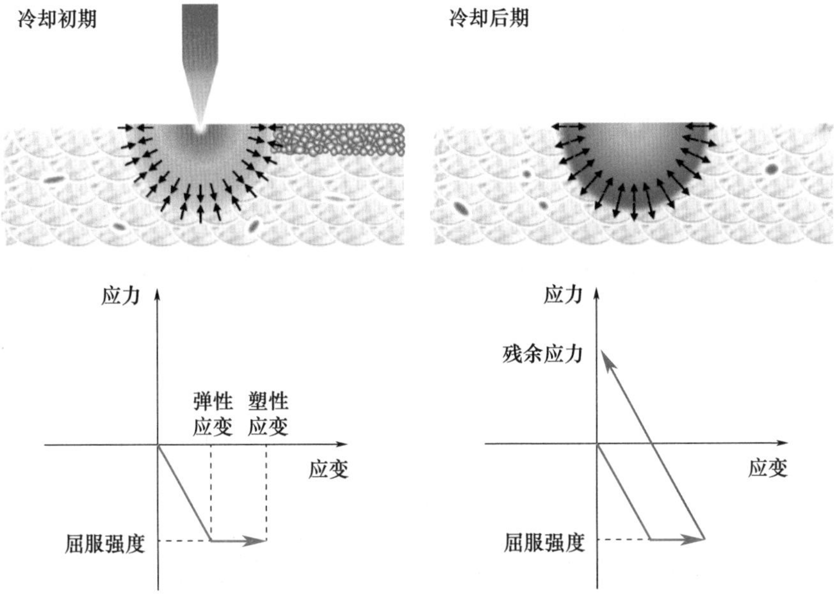

图 6.3　粉末床熔融成形部件在加热和冷却过程中残余应力的形成

6.2　残余应力测试方法

目前,制造过程诱导残余应力的主要测量方法可分为两大类:基于应变释放的破坏性方法和基于物理信息的非破坏性方法。破坏性方法建立在含残余应力材料任意切割面上法向应力总和一定为零的理论基础上。具体来说,切割含残余应力部件将破坏内力平衡状态,此时,失衡应力通过材料变形以重新分布,从而使新表面净法向应力归零,即部件整体上仍保持静态平衡。故在线弹性理论下,可通过测量表面变形以估计部件原始应力状态,但评估精度本质上取决于变形量的测量精度。该方法常见分类主要包括盲孔、环芯、深孔、切片和轮廓法等。而各类非破坏性方法的理论基础则各不相同,如布拉格定律、磁致伸缩效应、声弹效应、材料本构等,涵盖声、光、磁、电、力等多个领域。目前,最常用的几种方法是 X 射线衍射、中子衍射、磁测法、超声波法及纳米压痕法等。下面对上述方法进行简要介绍。

6.2.1　盲孔法、环芯法及深孔法

盲孔法是在残余应力测量中使用最为广泛的一种技术,源自 Mathar 在 20

世纪30年代的开创性工作[4]，经不断发展和完善，已形成 ASTM 标准测试程序和大量指导文献，具有使用方便、流程规范、准确可靠等优点。虽然对样品具有一定破坏性，但程度通常可以容忍或损伤可以修复，故也称为"半破坏性"方法。测试原理如图6.4(a)所示。以具有拉伸残余应力的材料为例，当在待测区域钻孔去除材料后，将导致孔周围剩余材料内部残余应力重分布，并表现为局部变形。故可通过应变计或光学技术量化该弹性回弹，从中确定孔内初始残余应力。对于压缩残余应力，孔周的变形情况则相反。

环芯法则是盲孔法"由内而外"的变体，其测量区域位于中间，"孔"则由环绕其外的环形槽代替。两种方法材料去除位置对比如图6.4所示。两种方法具有相同测量思路及数学推导，差异主要在于残余应力评估所用参量取值不同。环芯法可产生更大的应变释放，在测量接近材料屈服水平的大残余应力方面具有优势。然而，盲孔法因其便于使用且样品破坏少等优点更为常用。

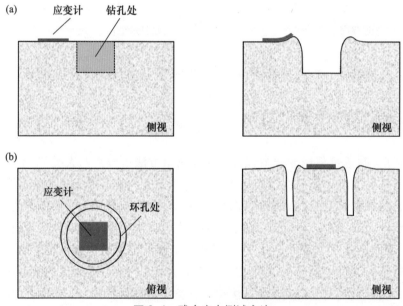

图6.4　残余应力测试方法
(a)盲孔法；(b)环芯法测试过程示意图。

另一种变体方法是深孔法，起源于对大型岩体内部地质应力的测量需求，并扩展到金属或复合材料部件残余应力的测量，具有可测定大型试件内部深处残余应力的优势。该方法主要包括定位待测区域、待测区域钻孔、参考孔孔径测量、环钻同心套孔、再次测量参考孔孔径、计算残余应力等步骤。传统的盲孔法和环芯法测量位置限于材料表面，无法有效测量深度在钻孔半径以上位置的残余应力,而深孔法将两者相结合,成功将应力测量范围深入至材料内部,但需要高度专业化的工具以确保长距离同轴对准及应变测量准确等。虽然深孔法仅限于测量残余应力沿深孔的线分布结果,但可通过将线分布值引入有限元模型间接获得残余应力的完整三维分布。

6.2.2　切片法

切片法是一种破坏性较大的测量方法,最初由 Finnie 等[5-6]共同开发,能够测量残余应力在材料单个截面上的法向分量。由于具有执行简单、测量快速、可重复性强等优点,在实验室残余应力测量方面具有较大的实用性。当垂直于样品表面切割引入平面狭缝时,其上原有的残余应力释放,狭缝局部变形随其深度呈函数变化,通常假设为线性关系[7]。残余应力的确定同样基于部分移除材料后对试样松弛应变的测量,操作要点在于需确保剖切过程不引起塑性变形或附加热量,以避免干扰测量结果。该方法灵活性高,能够测量各种材料(如金属、玻璃、晶体和塑料等)及各种几何体(如块、梁、板、杆、管和环等)中的残余应力。以金属材料测量为例,使用线切割机引入狭缝,由金属箔应变计和桥式应变指示器测量应变释放,最终基于有限元分析确定的柔度矩阵,由应变测量值确定残余应力分布。值得注意的是,狭缝与裂纹具有相似之处,故可通过塑性区尺寸概念考虑测量中的塑性误差[8]。

6.2.3　轮廓法

轮廓法由 Prime[9]于 2001 年提出,通过将有限元方法与应变释放技术相结合,可以获得材料内部某一截面上的完整应力分布,且测试误差较小,无具体尺寸及形状限制,适用于工程和科研测试。在实际测量时,需沿预选目标平面切割工件,通过去除工件材料约束,自由释放垂直于切割表面的残余应力,此时,可获得与原始残余应力在目标平面法线方向分量大小成正比的表面变形量,最后将分析、处理后的实测数据作为位移边界条件,即可利用有限元建模反向推导目标平面外法线方向原始应力场。上述步骤如图 6.5 所示。其中试样的切割质量(如平整度、恒定宽度、无不连续性等)与轮廓测量直接相关,并且间接影响数据处理和分析步骤,因此也最为关键一步,特别是在小尺寸样品测试时,常使用电火花线切割机进行。切割表面变形量则由轮廓测量获得。为提高精度,常使用三坐标测量机完成,并平均化处理两个切割面上的镜像点数据。该方法在复杂、空间变化残余应力场测试方面较传统逐点测量具有突出优势。例如,轮廓法可以很好地描述焊缝残余应力的复杂空间变化。此外,有限元建模反向推导可考虑复杂几何结构,在获取大型零件横截面残余应力二维分布方面几乎是独一无二的方法。

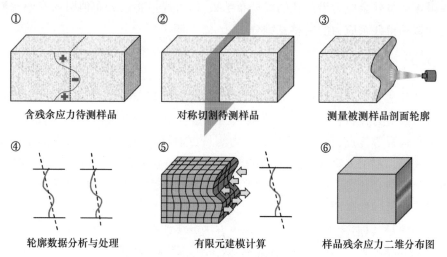

① 含残余应力待测样品 ② 对称切割待测样品 ③ 测量被测样品剖面轮廓

④ 轮廓数据分析与处理 ⑤ 有限元建模计算 ⑥ 样品残余应力二维分布图

图 6.5 轮廓法测残余应力基本流程示意图

6.2.4 X 射线衍射

1929 年,苏联学者最早提出了残余应力的 X 射线衍射测量方法,历经近百年发展,现已被广泛用于科学研究和工业生产中的相关应力测定。其物理基础及理论背景如下:应力作用下晶格中的晶面间距将发生变化,晶面间距可依据布拉格定律由宏观可测的衍射角确定,并可认为晶格应变与弹性理论确定的宏观应变一致。1961 年,德国学者提出的 $\sin^2\psi$ 法逐渐发展为 X 射线衍射测量的标准方法,通过获取平面上许多位置的衍射光谱,即可推断全场应变/应力云图。此外,日本学者还提出了 $\cos\alpha$ 法,并形成了应力测定的标准规范《$\cos\alpha$ 法 X 射线应力测定通则》。

X 射线衍射测量常通过 X 射线应力仪完成,适用样品尺寸范围较大,并且适宜现场测试。其核心部分为装有 X 射线管和探测器的测角仪,残余应力测量中可绕试样转动以捕获不同的反射角。样品的衍射结果为衍射强度与衍射角度关系图,通过背底处理、强度因子校正、定峰及有无残余应力样品衍射峰位置对比等步骤即可获得材料沿不同方向的晶格间距变化,进而推算弹性应变情况。其中最常用的定峰方法有半高宽法、抛物线法、重心法,以及确定峰位差的交相关法,不同方法所得峰值准确度不同,需依据具体情况合理选择。最后,依据弹性应变由二阶张量的变换定律计算样品坐标系中的应变张量,即可使用胡克定律的适当表达式评估目标应力分布。但通过实验室 X 射线衍射仪测量材料残余应力时,存在衍射强度低、有效穿透深度小、测试数据波动及误差较大等问题,使得基于同步辐射光源的衍射测量受到广泛关注,在国内外已逐步得到应用。正如本节所强调的,X 射线衍射为确定残余应力状态提供了一种简单有效的途径,但仅适用于晶体样品,这是由其测试原理决定的。

6.2.5 中子衍射

中子衍射与实验室 X 射线和同步辐射 X 射线衍射共同形成了一类基于衍射测量的晶体材料残余应力评价方法。虽然 3 种方法具有相同的概念基础,但它们在功能、应用和操作细节等方面却差异显著。普通 X 射线的设备需求最为简单,但在金属材料内部的衍射深度仅为几微米,所以仅限于二维近表面测量。同步辐射 X 射线的穿透能力有所提高,可到达几毫米的深度。但相比之下,中子束对材料的穿透深度最大,可衍射几十毫米甚至几百毫米的深度(铝:100mm;钢:25mm[7]),并且可确定三维应力状态。

中子衍射残余应力测定原理与 X 射线衍射基本相同,通过衍射测量晶格间距等晶体学信息,并将其与无应变晶格参数进行比较从而确定晶体应变、宏观应力等,但可以使用恒定波长(角度色散)或变波长(能量色散)两种方式。反应堆中子源(图6.6(a))使用恒定波长,在测试过程中需不断改变入射角和反射角,并且通常每次只能获得某一晶面的衍射信息,衍射结果为衍射强度与衍射角度关系图,最后依据布拉格定律由衍射图案确定晶面间距,类似于 X 射线衍射。散裂中子源(图6.6(b))则将脉冲中子束与飞行时间法相结合,通过保持入射角和反射角恒定,但改变中子波长以获得所需数据,衍射结果为衍射强

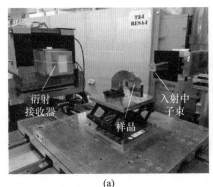
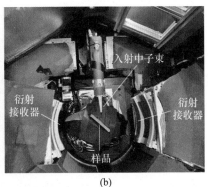

(a) (b)

图6.6 中子衍射装置

(a)日本原子能机构 JRR-3 RESA 谱仪;(b)中国东莞散裂中子源通用粉末衍射谱仪。

度与晶面间距关系图,并且一次测量可得到整套谱图,衍射信息更为丰富。虽然中子穿透能力强,但其空间分辨率较差且通量较低,为达到足够计数水平,需要测量较长时间。此外,与同步辐射光源一样,中子源作为大科学装置,同样存在建造及运行费用高昂、实验资源紧缺等问题。

6.2.6 磁测法

磁测法以外力可改变磁化曲线的物理事实为基础,具有测量快速、非接触、适合现场测试等优点,但也存在仅适用于铁磁性材料、可靠性和精度不足等问题。依据具体的测试原理,可细分为磁噪声法、磁记忆检测法、磁应变法和磁声发射法,本节以磁噪声法为例,对其进行简要介绍。

磁噪声法,又称巴克豪森磁噪声法,是最早实际使用的磁测量技术之一,其基本原理是铁磁性材料的磁致伸缩效应。铁磁性材料可视为由大量称为磁畴的小磁性区域组成,各区域具有称为畴壁的边界,并且在其内部分别沿各自的晶体磁化轴磁化。除永磁体外,各材料所含磁畴相对于彼此定向,使得材料的总磁化强度为零。当铁磁性金属暴露于外加磁场(如来自电磁线圈)时,总磁化强度会因磁畴的旋转而发生变化:磁畴与磁场方向平行排列,表现为材料整体被磁化。但磁化过程中畴壁的运动受晶界、位错、第二相和其他杂质的阻碍,需通过施加更大的磁力来克服缺陷和杂质对畴壁的限制。随着各个磁畴突然突破限制而旋转,材料总磁化强度也会跳跃式增加,故磁响应具有不平滑特点。当外加磁场强度连续不断地变化时(交变磁场),磁感应强度也将呈现不连续跳跃,而这些磁跃迁可在传感器线圈上感应电压脉冲,称为巴克豪森磁噪声。残余应力的存在将会改变畴壁间距,进而以可重复的方式影响产生的噪声数量和特征。因此,测量通过巴克豪森噪声可为铁磁材料中的应力分布提供指示。

如前所述,磁噪声法仅适用于铁磁材料,并且在实际应用中仅适用于表面应力的测量。此外,第二相、夹杂物和位错等可在晶粒内部引入磁性不连续性的事实也意味着巴克豪森噪声同样对材料的微观结构特征较为敏感。

6.2.7 超声波法

超声波可穿透物体,并且根据声弹效应,弹性波在固体材料中的传播速度与材料内部的应变(或应力)大小有关。因此,可通过测量超声波声弹常数,间接推算材料内部的残余应力。现有超声波测残余应力方法主要采用应力敏感型波型(纵波、横波和表面波),可细分为激光超声检测技术、电磁超声检测技术、反射纵波检测技术、声双折射检测技术、表面波检测技术及临界折射纵波检测技术。其中激光超声检测技术具有非接触、时空分辨率高，并且适用于高温、高压、有毒、放射性等各种恶劣环境等优点，近年来得到了较大发展。电磁超声检测技术则无需声耦合介质，在高温、高速及粗糙表面等条件下具有优势。临界折射纵波检测技术则具有灵敏度高的优点。

为获得准确的测试结果，应用超声波法测量残余应力时，需考虑样品表面质量、声耦合介质、材料特性、温度等因素。虽然超声波在材料内部传播的特点使其在很大程度上不受制造过程中产生的表面粗糙度影响，但大的凹槽和其他表面不规则会对探针的放置与声耦合介质的厚度产生不利影响。声耦合介质厚度变化会严重影响超声波应力测量的准确性和可重复性。此外，材料特性（组织结构、晶粒尺寸、元素含量等）是影响超声波传播的重要因素，故材料特性的均匀性对测量结果的重复性有显著影响。温度同样会影响超声波传播速度，为获得可靠的测试数据，应尽量保持在恒温条件下测试。

6.2.8　纳米压痕法

纳米压痕是一种新兴技术，通过计算机控制在材料中引入非常小的压痕，同时在线监测施力大小和侵入深度，可获得多种材料力学性能，如硬度、弹性模量、屈服强度等。此外，纳米压痕技术不仅是传统显微硬度的精细化测试，更可通过对加载和卸载曲线的深入分析扩展到残余应力和相变等测试工作。已有许多研究人员使用该方法建立了多种残余应力测试理论模型，并获得了多晶材料、金属玻璃等材料的局部残余应力。

1996 年，Pharr 等[10-11]研究发现，预加应力对 8009 铝合金的硬度无显著影响。1998 年，Suresh 等[12]基于硬度不变理论、等双轴和均匀分布假设，提出了一种测量残余塑性应变和残余应力的通用方法。2002 年至 2004 年，Lee 等[13-15]先后提出了 3 种测量残余应力的通用方法。其中第一种方法在恒定压痕深度条件下，通过应力松弛过程中接触形状和施加载荷的变化来评估残余应力；第二种方法则建议将压痕深度控制的应力松弛与剪切塑性变形概念相结合，共同解释纳米压痕曲线中应力引起的形状变化；第三种方法通过结合两个主应力分量之比的理论模型，解决了任意双轴状态下的表面应力问题。更多的研究在此处不再一一列举。但需要注意的是，该方法只能测量表面或局部残余应力，无法进一步分辨残余应力的方向及其在各方向上的分量大小。尽管如此，纳米压痕法仍然是用于大型元件和薄膜表面残余应力分析的有效无损测量技术，近年来发展迅速。

6.3 残余应力影响评价

理解了残余应力的形成过程及测量方法后,探索其在部件成形质量及服役性能方面的影响,是有效利用残余应力问题的关键,为人为引入有益残余应力提供先决条件。本节将以粉末床熔融成形工艺为例,从残余应力分布特征及其对成形质量和力学性能的影响等方面进行讨论。

6.3.1 增材残余应力测量

前述残余应力测量中,非破坏性技术不会对待测结构造成重大改变,在保持零件完整性方面优势突出。但破坏性方法发展更为成熟、更为标准化,故两类方法在增材构件残余应力测量中均有应用,如表 6.1 所列。

表 6.1　多种常规残余应力测试方法在增材构件中的应用

测量方法	测量对象	研究结果
盲孔法[16]	Ti-6Al-4V 钛合金	基于实验校准的仿真建模
切片法[17]	316L 不锈钢	零件中部受压表面受拉
轮廓法[18]	Ti-6Al-4V 钛合金	残余应力加剧力学性能各向异性,特别在断裂行为方面
普通 X 射线衍射[19]	316L 不锈钢	相对密度>99%的样品中残余应力与成形能量密度无关
同步辐射 X 射线衍射[20]	Ti-6Al-4V 钛合金	激光焦距及样品在基板上的位置可影响残余应力状态
中子衍射[21]	Ti-6Al-4V 钛合金	残余应力集中在基板和沉积材料界面
超声波法[22]	316L 不锈钢	微观组织各向异性对临界折射纵波应力测试有显著影响
纳米压痕法[23]	纯铁	铁样品中测得的拉伸应力证实了残余应力作为再结晶驱动力的假设

轮廓法虽然具有破坏性,但在复杂、空间残余应力场测试及大型零件横截面残余应力二维分布探测方面几乎是独一无二的,且具有精度高、易操作等优点,应用广泛。本节以轮廓法为例,详述其在增材制造 Ti-6Al-4V 钛合金部件中的具体测试过程及注意事项。

作为展示,这里测试了原始态、近净成形态、热处理态和机加工态选区激光熔化成形棒状试样内部的应力分布,用于研究不同加工状态的应力变化。其中原始态棒状试样在两个位置进行切割。轮廓法测试原理如前所述,测试过程分为以下三步。

(1) 将构件在应力测试位置完整切割开,使得切割面上的应力完全释放。

(2) 测量切割面因应力释放造成的变形,并进行数据插值平均和光滑处理。

(3) 以切割后构件尺寸建立有限元分析模型,将切割面变形轮廓作为模拟的边界条件,进行弹性有限元计算,获得的切割面上的应力分布可作为切割前的原始应力。

切割工作在 Seibu M50 慢走丝线切割机上进行,切割丝直径为 0.25 mm,速度约为 1.0mm/min,切割时对试样进行夹持,如图 6.7 所示。

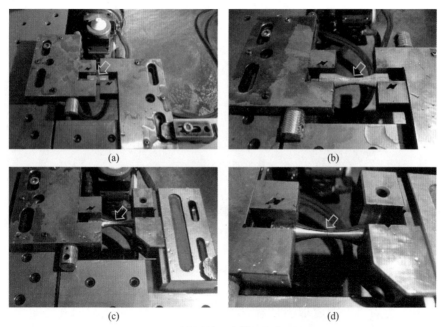

图 6.7　被测样品夹持和切割现场

(a)成形态试样;(b)近净成形态试样;(c)去应力退火态试样;(d)机加工试样。

待完成上述试样切割后,在蔡司三坐标 PRISMO 测量仪上分别测量各切割面的变形轮廓,其中扫描测试精度约为 $1.2\mu m$。测量所得变形轮廓数据经误差点剔除、插值平均和光滑拟合后,作为有限元边界条件构造出切割前的原始应力分布。经光滑拟合后的试样切割面变形形貌及残余应力分布如图 6.8 所示。

在各样品测试结果中随机划线取值以绘制残余应力沿截面过中心点直线路径的分布大小及变化趋势,如图 6.9 所示。考虑到轮廓法在线切割和变形测

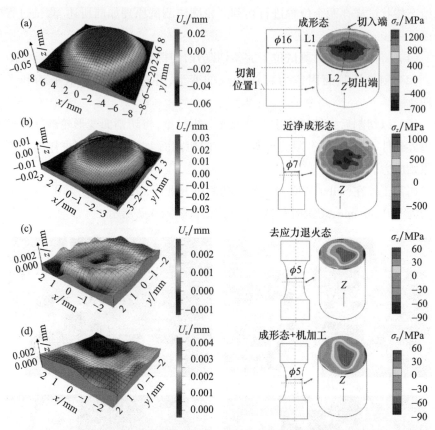

图6.8　经光滑拟合后的切割面变形轮廓及残余应力计算结果

(a)成形态试样;(b)近净成形态试样;(c)去应力退火态试样;(d)机加工试样。

试过程中引入的误差(约1mm深度),成形态试样在距表面0~2mm深度的轴向应力为拉伸应力,2mm深度以下的应力为压缩应力,压缩应力峰值可达-650MPa左右。近净成形态试样的压缩应力为-490MPa,并且位于距表面0.7~1.1mm以下深度。去应力退火态和机加工试样的应力测试结果一致,即内部应力幅值较小。

6.3.2　残余应力分布规律

通过有限元模拟[24-25]或实验测试[18,26]证实,粉末床熔融成形部件沉积方向的顶部和底部通常为拉伸应力,而中间区域则为压缩应力,其源于增材制造逐层叠加、分层制造的成形特点。每次熔覆成形时,新沉积层均处于拉伸状态,同时迫使下层材料受到压缩,故经过多次逐层叠加后,表层材料将处于拉伸状态,向下逐步转为压缩状态,而底部因基板约束而处于拉伸状态。这种分布特征在大量研究中较为普遍,如图 6.10 所示[18,24]。

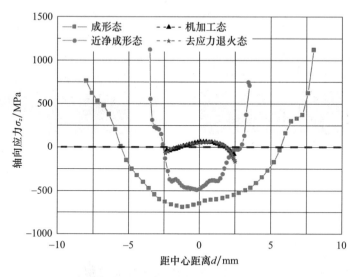

图 6.9　不同试样切割面上的轴向应力比较

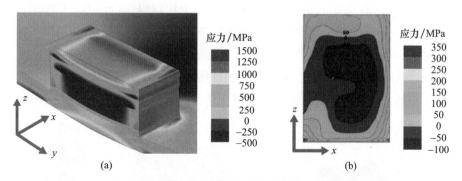

(a)　　　　　　　　　　　　(b)

图 6.10　残余应力相对于堆积方向的分布特征

(a)有限元建模[24];(b)轮廓法测量[18]。

此外,在垂直于沉积方向上,即使在同一沉积平面内,残余应力也存在显著的各向异性。这是由于在同一沉积层内,各位置的金属并非同时均匀熔化,而是按照预定的热源扫描路径及策略被有序地熔化并凝固。具体而言,由于沿扫描路径的温度分布不均,如图 6.11(a)所示[27],在凝固过程中产生不均匀的收缩,扫描路径纵向方向上的应力通常远大于横向方向上的应力。因此,当多次熔融沉积后,具有各向异性残余应力的各层沉积道之间相互影响,最终在各沉积层内形成较为复杂的残余应力分布,如图 6.11(b)所示[28]。

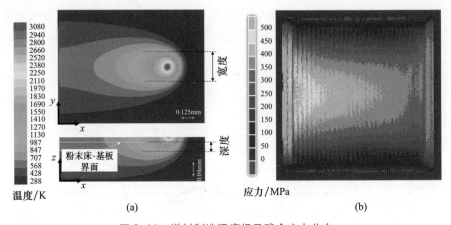

图 6.11　增材制造温度场及残余应力分布

(a)单束热源移动期间温度分布[27];(b)单层熔覆沉积后平面法向应力分布[28]。

6.3.3　对成形质量的影响

众所周知,焊接残余应力会导致零件发生翘曲变形,对于增材构件也是如此。粉末床熔融成形过程常常需要在大型金属基板上完成,其可限制成形过程中的零件变形,但当部件冷凝成形并被从基板上移除时,零件中的残余应力将导致其永久变形,以适应新自由表面带来的应力重分布。若该过程中发生的变形量过大,不仅严重影响最终零件的几何及尺寸精度,还易在成品零件中形成裂纹而严重降低其服役性能,甚至在切割分离部件与基板前导致开裂。图 6.12 显示了由残余拉伸应力而引起的典型成形质量问题[29-30]。

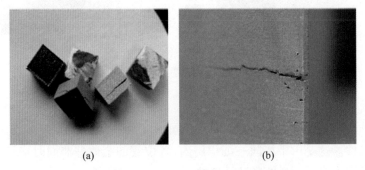

图 6.12　残余应力对增材制造成形质量的影响

(a)Inconel-718 合金成形开裂[29];(b)Ti-6Al-4V 合金成形开裂[30]。

理想状态下的增材制造为一次成形,以粉末床熔融成形为例,即在金属粉末熔覆沉积形成部件理论轮廓全过程中无中断发生。但在实际生产中,当产生的残余应力过大而导致部件已成形部分过度变形时,易发生因平面热变形翘曲造成的"卡刀"、支撑结构或部件意外破损等,最终导致成形中断、错误或失败。对于成形中断部件,若选择直接废弃,将造成巨大浪费;若选择继续成形,则会对最终成形部件的质量造成潜在影响。

6.3.4　对力学性能的影响

残余应力在成形态增材制造材料中不可避免,特别是当其大小接近材料的屈服强度时,对力学性能的影响不容忽视。为深入理解残余应力对材料力学性能的影响机制,Chen 等[30]对熔融成形 316L 不锈钢微观内应力(晶间和晶内残余应力)开展研究。通过原位同步辐射 X 射线衍射及晶体塑性有限元分析,发现屈服强度和加工硬化呈现出的显著拉-压不对称性与源自不均匀位错分布的背应力和由此产生的晶内残余应力相关。借助热处理技术改善微尺度残余应力后,拉-压不对称性和加工硬化行为均得到缓解或改变。Fedorenko 等[31]则通过实验及模拟发现,残余应力可降低 316L 不锈钢样品的杨氏模量和塑性,并且是材料弹性显著各向异性的潜在成因,应与其他各向异性诱导因素结合考虑,包括孔隙度和微观结构特征各向异性。

尽管去应力热处理可改善材料残余应力状态,但常常会造成材料强度特性(如屈服强度、抗拉强度)降低。Vaverka 等[32]研究了 4 种热处理工艺,发现淬火和人工时效固溶处理可在材料顶层引入有益的压缩残余应力,并且轻微提高材料的屈服强度。此外,Yang 等[33]采用表面超声冲击处理技术有效地降低了残余应力大小,并获得表面组织细化效果。与沉积态样品相比,处理样品的抗拉强度得到提高,但伸长率有所降低。Gokhale 等[34]则探索了一种特殊工艺参数,不仅可保证成形部件具有良好几何精度,并且样品整体处于压缩残余应力状态,可提高材料的力学性能,延长使用寿命。

6.3.5　对疲劳性能的影响

虽然熔融成形过程的高冷却速率可产生晶粒细化的有益效果,使得成形构件的静力学性能(抗拉强度和屈服强度等)与传统工艺获得的同类产品相当或更优,但疲劳性能差异较大。Cain 等[35]认为选区激光熔化成形 Ti-6Al-4V 钛合金内部残余应力的各向异性对不同取向样品的断裂韧性起着关键作用。Edwards 和 Ramulu[36]发现,受孔隙、表面粗糙度和残余应力的综合影响,选区激光熔化成形 Ti-6Al-4V 样品的疲劳性能比锻造材料降低了 75%。Leuders 等[37]指出,残余应力是导致抗裂纹扩展性能劣化的主要原因。在循环加载期间,残余应力与外加载荷相叠加,共同驱动疲劳裂纹扩展,从而提高了裂纹扩展速率,降低了疲劳寿命。Riemer 等[38]通过 X 射线衍射发现,经 650℃退火处理后选区激光熔化成形 316L 不锈钢内部残余应力降低 1/2,与成形态相比,疲劳极限提升约 30MPa,而热等静压处理则可提升约 50MPa。

6.4 残余应力的改善及预测

虽然基板预热和后热处理可有效缓解成形部件的残余应力问题,但额外的热处理工艺增加了制造时间和费用,并且改变了材料的微观组织和力学性能。探索并形成合理有效的残余应力改善途径是切实解决增材构件内部残余应力问题的关键。建立快速准确的残余应力预测模型则为提升增材制造成形装备及技术、完善成形部件质量及服役性能评价体系提供了便捷、经济、高效的技术途径。本节以粉末床熔融成形为例,讨论材料特性、成形工艺等因素对残余应力大小及分布的影响,并据此介绍了几种有效的残余应力改善措施。此外,还对残余应力的仿真建模和预测方法进行了讨论。

6.4.1 残余应力调控方法

即使是在相同粉末床熔融成形设备及工艺条件下,不同成形材料因特性差异也会导致完全不同的残余应力大小及分布。如前所述,增材制造(如粉末床熔融成形)中残余应力主要是由强烈的局部热梯度和高冷却速率引入,从而导致不均匀的材料膨胀/收缩和不一致的应变分布。因此,待成形材料的热性能和力学性能将会控制所形成的残余应力的大小。Mukherjee 等[39]指出,具有较低热容量和较高热扩散率的合金材料更易出现较高峰值温度、较大熔池体积和较高热应变。Gu 等[40]发现,材料的热膨胀系数和弹性模量同样是影响残余应力大小的两个重要指标。此外,材料特性对残余应力的影响还可通过改变工艺参数与残余应力之间的关联关系而间接体现。例如,Denlinger 等[41]选区激光熔化成形 Inconel 625 和 Ti-6Al-4V 时观察到截然相反的残余应力与层间停留时间的关联关系。在选区激光熔化成形 Ti-6Al-4V 和 316L 不锈钢中也发现了类似的实验现象[42]。可见,粉末床熔融成形的复杂性和材料特性与残余应力之间存在内在关联。

对于同一种材料,探究粉末床熔融成形工艺参数对残余应力的影响对于改善成形质量与性能具有重要意义。通过有限元分析和实验测量,已开展了多种工艺参数对残余应力影响的深入研究。研究发现,能量输入、基板状态、扫描策略、后热处理是影响较为显著的几大因素。下面将依次进行讨论并提出相应的选取原则。

1. 能量输入的影响及调控

作为复杂热历程的产物,残余应力受成形过程中的能量输入影响最为显著。主要涉及光束功率 P_b、扫描速度 v_s、铺粉厚度 d 和扫描间距 h 四大参数,并可组合为单一的单位体积能量输入参数 E_v[19,43]:

$$E_v = \frac{P_b}{v_s h d} \tag{6.1}$$

类似地,也可定义单位面积或长度能量输入。但此类公式并未考虑实际光斑大小、能量吸收率等因素的影响,仅为定性分析,而非真实的材料能量密度输入大小。Vastola 等[44]通过有限元模拟发现,光束参数与热影响区尺寸直接相关。Mukherjee 等[39]使用应变参数和三维数值传热以及流体流动模型分析成形件的残余应力随着光束功率的增加而近似线性增加,随着扫描速度的增加而近似线性减少。Simson 等[19]也发现,当体积能量输入增加时,选区激光熔化成形316L 不锈钢样品中的残余应力显著增加。选区激光熔化成形零件中应变或残余应力大小与激光功率、体积能量输入的变化趋势可分别查阅代表性参考文献[19,39]。这些结果表明,在确保成形粉末充分熔融及层间熔合良好的条件下,应尽量降低能量输入以减小残余应力大小。

2. 基板状态的影响及调控

粉末床熔融成形需以同类材质为基板,提供初始熔覆基础,故基板状态对后续成形过程及残余应力的形成影响显著。Mercelis 和 Kruth[2]发现,由于约束刚度的增加,较厚的基板将减小残余应力和变形。进一步考虑基板约束,即便使用相同参数成形同一部件,也可因成形时的摆放方式不同而处于不同的约束状态,进而产生不同的残余应力分布。但由于基板温度与熔覆层热梯度及冷却速率直接相关,使得其对残余应力的产生具有更大的影响。通过大量实验分析和仿真模拟,已对提高基板温度可显著减少热应变中的不匹配、降低产生的残余应力这一观点达成共识。例如,Shiomi 等[25]通过将基板加热到 160℃,降低了约40%的残余应力。Roux 等[45]通过将基板加热到 180℃,减少了约10%的零件变形量。Buchbinder 等[46]则更进一步通过将基板加热到 250℃,成功将选区激光熔化成形零件的变形量减少至几乎为零。相关数值仿真验证(如 Klingbeil 等[47]的工作)此处不再一一赘述。可见,基板预热是减小粉末床熔融成形中残余应力和变形量的最有效的措施之一。

尽管基板预热可显著降低部件变形及残余应力,甚至获得孔隙率降低的有益效果。但值得注意的是,冷却速率降低会使晶粒粗化,根据霍尔-佩奇关系,相应的力学性能可能降低。因此,与光束参数相同,应在保持最佳微结构的前提下,尽量提高基板预热温度以降低残余应力。

3. 扫描策略的影响及调控

如6.3.2节所述,因各处金属并非同时均匀熔化,故即便在同一沉积层内残余应力也存在着显著的各向异性,并且各熔覆层需相互叠加以确保零件致密成形,进一步使得应力分布复杂化。本节将对此开展深入探讨,评述扫描策略对残余应力的影响,并据此总结相应的改善策略。

基板预热在控制小尺寸零件残余应力成形方面效果较好,但对于大型零件的改善效果有限。对此,Aggarangsi 和 Beuth[48]基于有限元模拟,为成形薄壁部件开发了两种局部预热方法:在熔池之前或之后使用附加热源对沉积表面进行均匀预热或局部二次加热,并获得了残余应力大小减少约 1/3 的良好效果。Shiomi 等[25]使用类似方法同样获得了残余应力降低 55% 的理想效果。另外一种通过降低凝固过程中热梯度和冷却速率来改善残余应力的方法是调整层间停留时间,但相关研究较为有限。Denlinger 等[41]通过原位测量不同层间停留时间下的变形累积对在残余应力改善方面的效果进行研究。结果表明,在 Inconel 625 激光沉积成形中,增加停留时间可降低变形和残余应力水平,但在 Ti-6Al-4V 激光沉积成形时则具有相反趋势。目前,对该类材料的相关现象尚未得到深入阐释,此类残余应力的改善方法还有待进一步研究。

对于主热源的扫描策略,即对光束或熔池平面运动模式的描述,在实验测试和仿真模拟等方面已有相关研究。尽管全局扫描策略对单层单一熔道纵、横方向间局部各向异性无显著影响,但可改变零部件总体应力分布。首先,各种扫描策略的差异主要表现在 3 个方面:扫描矢量长度、主扫描矢量方向、层间位移或旋转角。图 6.13 显示了几种常见光栅模式。

首先考虑最为基本的单层扫描状态。在全长扫描矢量模式下(从零件的一侧开始到另一侧结束),扫描策略依据主扫描矢量方向可分为单向和交替扫描两种类型,分别如图 6.13(a)和(b)所示。单向扫描各熔道均从一侧开始并在另一侧结束,而交替扫描则在各熔道间交替改变方向。其中使用交替扫描策略可降低残余应力和塑性应变,并且两种扫描策略在应力分布方面的差异显著。随后考虑相同扫描矢量方向状态。此时,扫描矢量长度直接影响残余应力的大

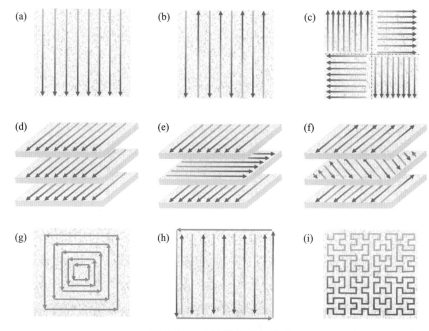

图6.13 几种常见光栅模式

(a)单向扫描类型;(b)交替扫描类型;(c)"岛"扫描类型;(d)无层间旋转;
(e)层间旋转90°;(f)层间旋转67°;(g)由内向外螺旋扫描;
(h)先扫描零件外缘轮廓后规则填充内部区域;(i)重复特殊规则路径扫描。

小,并且残余应力随着扫描矢量长度的减小而降低。基于此,一种常见的光栅策略是"岛"扫描方法。该方法将熔覆层划分为多个更小的分区,通常为正方形,而在这些分区内使用更短的扫描矢量,如图6.13(c)所示。

在零件成形时,各熔覆层间残余应力相互叠加,下层应力状态将影响新沉积层残余应力的产生,故需考虑各层扫描策略的合理配置,即各层扫描路径的旋转等,如图6.13(d)~(f)所示。在层间连续规则调整扫描策略的目的在于利用各熔覆层中显著的各向异性,以最终获得应力降低、分布均匀化的有益效果。具体方法以连续旋转固定角度为主,如45°、67°和90°等。

除上述常规的扫描策略外,一些特殊的扫描路径同样有助于降低残余应力水平。如由内向外螺旋扫描、先扫描零件外缘轮廓,后规则填充内部区域或重复特殊规则路径等,如图6.13(g)~(i)所示。总而言之,光束扫描策略同样决定了产生的应力场大小及分布,直接主导单层和逐层沉积平面内的残余应力各向异性,在实际生产中需依据具体情况合理选择扫描策略。

4. 后热处理的影响及调控

热处理是指通过加热、保温和冷却等手段使得材料获得预期组织和性能的一种热加工工艺,具有悠久历史且在生产实践中应用广泛。因其技术成熟、简单易行、不影响增材制造工艺等特点,后热处理同样是改善增材成形零件中残余应力的常见方法,已形成了相关国家标准规范。具体而言,增材构件使用的后热处理包括但不限于去应力退火、直接退火、双重退火、固溶热处理、时效强化、正火、高温回火、淬火、直接时效强化和均匀化等,在实际使用中应依据具体情况合理选择。此外,若需避免材料表面氧化,则应在真空或惰性气体中进行后热处理。下面以去应力退火为例进行说明。

退火处理会对材料微观结构和残余应力状态产生影响,具体效果与材料、温度、保温时间和冷却速率等息息相关。通常,增材制造材料,特别是选区激光熔化成形金属样品,具有非常精细的亚稳态微观结构。退火处理将导致组织粗化,如较大的晶粒尺寸或其他微结构特征。晶粒尺寸的增大会对材料不同力学性能产生不同的影响,如降低屈服强度和疲劳强度,但会改善抗疲劳裂纹扩展行为。尽管此类改变并非全部为人们所期望的,但通过合理安排后热处理制度,其在提高力学性能、均匀化微结构方面利大于弊。除少数情况外,增材制造金属材料的总趋势是通过退火处理提高其疲劳强度。值得注意的是,后热处理也会增加零件制造所需的时间及经济成本,并且通常无法完全消除残余应力。

然而,后热处理虽然可改善材料内部的残余应力,但无法解决增材构件内部的缺陷问题。20世纪中期被首次提出的热等静压工艺通过在密闭容器中向样品同时均匀施加高温及压力,可在改善残余应力状态和微观组织的同时显著提高样品致密化水平,并且常与热处理工艺结合使用。相较于去应力退火,经热等静压获得的额外的内部缺陷闭合或缩小效果可进一步提高材料的疲劳强度。此外,喷丸强化、超声滚压、激光冲击等表面处理技术也成功应用于增材构件[49-51],通过在材料表面人为引入残余压应力以有效地改善服役性能。

6.4.2 残余应力仿真模拟

基于真实实验结果验证的数值模拟技术在增材制造工艺快速优化、残余应力经济评估等方面发挥着重要作用。各类增材制造技术仿真建模工作并不相同,本节以广泛使用的粉末床熔融成形为例进行说明。

粉末床熔融成形是一个极为复杂的过程,准确模拟其残余应力仍存在诸多障碍。通常,粉末床熔融成形部件由成千上万的经移动热源(激光或电子束)不均匀熔化的独立沉积层组成,单个沉积层通常只有 $20\sim100\mu m$ 厚,并且粉末床具有半多孔特性,导致热传导极为复杂。但是经过大量学者在该领域的不断努力,目前成形过程仿真模拟方法已通过实验结果对比,被证明是准确有效的。下面以有限元模拟为例进行简要介绍。

有限元模拟已被用于多种材料成形技术领域,是预测成形过程中残余应力形成的强有力工具,近年来已普遍用于增材制造领域。但如前所述,增材制造过程的复杂性(如大量超薄材料层、移动热源等)使得其有限元模拟建模工作难度较大,需要将瞬态热分析与弹塑性力学分析相结合,从而进一步增加了计算成本。为简化处理,常认为热平衡方程和力学平衡方程为弱耦合关系,故可首先独立求解瞬态热平衡方程,然后将其解导入力学平衡方程以求解应力状态。考虑到粉末床熔融成形过程中的极端温度和熔体条件,建模过程中还需要与温度相关的材料特性(如热膨胀系数、导电率、屈服强度等)以获得准确的计算结果。此外,为降低计算规模,常将大量薄层(单层厚度 $20\sim100\mu m$)合并简化为少量厚层(如 1mm),尽管牺牲了一定的计算精度,但可显著改善应力和变形等参量计算效率,并且仍可对成形条件提供有效参考。Williams 等[24]发现,将单层厚度设置为真实值的 16 倍时,与实验结果相比,所得的预测值误差在 10% 以内。文献中提供的另一种模拟多层效应和最终零件残余应力的方法是忽略层内激光运动,即均匀地同时加热各熔覆层。这种方法可有效估计平均残余应力大小以及沿堆积方向整个厚度的应力状态,但会忽略应力场中的面内各向异性。

为深入理解激光/电子束功率、扫描方向、扫描速度等参数对残余应力和变形的影响,也有研究忽略了逐层叠加带来的应力累积效应,而专注于单层或单道扫描模拟。考虑粉末床熔融成形过程跨越多个尺度(微尺度激光扫描、中尺度逐层沉积和宏观尺度部件成形),Li 等[52]开发了多尺度建模方法,从微尺度激光扫描模型获得等效热源并将其输入中尺度"层沉积"模型以构建完整宏观尺度模型,该方法被证明可快速预测残余应力和变形。上述残余应力仿真模拟工作中的有限元建模及简化方法总结如图 6.14 所示。此外,也涌现出了一些新建模技术,同样被用于减少多层成形模拟计算时间,如选择性单元激活[53]、动态网格粗化/细化[54-55]。用于精确描述成形过程的瞬态热模型也逐渐被关注和开发,是未来高精度残余应力分析的发展方向之一。

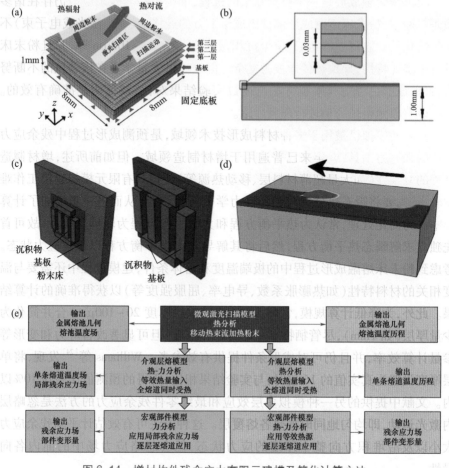

图 6.14　增材构件残余应力有限元建模及简化计算方法

(a)模拟多层效应的模型构建[56];(b)厚层替代的简化模型构建[57];

(c)忽略层内激光运动的均匀加热模型构建[58];(d)单道激光扫描模拟建模[44];

(e)多尺度模拟的建模方法[52]。

6.5　本章小结

　　本章介绍了残余应力在切削、焊接、铸造等传统材料加工成形领域及增材制造中的形成过程,概述了多种破坏性及非破坏性残余应力测试方法及其在增材制造残余应力测试中的应用,并以轮廓法为例详细展示了测试过程及结果。以粉末床熔融成形为例,大量测试表明,残余应力在成形态部件中呈上、下受拉而中部受压的分布特征,并且对部件几何及尺寸精度影响显著,甚至会引发开裂而降低产品质量水平。此外,残余应力还表现为各向异性,影响材料的服役性能。例如,拉伸残余应力可显著降低材料力学性能,但压缩残余应力则具有有益效果。对此,探索残余应力影响因素并形成合理有效的改善途径是切实解决增材构件残余应力问题的关键。除材料物化特性差异外,能量输入、基板状态、扫描策略、后热处理等均与残余应力的大小及分布息息相关,合理选择增材制造工艺参数是改善成形件质量与性能的主要工作之一。同时,随着计算机科学的跨越式发展,大规模仿真计算为优化成形工艺、预测残余应力大小及分布提供了有效途径,值得进一步研究与发展。

参 考 文 献

［1］ Kruth J P,Froyen L,Van Vaerenbergh J,et al. Selective laser melting of iron-based powder［J］. Journal of Materials Processing Technology,2004,149:616-622.

［2］ Mercelis P,Kruth J. Residual stresses in selective laser sintering and selective laser melting［J］. Rapid Prototyping Journal,2006,12:254-265.

［3］ Li C,Liu Z Y,Fang X Y,et al. Residual stress in metal additive manufacturing［J］. Procedia CIRP,2018,71:348-353.

［4］ Mathar J. Determination of initial stresses by measuring the deformations a round drilled holes［J］. Transactions of the American Society of Mechanical Engineers,1934,56(4):249-254.

［5］ Vaidyanathan S,Finnie I. Determination of residual stresses from stress intensity factor measurements［J］. Journal of Basic Engineering,1971,93:242-246.

［6］ Finnie I,Cheng W. A summary of past contributions on residual stresses［J］. Materials Science Forum,2002,404-407:505-514.

［7］ Rossini N S,Dassisti M,Benyounis K Y,et al. Methods of measuring residual stresses in components［J］. Materials & Design,2012,35:572-88.

［8］ Prime M B. Plasticity effects in incremental slitting measurement of residual stresses［J］. Engineering Fracture Mechanics,2010,77:1552-1566.

［9］ Prime MB. Cross-sectional mapping of residual stresses by measuring the surface contour after a cut［J］. Journal of Engineering Materials and Technology,2001,123:162-168.

［10］ Tsui T Y,Oliver W C,Pharr G M. Influences of stress on the measurement of mechanical properties using nanoindentation:Part I. Experimental studies in an aluminum alloy［J］. Journal of Materials Research,1996,11:752-759.

［11］ Bolshakov A,Oliver W C,Pharr G M. Influences of stress on the measurement of mechanical properties using nanoindentation:Part II. Finite element simulations［J］. Journal of Materials

Research,1996,11:760-768.

[12] Suresh S,Giannakopoulos A E. A new method for estimating residual stresses by instrumented sharp indentation [J]. Acta Materialia,1998,46:5755-5767.

[13] Lee Y H,Kwon D. Residual stresses in DLC/Si and Au/Si systems:Application of a stress-relaxation model to the nanoindentation technique [J]. Journal of Materials Research,2002, 17:901-906.

[14] Lee Y H,Kwon D. Measurement of residual-stress effect by nanoindentation on elastically strained(100)W [J]. Scripta Materialia,2003,49:459-465.

[15] Lee Y H,Kwon D. Estimation of biaxial surface stress by instrumented indentation with sharp indenters [J]. Acta Materialia,2004,52:1555-1563.

[16] Cao J,Gharghouri M A,Nash P. Finite-element analysis and experimental validation of thermal residual stress and distortion in electron beam additive manufactured Ti-6Al-4V build plates [J]. Journal of Materials Processing Technology,2016,237:409-419.

[17] Wu A S,Brown D W,Kumar M,et al. An experimental investigation into additive manufacturing-induced residual stresses in 316L stainless steel [J]. Metallurgical and Materials Transactions A,2014,45:6260-6270.

[18] Vrancken B,Cain V,Knutsen R,et al. Residual stress via the contour method in compact tension specimens produced via selective laser melting [J]. Scripta Materialia,2014,87:29-32.

[19] Simson T,Emmel A,Dwars A,et al. Residual stress measurements on AISI 316L samples manufactured by selective laser melting [J]. Additive Manufacturing,2017,17:183-189.

[20] Mishurova T,Artzt K,Haubrich J,et al. New aspects about the search for the most relevant parameters optimizing SLM materials [J]. Additive Manufacturing,2019,25:325-234.

[21] Hoye N,Li H J,Cuiuri D,et al. Measurement of residual stresses in titanium aerospace components formed via additive manufacturing [J]. Materials Science Forum,2014,777:124-129.

[22] Yan X L,Xu X S,Pan Q X. Study on the measurement of stress in the surface of selective laser melting forming parts based on the critical refraction longitudinal wave [J]. Coatings, 2019,10:5.

[23] Song B,Dong S J,Liu Q,et al. Vacuum heat treatment of iron parts produced by selective laser melting:Microstructure,residual stress and tensile behavior [J]. Materials & Design, 2014,54:727-733.

[24] Williams R J,Davies C M,Hooper P A. A pragmatic part scale model for residual stress and distortion prediction in powder bed fusion [J]. Additive Manufacturing,2018,22:416-425.

[25] Shiomi M,Osakada K,Nakamura K,et al. Residual stress within metallic model made by selective laser melting process [J]. CIRP Annals,2004,53:195-198.

[26] Liu Y,Yang Y Q,Wang D. A study on the residual stress during selective laser melting (SLM)of metallic powder [J]. The International Journal of Advanced Manufacturing Tech-

nology,2016,87:647-656.

[27] Masmoudi A,Bolot R,Coddet C. Investigation of the laser-powder-atmosphere interaction zone during the selective laser melting process [J]. Journal of Materials Processing Technology,2015,225:122-132.

[28] Parry L,Ashcroft I A,Wildman R D. Understanding the effect of laser scan strategy on residual stress in selective laser melting through thermo-mechanical simulation [J]. Additive Manufacturing,2016,12:1-15.

[29] Lu Y J,Wu S Q,Gan Y L,et al. Study on the microstructure,mechanical property and residual stress of SLM Inconel-718 alloy manufactured by differing island scanning strategy [J]. Optics & Laser Technology,2015,75:197-206.

[30] Chen W,Voisin T,Zhang Y,et al. Microscale residual stresses in additively manufactured stainless steel [J]. Nature communications,2019,10:4338.

[31] Fedorenko A,Fedulov B,Kuzminova Y,et al. Anisotropy of mechanical properties and residual stress in additively manufactured 316L specimens [J]. Materials,2021,14:7176.

[32] Vaverka O,Koutný D,Vrána R,et al. Effect of heat treatment on mechanical properties and residual stresses in additively manufactured parts [C]. Proceedings of the Engineering Mechanics 2018 24th International Conference,Svratka,Czech Republic. 2018:14-17.

[33] Yang Y C,Jin X,Liu C M,et al. Residual stress,mechanical properties,and grain morphology of Ti-6Al-4V alloy produced by ultrasonic impact treatment assisted wire and arc additive manufacturing [J]. Metals,2018,8:934.

[34] Gokhale Nitish P,Kala P,Sharma V. Experimental investigations of TIG welding based additive manufacturing process for improved geometrical and mechanical properties [J]. Journal of Physics:Conference Series,2019,1240:012045.

[35] Cain V,Thijs L,Van Humbeeck J,et al. Crack propagation and fracture toughness of Ti-6Al-4V alloy produced by selective laser melting [J]. Additive Manufacturing,2015,5:68-76.

[36] Edwards P,Ramulu M. Fatigue performance evaluation of selective laser melted Ti-6Al-4V [J]. Materials Science and Engineering A,2014,598:327-337.

[37] Leuders S,Thöne M,Riemer A,et al. On the mechanical behaviour of titanium alloy Ti-6Al-4V manufactured by selective laser melting:Fatigue resistance and crack growth performance [J]. International Journal of Fatigue,2013,48:300-307.

[38] Riemer A,Leuders S,Thöne M,et al. On the fatigue crack growth behavior in 316L stainless steel manufactured by selective laser melting [J]. Engineering Fracture Mechanics,2014, 120:15-25.

[39] Mukherjee T,Manvatkar V,De A,et al. Mitigation of thermal distortion during additive manufacturing [J]. Scripta Materialia,2017,127:79-83.

[40] Gu D D,Meiners W,Wissenbach K,et al. Laser additive manufacturing of metallic compo-

nents:materials,processes and mechanisms [J]. International Materials Reviews,2012,57: 133-164.

[41] Denlinger E R,Heigel J C,Michaleris P,et al. Effect of inter-layer dwell time on distortion and residual stress in additive manufacturing of titanium and nickel alloys [J]. Journal of Materials Processing Technology,2015,215:123-131.

[42] Kruth J P,Deckers J,Yasa E,et al. Assessing and comparing influencing factors of residual stresses in selective laser melting using a novel analysis method [J]. Proceedings of the Institution of Mechanical Engineers,Part B:Journal of Engineering Manufacture,2012,226: 980-991.

[43] Gong H J,Rafi K,Gu H F,et al. Influence of defects on mechanical properties of Ti-6Al-4V components produced by selective laser melting and electron beam melting [J]. Materials & Design,2015,86:545-554.

[44] Vastola G,Zhang G,Pei Q X,et al. Controlling of residual stress in additive manufacturing of Ti-6Al-4V by finite element modeling [J]. Additive Manufacturing,2016,12:231-239.

[45] Le Roux S,Salem M,Hor A. Improvement of the bridge curvature method to assess residual stresses in selective laser melting [J]. Additive Manufacturing,2018,22:320-329.

[46] Buchbinder D,Meiners W,Pirch N,et al. Investigation on reducing distortion by preheating during manufacture of aluminum components using selective laser melting [J]. Journal of Laser Applications,2014,26:012004.

[47] Klingbeil N W,Beuth J L,Chin R K,et al. Residual stress-induced warping in direct metal solid freeform fabrication [J]. International Journal of Mechanical Sciences,2002,44:57-77.

[48] Aggarangsi P,Beuth J L. Localized preheating approaches for reducing residual stress in additive manufacturing [C]. International Solid Freeform Fabrication Symposium,2006:709-720.

[49] AlMangour B,Yang J M. Improving the surface quality and mechanical properties by shot-peening of 17-4 stainless steel fabricated by additive manufacturing [J]. Materials & Design, 2016,110:914-924.

[50] Cui Z Q,Mi Y J,Qiu D,et al. Microstructure and mechanical properties of additively manufactured CrMnFeCoNi high-entropy alloys after ultrasonic surface rolling process [J]. Journal of Alloys and Compounds,2021,887:161393.

[51] Sun R J,Li L H,Zhu Y,et al. Microstructure,residual stress and tensile properties control of wire-arc additive manufactured 2319 aluminum alloy with laser shock peening [J]. Journal of Alloys and Compounds,2018,747:255-265.

[52] Li C,Liu J F,Guo Y B. Prediction of residual stress and part distortion in selective laser melting [J]. Procedia CIRP,2016,45:171-174.

[53] Michaleris P. Modeling metal deposition in heat transfer analyses of additive manufacturing processes [J]. Finite Elements in Analysis and Design,2014,86:51-60.

[54] Denlinger E R, Michaleris P. Effect of stress relaxation on distortion in additive manufacturing process modeling [J]. Additive Manufacturing, 2016, 12:51-59.

[55] Kolossov S, Boillat E, Glardon R, et al. 3D FE simulation for temperature evolution in the selective laser sintering process [J]. International Journal of Machine Tools and Manufacture, 2004, 44:117-123.

[56] Cheng B, Shrestha S, Chou K. Stress and deformation evaluations of scanning strategy effect in selective laser melting [J]. Additive Manufacturing, 2016, 12:240-251.

[57] Contuzzi N, Campanelli S L, Ludovico AD. 3D finite element analysis in the selective laser melting process [J]. International Journal of Simulation Modelling, 2011, 10:113-121.

[58] Prabhakar P, Sames W J, Dehoff R, et al. Computational modeling of residual stress formation during the electron beam melting process for Inconel 718 [J]. Additive Manufacturing, 2015, 7:83-91.

第 **7** 章
材料损伤演化的三维成像

长期以来,研究者们多采用破坏性手段,如二维切片和断口特征辨识等,获得材料的微结构演化特征,进而对材料及结构的失效模式、路径和破坏机制进行分析和验证。然而,这种损伤表征结果局限于材料表面,难以反映出大体积材料范围内缺陷的时空演化特征,尤其难以准确反映材料及构件在外部环境影响下(低温、高温、腐蚀等)的损伤变形行为。因此,急需发展非破坏性检测技术以对材料内部损伤演化行为进行表征。值得注意的是,为了量化增材制造部件的孔隙率,人们多采用经典的阿基米德方法。虽然该方法是非破坏性的,但无法提供关于孔隙分布、缺陷或损伤的位置和形态等信息。X 射线三维成像技术,如 X 射线计算机断层扫描(X-ray Computed Tomography,X-CT)技术,是一种检测材料内部缺陷与损伤演化的先进方法,越来越多地应用于工业领域的无损检测及材料表征研究中。由于 X-CT 技术在三维缺陷表征和损伤分析方面具有广泛的适用性、较高的准确性及可靠的微结构高保真还原度,已成为增材制造部件无损检测和损伤评价的主要技术手段之一。

7.1 原位 X 射线三维成像

7.1.1 X 射线三维成像技术

早在 1895 年,德国物理学家 Roentgen 首次发现了 X 射线,并很快将其应用于医疗健康诊断。1917 年,数学家 Radon 提出了"任何物体均可以用无限多个投影来表示;反之,如果知道无限多个投影,便可重建该物体的图像"的重要思想,成为 X-CT 成像的思想基础。1963 年,Cormack 成功解决了 X-CT 重建的理论问题。1971 年,Hounsfield 研制出了世界上第一台 X-CT 设备,极大地提高了医疗诊断的可靠性和准确性[1]。在成功应用于医学诊断领域的同时,X-CT 也逐渐应用于工业装备领域的无损检测以及金属材料研究中。例如,英国皇家两院院士、中国外籍院士 Philip J. Withers 于 2008 年建立了当时世界上最先进的三维 X-CT 实验室之一,对复合材料、金属材料等先进结构材料开展了多维多尺度关联成像测试和表征研究。

　　具体而言,X-CT 成像是一种在不破坏内部结构的前提下,根据穿透物体所获取的某种物理量的投影数据(通常为 X 射线被部分吸收衰减后的强度),运用一定的数学变换方法,通过计算机处理,重建物体特定层面上的二维切片,并依据上述切片进行三维图像重构的技术。传统二维射线照相检测仅能获得物体内部结构在特定方向上的二维投影,而 X-CT 能够从空间三维的角度对检测物体的内部微结构特征进行量化检测与分析,是最先进的无损检测技术之一。X-CT 扫描设备的三个基本物理组件是 X 射线源、X 射线探测器和样品台,如图 7.1 所示[2]。“结构决定功能”的构架原则同样也适用于 X-CT 系统设计,其功能实现主要是由被成像的物体以及 X 射线源和探测器的性质共同决定。例

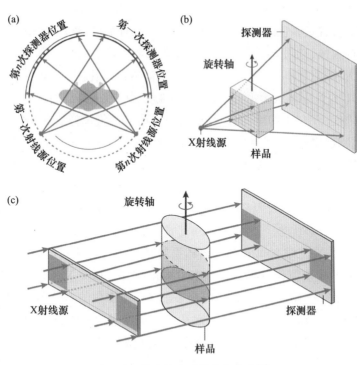

图 7.1　常见的 X-CT 成像方式[2]

(a)医用 CT 系统,X 射线光源和探测器围绕患者、动物等旋转成像;

(b)实验室 X 射线锥束系统;(c)同步辐射 X 射线平行束系统。

如,如果成像对象是患者或者动物,则 X-CT 系统结构需要保证患者及其器官保持静止。因此,X-CT 设备形状被工程师设计为 X 射线源和探测器围绕仰卧位"患者"旋转的结构,如图 7.1(a)所示,也就是多位于医院或医疗实验室的 CT 扫描仪。如果成像对象为厘米或毫米尺寸的样品,样品可以随旋转台旋转时,X 射线源和探测器则可以保持静止,如图 7.1(b)和(c)所示。

根据 X 射线源的发生类型及性能不同,一般将 X-CT 分为大型商业同步辐射 X 射线断层扫描(Synchrotron Radiation Computed Tomography,SR-CT)和实验室 X 射线断层扫描(Laboratory Computed Tomography,Lab-CT)两种。X 射线源和 X 射线探测器决定了扫描仪形式。在多数情况下,X 射线源是 X 射线管或同步辐射加速器储存环。在这两种情况下,X 射线都是由加速电子产生的。X 射线管是相对简单、数量众多且价格较低的设备,主要为 Lab-CT 扫描仪提供 X 射线源,时间和空间分辨率有限。而同步辐射加速器设施在全世界相对较少,建设成本高昂,每个都有数十个与存储环相切的实验站(包括 CT 成像线站)。不同 X 射线源的光束在 X 射线通量、尺寸和能量等方面均不同。Lab-CT 的 X 射线束为锥束且是多色的,扫描时通常需要将试样旋转 360°,在每一个角度位置进行多次成像,空间分辨率一般在几百纳米至几毫米之间。高分辨率意味着放大比更大、探源更小、曝光时间更长,以保证成像对比度,故整体成像时间较长。SR-CT 的 X 射线束为平行束,具有高强度、高亮度、高纯净、高准直、窄脉冲等特点。因此,SR-CT 的曝光时间更短,扫描中只需将试样旋转 180°或更小角度,成像时间也更短,空间分辨率可达几十纳米,相较于 Lab-CT,在成像质量和成像时间方面均具有显著优势[1]。

图 7.2 总结了 X-CT 在材料损伤行为研究中的主要应用方向及相互关系[3]。X-CT 可无损地对内部微结构、缺陷和损伤进行三维成像,相比于传统的实验方法具有显著优势。首先,将 X-CT 应用在缺陷和损伤演化观测的实验研究中,不仅可以在三维空间上对缺陷和损伤状态进行定性和定量分析,还可以将材料内部的损伤演化过程进行三维可视化;其次,基于 X-CT 实验中获得的高精度三维数字图像,可以对材料内部某个体积范围内的力学场、位移场、应变场、裂纹张开位移场等进行测量,从而从力学角度对损伤演化过程进行科学分析;最后,利用实验获得的三维数字图像,建立代表材料内部真实微结构特征的高保真有限元模型,可以进行有限元分析,为实验方案设计和损伤机制解释提供关键实验科学证据,还可以开展高保真的虚拟测试[3]。需要指出的是,在实验力学研究中,力学场、位移场和应变场是通过经典的线弹性理论逆向分析的结果,或者说,这些物理量都是间接获得的,而非直接测量。

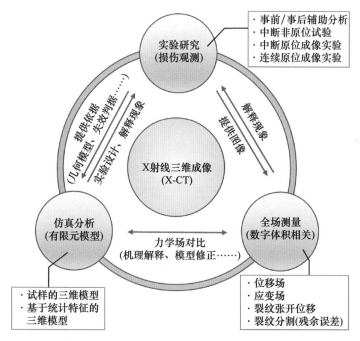

图 7.2　X-CT 成像在材料损伤行为研究中的主要应用及相互关系[3]

7.1.2　原位成像实验方法

　　综上所述,X-CT 在缺陷及损伤的定量化表征上优势显著。更为重要的是,借助于各类原位成像加载装置,可实现缺陷或者损伤演化的原位追踪[4]。如图 7.3 所示[3],X-CT 在材料损伤机制研究中的应用可以分为两大类,即非原位实验和原位实验。非原位成像实验是在实验前、实验中断或实验结束后,利用 X-CT 对试样进行三维成像,对微观结构和损伤进行表征,具体可以将其分为事前/事后辅助分析和中断的非原位实验两类,如图 7.3(a)所示。事前/事后辅助分析方法是利用 X-CT 在实验前或实验结束后对试样进行表征,从而辅助失效机理的分析。这种实验方式最为简单,但是无法观测到损伤演化的过程。中断的非原位成像实验是逐步进行的,每进行一步加载,需要将试样从实验装置中取出,然后利用 X-CT 成像进行观测,以此循环直至试样失效。这种实验方法相对简单,有时也可以观测到一系列的损伤演化,但对于一些力学或力热实验,试样从实验装置中取出后,在卸载状态下将难以观测到损伤特征,如裂纹会闭合,并且中断实验也会对实验结果产生一定的影响。但该加载方式的优势在于不依赖于专用的原位加载装置,采用常规的加载方式即可实现,因此,在加载能力和加载精度等方面具有一定优势[3]。

原位成像实验是指在实验过程中,利用 X-CT 对试样进行原位观测,获得在不同载荷状态下材料内部的三维图像,从而将材料内部的损伤演化过程三维可视化。如图 7.3(b)所示,原位成像实验分为中断的原位成像实验和连续的原位成像实验两类。对于中断的原位成像实验,即在利用原位加载装置进行实验的过程中,维持现有加载状态(不进行进一步加载,也不卸载),然后对样品进行 X-CT 成像。采用这种方式主要是受 X-CT 成像时间分辨率的限制,根据所使用的 X-CT 成像装置的不同,一次成像可能需要数秒至几十分钟不等。为了保证成像质量,成像过程中不能使试样发生明显的动态变化,因此必须暂停加载,进行保载。相比于非原位实验,原位成像实验通常可以较好地观测到损伤演化过程,在目前基于 X-CT 研究材料损伤演化行为中受到广泛青睐[3]。然而,这种方式也存在着不足之处。例如,对于一些力学环境实验,中断实验可能会影响实验结果,中断的扫描成像过程会产生"应力松弛"现象等。但也有研究表明,对于一些材料,采用中断加载和连续加载的方式对材料的宏观力学性能曲线影响较小。因此,采用中断的非原位成像实验对于部分材料的损伤演化观测在现实中也是可行的。

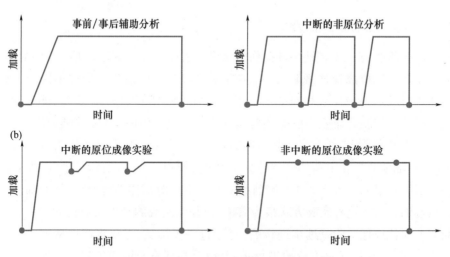

图 7.3　X-CT 在材料损伤研究中的形式[3]

(a)非原位成像实验;(b)原位成像实验。

非中断的原位成像实验是一种理想的实验方式,即在不中断实验的情况下,利用 X-CT 对加载对象进行连续三维成像。这种方式对 X-CT 成像时间分辨率有着较高的要求,一般适用于损伤演化较为缓慢的材料。随着 X-CT 成像硬件设施的不断发展,科学家们正在努力缩短成像时间,使其可能得到更广泛的应用。Maire 等[5]利用 SR-CT 的快速成像方式(频率 20 Hz)在不中断实验的情况下原位观测了金属基复合材料在拉伸载荷作用下的损伤演化行为。不过,这种成像方式目前还存在着观测区域小等诸多问题。

图 7.4 给出了基于 SR-CT 原位三维成像方法开展增材制造材料缺陷及损伤演化行为研究的基本流程:原位加载装置位于同步辐射 X 射线光源与探测器之间的旋转平台中心,旋转平台带动原位加载装置及内部加载试样旋转 180°,探测器记录样品旋转过程中各个角度的投影图像,每一行像素完成样品一个断层的投影数据采集,随后采用特定的滤波反投影算法得到二维断层切片,最后通过三维可视化软件将二维切片堆垛重建为三维图像,同时,还可以把 SR-CT 高精度成像获取的含缺陷试样三维高保真结构提取出来,并形成计算软件可以导入的有限元模型,开展基于成像数据的仿真分析。

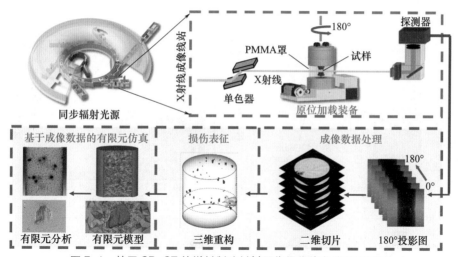

图 7.4　基于 SR-CT 的增材制造材料原位损伤演化表征原理图

7.2　增材缺陷的表征与统计

增材缺陷的表征与统计是优化工艺参数、探索缺陷致损伤机制和预测疲劳强度及寿命的基础。为量化缺陷的几何特征及其分布规律,通常采用缺陷中心至材料表面的最短距离、等效直径或沿加载方向投影面积的平方根、球度或者长宽比等分别描述缺陷的位置、特征尺寸和几何形貌。

图 7.5(a)给出了选区激光熔化成形 AlSi10Mg 铝合金 X-CT 成像的三维重构图及典型缺陷的放大图,像素尺寸为 12.5 μm[6]。由成像结果发现,试样内部

含有数量众多、形貌各异的缺陷,整体分布较为均匀,无小范围缺陷集中分布的现象。对增材缺陷进行定量化表征时,通常采用缺陷的体积描述其特征尺寸。增材制造材料的孔隙率为测试样品所含可检测缺陷的总体积与样品体积的比值。但是由于缺陷体积在数值上不具有直观性,通常需要对其进行等效处理,等效为球体缺陷特征,其中等效直径(Φ)为描述缺陷尺寸最常用的参数之一。等效直径定义为与所表征缺陷具有相同体积的圆球直径:

$$\Phi = \sqrt[3]{\frac{6V}{\pi}} \tag{7.1}$$

式中:V 为缺陷体积。该参数可以更直观地表征缺陷尺寸的大小。

图 7.5(b)给出了缺陷等效直径的频率直方图及其累积频率曲线。结果表明,等效直径小于 70μm 的缺陷频率高达 90%。随着等效直径的增大,缺陷的频率逐渐降低。等效直径大于 200μm 以上的缺陷较少,仅占缺陷总数量的 0.73%。可见,在数量方面,尺寸较小的缺陷占主导地位[7]。

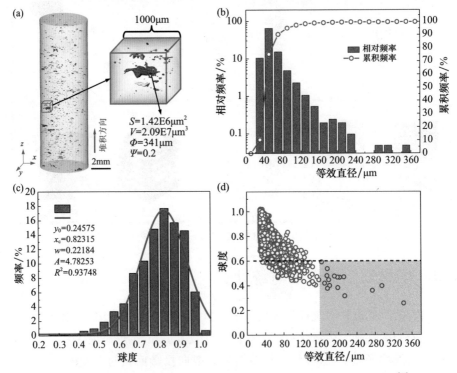

图 7.5　选区激光熔化成形 AlSi10Mg 铝合金内部的缺陷表征与统计[7]

(a)X-CT 三维成像图及缺陷放大图;(b)缺陷等效直径的频率直方图及累积频率曲线;

(c)缺陷球度的频率直方图及正态分布拟合曲线;(d)缺陷等效直径与球度的关系图。

通常采用球度(Ψ)表征缺陷的三维形貌特征。缺陷球度定义为与缺陷具有相同体积的标准球体表面积与缺陷实际表面积的比值[6]：

$$\Psi = \sqrt[3]{\frac{36\pi V^2}{s^3}} \tag{7.2}$$

式中：s 为缺陷表面积。缺陷的球度越接近于 1，表明其形貌越接近于标准球体。

图 7.5(c)给出了缺陷球度的频率直方图，并采用正态分布函数对其频率直方图的外轮廓进行拟合，拟合函数的表达式为

$$y = y_0 + \frac{A}{w\sqrt{\pi/2}}\exp(-2(x-x_c)^2/w^2) \tag{7.3}$$

式中：y_0、x_c 和 A 为尺度参数；w 为拟合曲线的形状参数，其值越小，曲线的峰就越尖锐，表明该特征值响应的分布就越集中。

曲线的拟合效果可由判定系数 R^2 表示，其值越接近于 1，表明曲线的拟合效果越好。可以发现，球度分布概率使用正态分布函数拟合效果较好。缺陷球度多分布在 0.7 以上，多为近球形缺陷；w 值较小，说明球度分布较为集中，主要为 0.7~0.95，整体上缺陷的球度较大。虽然从三维成像结果中发现了较多大尺寸扁平状缺陷，但整体的球度比重仍然较大。由此推测，近球形的小尺寸气孔型缺陷在数量上占据主导地位。

为进一步研究缺陷尺寸与形貌之间的变化规律，图 7.5(d)给出了缺陷的等效直径和球度的关系。由图可知，随着缺陷尺寸的增大，球度有逐渐降低的趋势，当缺陷的等效直径大于 160μm 时，球度降至 0.6 以下。由此可见，尺寸更大的未熔合缺陷，其球度普遍较低，说明形貌更为复杂。

除了球度以外，长宽比和扁平度也可用于表征缺陷的形态。长宽比是将缺陷等效为椭球形，取其短轴与长轴的尺寸之比，范围在 0~1，小的长宽比表明缺陷生长具有显著的方向性，呈现出拉长形貌。扁平度是缺陷 Feret 直径与等效直径之比，Feret 直径为缺陷轮廓上最远两点的直线距离[8]。图 7.6 为借助实验室 X-CT 获得的选区激光熔化成形 Ti-6Al-4V 钛合金缺陷形貌的三维表征结果以及统计的缺陷长宽比和球度参数[9]。可以发现，大尺寸缺陷的球度和长宽比均较小，表明大尺寸缺陷的形貌更加复杂。长宽比适用于评价缺陷的扁平程度，长宽比越小，表明缺陷形貌越偏离球形，缺陷生长具有方向性，即在某一方向上具有更大的尺寸；反之，若长宽比越大，却不能得出缺陷形貌接近球形的结论，如图 7.6 中长宽比为 0.9 的缺陷，其球度仅为 0.4。

虽然球度和长宽比可以分别描述缺陷偏离球形的程度以及缺陷的扁平或者细长程度，但是二者均无法反映出缺陷在空间上的取向特征。为定量表征缺

陷的取向,将三维缺陷等效为椭球[6]。以三维缺陷的外接椭球定义为等效缺陷模型,如图 7.7 所示[6]。以等效椭球的长半轴 a 与中半轴 b 所在平面的法向(即短半轴方向)与加载方向的夹角 θ 作为缺陷的角度特征参数,取向角 θ 介于 $0° \sim 90°$。如图 7.7(b)所示,随着 θ 的增大,缺陷在垂直于加载方向上的投影面积逐渐小,当 $\theta = 90°$ 且长半轴平行于加载方向时,缺陷的特征尺寸达到最小,投影面积为以中半轴 b 和短半轴 c 为长半轴和短半轴的椭圆面积。

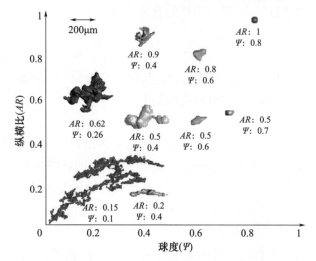

图 7.6 基于实验室 X-CT 成像的选区激光熔化成形 Ti-6Al-4V
钛合金内部缺陷长宽比与球度的基本对应关系[9]

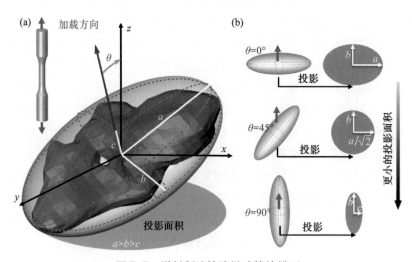

图 7.7 增材制造缺陷椭球等效模型

(a)缺陷等效椭球模型;(b)不同取向缺陷沿加载方向的投影面积变化[6]。

基于上述对缺陷取向角的定义,图7.8给出了选区激光熔化成形 AlSi10Mg 铝合金不同堆积方向试样内部缺陷的等效直径与取向角的关系[6]。可以看出,对于平行于堆积方向的试样(垂直试样),随着缺陷等效直径的增大,缺陷的取向角逐渐减小;而对于垂直于堆积方向的试样(水平试样),随着缺陷等效直径的增大,缺陷的取向角逐渐增大。可见,不同取向试样的缺陷角度特征出现了完全相反的变化趋势,表现出缺陷角度特征显著的各向异性。在拉伸载荷下,取向角大于45°的缺陷将倾向于被拉长(破坏性较小),而取向角小于45°的缺陷将倾向于被拉伸到张开状态(破坏性较大)[10]。

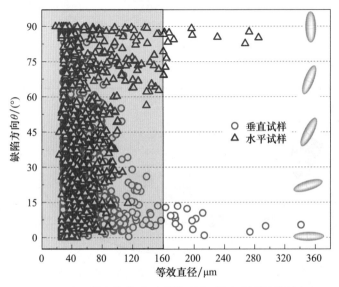

图7.8   选区激光熔化成形 AlSi10Mg 铝合金不同堆积方向
试样内部缺陷的等效直径与取向角关系[6]

为了定量地关联缺陷特征与疲劳强度,Murakami[11-12]最早提出(area)$^{1/2}$ 来描述缺陷的特征尺寸,其中(area)$^{1/2}$ 是三维缺陷(如气孔、夹杂、裂纹、缺口等)在垂直于加载方向上投影面积的平方根。Yadollahi 等[13-14]进一步研究发现,对于疲劳断口中的不规则裂纹源缺陷,一旦开始扩展后,将会迅速扩展演变为与实际缺陷外接的椭圆形状,因此可将初始缺陷等效为椭圆。图7.9详细说明了缺陷的特征尺寸与位置的测量原理[6]。图中黑色标记区域为实际缺陷,其面积定义为 area,而缺陷外接椭圆(红色线以内)所包含的面积定义为 area$_{eff}$。缺陷的位置特征可通过测量缺陷边缘距离试样表面的最短距离 h 进行描述。根据缺陷至表面的距离及其危险程度,将缺陷分为表面缺陷(缺陷与试样外界相通,

$h=0$)、近表面缺陷($0 < h \leqslant (\text{area}_{\text{eff}})^{1/2}$)和内部缺陷($h > (\text{area}_{\text{eff}})^{1/2}$)[15-16]。此外,为了研究缺陷之间的耦合行为,定义两个缺陷间的最近距离为d,当d小于缺陷特征尺寸的平均值时,认为两个缺陷之间存在互相影响,需要将其合并为一个缺陷,称为合并缺陷。

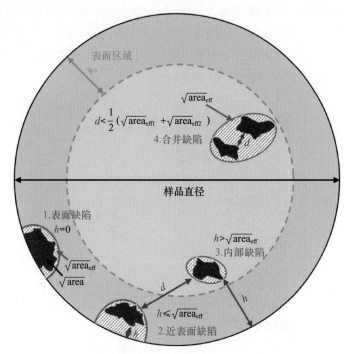

图 7.9　缺陷特征尺寸和位置定义及测量示意图[6]

与内部缺陷相比,表面缺陷对力学性能尤其是疲劳性能的影响更大。图7.10 为基于 X-CT 的电子束熔化成形 Ti-6Al-4V 圆柱试样(直径为 12mm 和高度为 300mm)内部缺陷表征结果[10]。如图 7.10(a)所示,将试样均分为上部、中部和下部三部分,研究不同成形高度处的缺陷分布,空间分辨率为 16.36μm。图 7.10(b)分别为上、中、下 3 个试样内部缺陷的径向分布图。可以发现,不同高度试样表面均存在 3mm 左右的低缺陷区域,中心区域也均有一个 1.5mm 直径的低缺陷区。不同高度段内的缺陷分布模式较为相似,但从下部到中部,缺陷数量的差异较为明显。下部试样的缺陷数量和尺寸均大于中部和上部。随着堆积层的增加,缺陷数量减少、缺陷尺寸变小、缺陷形貌更加规则,表明堆积高度对缺陷的几何特征分布具有一定的影响。

除了对增材制造材料内部的缺陷进行定量表征以外,X-CT 也被应用于缺

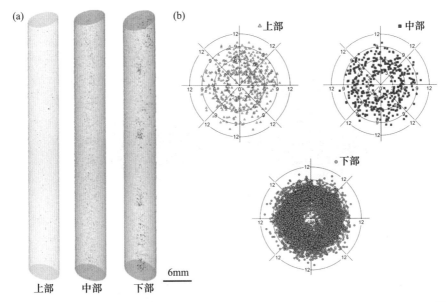

图 7.10　基于 X-CT 的电子束熔化成形 Ti-6Al-4V 圆柱试样不同高度的缺陷表征结果[10]
(a)三维成像结果；(b)不同位置试样内部缺陷径向分布图。

陷形成机理及工艺优化等方面的研究。例如,借助 SR-CT 成像开展缺陷形成机理的探讨。Cunningham 等[17-18]借助 SR-CT 成像技术分析了不同工艺参数下激光增材制造 Ti-6Al-4V 钛合金的缺陷形态。图 7.11(a)为高激光功率、低扫描速度条件下,增材钛合金内部的缺陷分布。过高的能量输入往往会形成图中所示的匙孔缺陷。匙孔的形貌有的呈现近球形,有的呈现不规则形状,最大等效直径可达 162μm。图 7.11(b)所示为因金属粉末未完全熔合而形成的未熔合缺陷,这类缺陷的几何特点是尺寸较大且形貌不规则,其形成机理与激光扫描间距、球化程度以及熔池大小有关。

　　为进一步探索激光增材制造 Ti-6Al-4V 钛合金的工艺窗口,避免形成大规模缺陷,通过设置不同的激光功率和扫描速度制备不同的试样,并对成形材料的内部缺陷进行 X-CT 成像,结果如图 7.12 所示[18]。结果表明,缺陷特征随"激光功率-扫描速度"协同影响的变化趋势是可预测的。在激光功率较低、扫描速度较高的区域,未熔合缺陷占据主导地位,表明低功率输入或低能量密度是导致未熔合缺陷形成的主要原因。在激光功率较高、扫描速度较低的区域,匙孔缺陷占据主导地位,表明高功率输入或高能量密度是诱导匙孔缺陷形成的主要原因。如图 7.12 所示,通过寻找合适的工艺窗口,使其位于产生未熔合边界之上和匙孔边界之下,可以有效地缓解大量缺陷的产生。

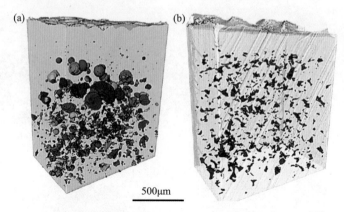

图 7.11　激光增材制造 Ti-6Al-4V 钛合金内部缺陷分布[17]

(a)匙孔缺陷;(b)未熔合缺陷。

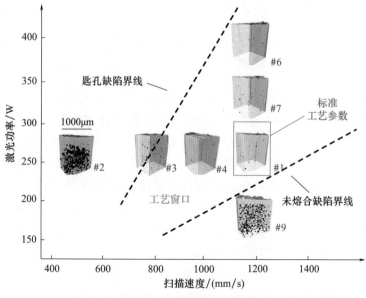

图 7.12　不同激光功率和扫描速度下缺陷分布的变化[18]

　　此外,越来越多的学者也开始借助 X-CT 技术对增材构件的服役性能开展研究。例如,Leuders 等[19]对选区激光熔化成形钛合金成形态和热等静压态试样进行 X-CT 成像,结果如图 7.13 所示。结果表明,成形态试样缺陷尺寸位于 50μm 以内,而经过热等静压处理后,缺陷均小于 22μm。进一步对热等静压态试样进行疲劳测试,发现仍存在气孔缺陷致裂纹萌生的现象,但是相较于常规热处理,热等静压工艺对疲劳寿命的提升是十分显著的。

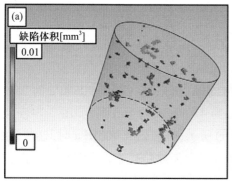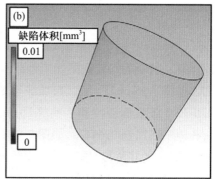

图 7.13　选区激光熔化成形 Ti-6Al-4V 试样成像结果[19]

(a)成形态;(b)热等静压态。

7.3　增材材料损伤的可视化表征

由以上内容可知,X-CT 在增材制造部件内部缺陷静态成像方面优势显著,尤其在缺陷尺寸测量和形貌分析方面具有较高的准确性及可靠的还原度,成为当前增材制造部件无损检测的重要技术手段之一。X-CT 成像的另一个特点则是能够非原位或原位监测增材制造构件在加载过程中同一位置的微结构变化(缺陷演化、裂纹萌生与扩展等),特别是在构件发生变形或者损伤以后。借助特殊的原位力学及环境加载设备,允许在 X-CT 成像时对构件在不同环境(大气、低温、高温、真空、腐蚀等)下进行力学加载(拉伸、压缩、弯曲及相关疲劳),以追踪损伤萌生初始位置,并分析不同时刻材料微结构的变化。这种"时间推移"X-CT 也被称为 4D-CT[20-21],将时间作为第四个维度,提供了一种强有力的手段来识别材料在不同服役下的力学响应,目前已被用于研究增材制造缺陷及损伤演化行为。

7.3.1　增材钛合金

钛合金具有密度低、比强度高、抗腐蚀、耐高温等优点,在航空航天、生物医学等领域应用广泛。采用传统成形方法制造钛合金构件,成本较高、工艺复杂、成品率低,无法满足设计与整体制造需要。钛合金的熔点、液态金属黏度、流动性及凝固特性匹配良好,决定了其良好的增材制造成形工艺优化能力。增材制造钛合金的表面质量和尺寸形状易于控制,工艺窗口较宽,不易形成裂纹和发生制件开裂现象,但存在一定的气孔缺陷产生倾向。图 7.14 为基于原位 SR-

CT 成像获得的 Ti-6Al-4V 钛合金在轴向单调拉伸载荷作用下的损伤形核、生长和聚集行为,像素尺寸为 3.25μm[22]。可以发现,在此成像分辨率下,加载前成像区域只存在两个制造缺陷,如图 7.14(a)所示,并且缺陷尺寸小、形状规则、分布随机,判断为气孔缺陷。当加载至 813MPa 时,没有出现明显的孔洞形核和长大,如图 7.14(b)所示。当加载至 862MPa(极限抗拉强度 906MPa 的 95%)时,出现 2 条表面裂纹和一些等效直径为 4~40μm 的微孔洞,如图 7.14(c)所示,孔隙率增加到 0.04%。如图 7.14(d)所示,当加载到 906MPa 时,这些裂纹和微孔洞长大并桥接,导致最终失效断裂。在失效路径方面,裂纹扩展方向与加载方向近似呈 45°,存在颈缩现象,呈现韧性断裂特征。

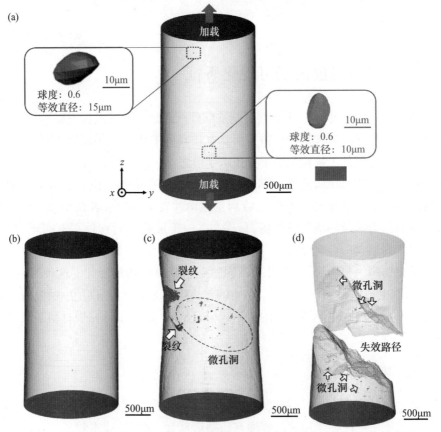

图 7.14 基于 SR-CT 成像获得拉伸试样在不同加载水平下的三维渲染图[22]

(a)0MPa;(b)813MPa;(c)862MPa;(d)906MPa。

增材构件的宏观力学性能与其微结构特征密切相关。与锻件相比,增材钛合金的微观组织具有显著的各向异性,从而导致拉伸性能也表现出各向异性。

增材钛合金的疲劳性能通常受到内部制造缺陷的影响,对于一个给定组织的部件,缺陷的存在显著降低了疲劳强度。采用非原位的方式对增材制造钛合金的疲劳失效过程进行观测,通过交替进行疲劳实验与 X-CT 成像以识别诱导裂纹萌生的缺陷[23]。实验室 X-CT 结果显示(图 7.15),在最大应力为 600MPa 的循环加载条件下,x-600a、x-600b 和 x-600c 样品中分别在循环周次为 70000 周、100000 周和 120000 周后检测到裂纹,疲劳裂纹均是从缺陷(图 7.15 中红色显示)处萌生。样品 x-600a 在内部大尺寸缺陷处开裂,而其他样品则是由表面缺陷萌生裂纹,裂纹萌生寿命与裂纹源缺陷尺寸存在一定的对应关系。一旦裂纹萌生,裂纹扩展并未受到相邻缺陷的影响,如图 7.15(a)和(b)所示,可能是因为缺陷的小尺寸和近球形形态与裂纹周围的应力集中相比所引起的应力集中程度相对较小。值得注意的是,在所有样品中,裂纹均未从具有最大尺寸的缺陷处萌生。对于 3 个样品,CT 可检测到的裂纹萌生寿命占疲劳寿命的比例分别为 75%~88%、87%~97%和 90%~98%。

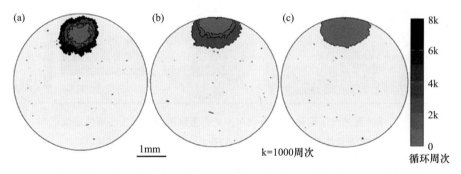

图 7.15　基于实验室 X-CT 成像的电子束熔化成形 Ti-6Al-4V 合金疲劳开裂行为
(蓝色代表疲劳裂纹,红色代表裂纹萌生气孔,绿色代表其他气孔)[23]
(a)x-600a,70000 周次;(b)x-600b,100000 周次;(c)x-600c,120000 周次。

图 7.16 为选区激光熔化成形 Ti-6Al-4V 合金内部缺陷致疲劳损伤的原位成像结果[8]。当最大应力为 1175MPa、循环周次为 1850 周时,裂纹萌生位置和裂纹扩展形貌如图 7.16(a)所示。可以看出,裂纹萌生于近表面单个较大尺寸的缺陷,然后稳定扩展,呈现典型的半椭圆形貌。由于应力水平较高,当循环周次达到 1970 周时,试样发生失效断裂,成像获得的裂纹尺寸与断口形貌上的裂纹扩展区尺寸相当,表明试样在经过裂纹稳定扩展后快速断裂。借助 SR-CT 获取缺陷三维分布后,基于成像数据建立含真实缺陷的三维有限元模型,并开展仿真计算。通过仿真分析确定了最大尺寸缺陷处的应力分布以及最高应力处的缺陷特征,如图 7.16(b)所示。最大应力出现在试样内部的缺陷处,而非

萌生裂纹的表面较大尺寸的缺陷处。在众多近表面缺陷中,仅有萌生裂纹的近
表面缺陷扩展区(缺陷周围 Mises 应力大于屈服强度的区域)与材料表面相交。
结合断口观察和有限元模拟初步判断,只有具有较大缺陷扩展区的缺陷,同时
在应力集中程度较大的部位才有可能诱导裂纹萌生。

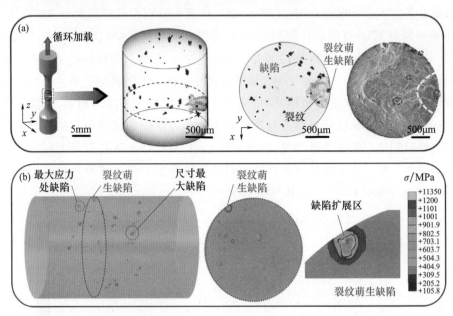

图 7.16　激光选区熔化成形 Ti-6Al-4V 合金缺陷致疲劳损伤原位成像[8]

(a)原位成像结果及相应断口图像;(b)基于成像数据的有限元仿真结果。

　　原位 X-CT 成像技术在研究增材材料裂纹扩展规律方面也具有显著优势。
图 7.17 为借助 SR-CT 成像表征的激光选区熔化成形 Ti-6Al-4V 合金疲劳裂
纹扩展行为[24]。从图中可以发现,裂纹从预制缺口处萌生并扩展,裂纹长度由
100000 周时的 $135\mu m$ 扩展至 124550 周时的 $737\mu m$。裂纹前缘呈现半椭圆形
貌,这是由材料内部的平面应变和材料表面的平面应力约束所致,通常材料内
部的约束效应更强,导致裂纹扩展的驱动力,即裂纹尖端应力强度因子幅较大,
因此裂纹扩展较快。短裂纹与其周围的缺陷具有较强的交互作用,短裂纹扩展
时倾向于向孔隙率较高的局部区域发生偏折,进而形成新的裂纹分枝,而这种
裂纹分叉行为可能会降低主裂纹的扩展速率。

7.3.2　增材铝合金

　　铝合金具有比强度高、耐磨和耐蚀性好等特点,广泛应用于汽车工业、航空

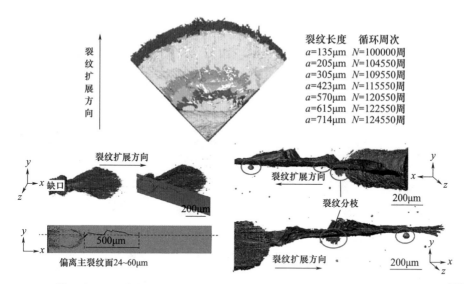

图 7.17　基于 SR-CT 成像的激光选区熔化成形 Ti-6Al-4V 合金原位疲劳裂纹扩展行为[24]

航天、机械电子等领域。目前,国内外针对铝合金的增材制造工艺主要有激光增材制造技术、电弧增材制造技术、激光-电弧复合增材制造技术、电子束增材制造技术等。然而,相较于钛合金、不锈钢和镍基高温合金,增材制造铝合金的起步较晚。铝合金的密度低、流动性差、易氧化、反射率高、传导率高等特点,使其成形质量不易控制,容易产生球化、气孔、夹杂、裂纹等缺陷。目前,以基于激光选区熔化技术的研究与应用居多。利用激光作为热源的铝合金增材制造技术局限于铸造铝合金系列或者焊接性较好的铝合金,常见的有 AlSi10Mg、AlSi12 和 7075 等[25]。铝合金在增材制造过程中产生的各类缺陷是限制其大规模和高可靠应用的主要原因。

　　为研究缺陷对增材铝合金拉伸性能的影响,Samei 等[26]采用原位拉伸 X-CT 成像实验,对激光选区熔化成形 AlSi10Mg 合金在拉伸加载下的缺陷演化过程进行了可视化表征与定量化研究,结果如图 7.18 所示。在拉伸变形中,孔隙的体积分数呈指数增长,裂纹产生时对应的临界孔隙率为 0.2%。在试样均匀延伸过程中存在孔隙聚结现象。图 7.18(b)为试样内部最大缺陷处缺陷聚结过程的三维成像结果。由此可见,图中共有 7 个缺陷,在拉伸过程中逐渐长大、聚集和连通,直至合并成为一个不规则的缺陷。除孔隙率快速增长外,缺陷聚集是主要的微观损伤机制。在变形的最后阶段,缺陷尺寸显著增大,直至诱导试样失效断裂。失效断口呈现韧窝生长为主的韧性断裂特征。

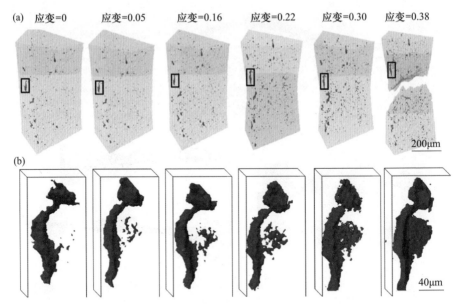

图 7.18　激光选区熔化成形 AlSi10Mg 合金原位 Lab-CT 拉伸实验结果[26]

（a）试样在不同拉伸应变的成像结果；（b）单个缺陷的演化行为。

除了飞机蒙皮、桁条等承力构件外，铝合金还常被用于发动机活塞等热端部件，这些构件需要在高于室温环境下工作，而温度变化会影响材料的损伤机制和寿命。因此，开展铝合金的高温力学性能及变形行为研究对保障其工程服役可靠性也是至关重要的。Bao 等[27]基于 X-CT 成像和断口分析，研究了激光选区熔化成形 AlSi10Mg 合金在室温和 250℃ 条件下拉伸过程中缺陷演化和断裂机理，如图 7.19 所示。研究发现，在室温下，缺陷早期合并形成内部微裂纹，并以准"之"字形路径快速断裂；在 250℃ 时，在局部塑性应变作用下，缺陷长大、拉长、聚集、连通至最终试样失效断裂。

温度对材料的疲劳性能也有影响。高温循环载荷作用下，材料的疲劳寿命会随着加载频率的降低、应变保持时间的增加以及温度的升高而降低，这种现象可归因于疲劳-蠕变-环境的交互作用。金属高温疲劳失效机理要比室温更加复杂，除了蠕变行为和应力松弛外，还必须考虑疲劳和腐蚀的影响。蠕变、疲劳和环境 3 个因素不是独立存在的，许多重要的零部件在服役过程中往往经历着复杂的服役环境和载荷历程，容易发生高温疲劳。

图 7.20 为基于 SR-CT 成像的激光选区熔化成形 AlSi10Mg 合金原位高温疲劳损伤演化过程[28]。内部的孔隙率随着疲劳循环周次的增加而增加，由初状态的 0.32% 增加至 5655 周的 0.74%，并且能够观察到明显的颈缩现象，当循

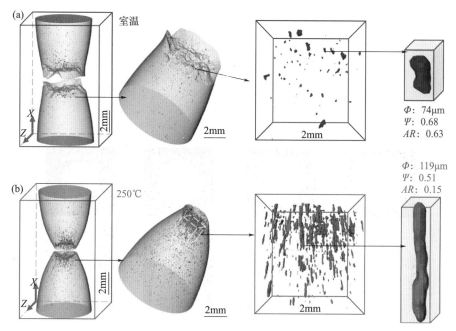

图 7.19　激光选区熔化 AlSi10Mg 合金 Lab-CT 成像结果[27]

(a)室温;(b)250℃。

环周次达到 5655 周时,最小截面积减小至原面积的 60%。材料失效由孔洞形核、生长、聚集和连通引起,随着循环次数的增加,损伤不断累积,表现为孔隙率增加,有效截面积减小,最终材料因承载能力不足而失效断裂。研究还发现,试样颈缩及内部缺陷的二次分布导致相邻缺陷沿约 45° 方向聚集,剪切应力在材料高温循环塑性中的大缺陷聚集方面具有重要作用。较大的循环塑性使得颈缩区缺陷以约 10 倍于周向生长速度的速度伸长,最终缺陷引起的内部裂纹由内向外扩展,并以共晶 Si 颗粒引起的微孔洞连接为主要扩展形式。内部裂纹扩展阶段约占低周疲劳寿命的 90%。随着中心裂纹扩展区面积的增大,当试样纵向应变达到 0.9% 左右时,试样外侧圆周区域在剪切应力作用下迅速破坏,从而形成典型的杯形或锥形韧性断口。高温环境促使低周疲劳过程中缺陷沿着加载方向伸长,显著提高了材料的延展性。

7.3.3　增材不锈钢

除了轻质高强度的钛合金和铝合金外,钢、镍基合金、硬质合金、钴铬合金等也是增材制造的主要材料和研究热点。其中 304 和 316 奥氏体不锈钢是较早用于激光熔化成形的两种钢结构材料。结构钢、不锈钢的主要成分 Fe、Cr 等

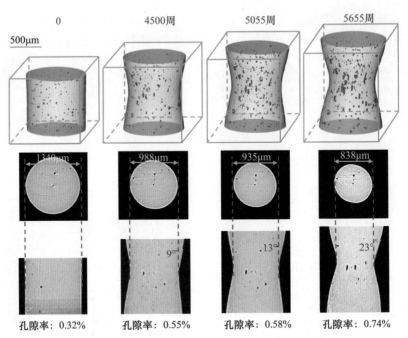

图 7.20　选区激光熔化成形 AlSi10Mg 合金原位高温疲劳损伤
演化的 SR-CT 成像结果,总疲劳寿命为 5755 周[28]

元素容易与 O₂ 发生反应,在粉末处理和增材制造中不可避免地会产生一定程
度的氧化。在打印这些材料时,容易形成气孔和未熔合缺陷,是增材制件走向
工程应用前必须予以解决的关键科学与技术问题。

　　Carlton 等[29]采用原位拉伸 SR-CT 成像技术,开展了激光选区熔化成形
316L 不锈钢内部缺陷致损伤演化行为的可视化研究。实验过程中采用位移控
制方式以准静态速率加载,在特定加载阶段进行 SR-CT 成像,成像过程持续
3~5min,结果如图 7.21 所示。由图 7.21(a)可知,在拉伸过程中,试样的平均
气孔率逐渐增大,由 2.2% 增加至 5.3%。图 7.21(b)给出了拉伸过程中不同加
载阶段的裂纹扩展形貌,如图中白色箭头所示,在裂纹扩展过程中裂纹尖端向
内部孔洞缺陷方向偏转,并与之桥接相连以致贯穿整个缺陷,从而导致试样最
终失效。该研究直观地展示了孔洞缺陷与裂纹扩展的交互作用。

　　Carlton 等[29]的研究表明,尽管在材料近表面存在缺陷,但在拉伸过程中损
伤始于内部较大的缺陷。为了研究无内部缺陷的薄壁样品的拉伸行为,Murphy-
Leonard 等[30]采用原位拉伸 SR-CT 成像技术获得了激光选区熔化成形 316L 不
锈钢的缺陷演变,即缺陷引起的微孔洞萌生和长大,如图 7.22 所示。研究发

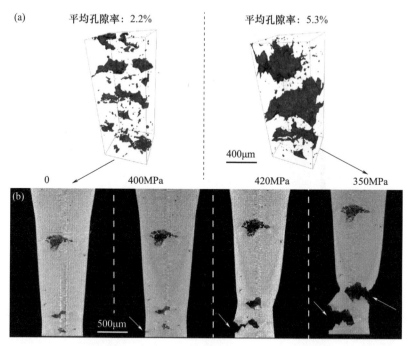

图 7.21　激光选区熔化成形 316L 不锈钢原位拉伸 SR-CT 成像结果[29]
（a）初始缺陷损伤状态与断裂前损伤状态对比；（b）不同应力水平下试样损伤状态。

现,在拉伸过程中表面缺陷的不均匀分布对损伤演化起着重要作用,其中孔隙和裂纹均在表面和近表面的缺陷处萌生。这些缺陷形态不规则,在高拉伸应变下,缺陷中累积的大量内部损伤最终连接到表面,从而降低了增材制造薄壁样品的延展性,并导致失效断裂。

7.3.4　其他增材材料

除了金属材料以外,X-CT 技术在其他增材材料损伤演化行为研究中也具有重要应用。以聚合物基复合材料（Polymer Matrix Composite, PMC）为例,Mertens 等[31] 采用原位 X-CT 和数字体积相关（Digital Volume Correlation, DVC）技术,研究了在选择性激光烧结成形 PMC 过程中具有热历史的回收材料含量对 3 个主要烧结方向拉伸行为的影响。如图 7.23 所示,拉伸试样的失效行为如下:最小横截面区首先发生轻微颈缩,颈缩区的基质-颗粒脱黏,在脱黏部位形成分叉颈缩的基质韧带,然后韧带破坏致失效。动态 X-CT 成像期间记录的位移-载荷数据可用于研究回收材料和烧结方向对材料力学性能的影响。研究发现,对于未使用回收材料的增材部件,在不同方向的拉伸性能是相当的。随着回收材料的添加,材料的层间方向相对于层内方向的强度显著降低,并且可回收材料的添加会在一定程度上降低所有方向材料的强度。

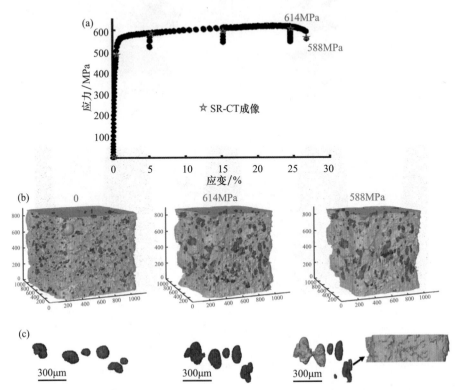

图 7.22　激光选区熔化成形 316L 不锈钢的缺陷演变

(a)原位加载应力-应变曲线及 SR-CT 成像间隔;(b)不同应力水平下损伤演化的三维重构结果;

(c)表面缺陷的长大、合并及与表面连通过程[30]。

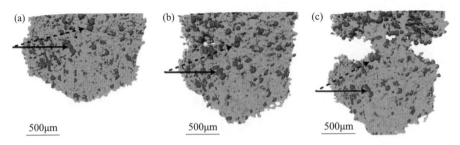

图 7.23　基于高吸收硼硅酸盐微珠颗粒(紫色)增强聚酰胺-12、

中等吸收 X 射线基质(绿色)的原位拉伸 X-CT 成像[31]

(a)原始态;(b)颈缩后;(c)失效前。

原则上来说,结合商用和自主研制的原位加载设备(配置样品环境,如高温、低温、腐蚀等),不同类型的增材制造材料及结构的力学行为均可在 X-CT 系统中进行测试表征。然而,由于 X-CT 成像为典型的透射成像属性,在穿透不同密度的材料时的吸收率不同,所用材料尺寸及所能捕获到的内部微结构特征亦不同。与此同时,结合 X 射线衍射技术,在获取增材材料及部件内部缺陷几何特征时,还可以得到临界损伤区的微观组织及其演化特征,这对于全面系统研究增材材料的力学和疲劳机制具有重要意义。

7.4　本章小结

增材制造过程中易形成气孔和未完全熔合孔隙等内部缺陷。尽管采取参数优化和后热处理能够在一定程度上降低缺陷水平,但无法完全消除。这些不易根除的制造缺陷会诱导疲劳裂纹萌生,导致力学及疲劳性能劣化,并引起较大的疲劳寿命离散性,同时为力学性能的可靠评估和准确预测带来挑战。因此,深入揭示损伤机理和准确预测力学性能是推动增材构件工程应用、保障工程服役可靠性与安全性的重要前提。传统的基于光镜和电镜的原位力学加载机构仅能够实现材料表面缺陷表征及其演化行为追踪,进而建立基于材料表面缺陷特征的力学性能模型。近年来,兼容于实验室显微 X-CT 和同步辐射 X-CT 的原位力学加载装置的研制为实时观测和定量表征材料内部缺陷的空间演化规律,进而揭示内部缺陷诱导的失效机理提供了全新的研究手段,从而有助于建立基于材料表面/亚表面/内部缺陷特征的更加准确的力学性能分析高保真结构模型。

为了研究增材缺陷相关的服役行为,本章首先介绍了 X 射线三维成像技术及其相关的原位成像实验方法;然后对增材材料内部缺陷分布特征进行了三维可视化表征与定量化分析;最后以钛合金、铝合金、不锈钢和复合材料为典型案例,介绍了基于原位加载 X 射线成像方法开展损伤演化行为的研究进展。需要指出的是,原位成像加载装置的研制正朝着更多加载形式(如单调拉伸、旋转弯曲、低周疲劳、高周疲劳及超高周疲劳等)、更复杂的样品环境(如超高温、超低温、腐蚀气氛、辐照)及力学加载与样品环境等功能集成方向发展,并强劲地推动着材料服役损伤研究向多学科和跨尺度方向发展。与此同时,在开展材料服役损伤机理研究中,不断把各种技术进行融合,如 X 射线成像和衍射技术及中子衍射与成像技术等。最后,在获得材料服役过程的损伤演化图景之后,应把其与力学和疲劳性能关联研究,最终得到材料服役损伤失效的多维度和跨尺度机制,并依此改进疲劳损伤预测模型。

参 考 文 献

[1] 吴正凯,张杰,吴圣川,等.同步辐射 X 射线原位三维成像在金属增材制件缺陷评价中的应用 [J].无损检测,2020,42(07):46-50.

[2] Withers P J,Bouman C,Carmignato S,et al. X-ray computed tomography [J]. Nature Reviews Methods Primers,2021,1(1):18.

[3] 王龙,冯国林,李志强,等. X 射线断层扫描在材料力学行为研究中的应用 [J].强度与环境,2017,44(6):43-56.

[4] 虞雨洉,吴正凯,吴圣川.高分辨三维成像原位试验机研制进展及应用 [J].中国材料进展,2021,40(2):90-104.

[5] Maire E,Le Bourlot C,Adrien J,et al. 20Hz X-ray tomography during an in situ tensile test [J]. International Journal of Fracture,2016,200(1):3-12.

[6] Wu Z K,Wu S C,Bao J G,et al. The effect of defect population on the anisotropic fatigue resistance of AlSi10Mg alloy fabricated by laser powder bed fusion [J]. International Journal of Fatigue,2021,151:106317.

[7] 吴正凯.基于缺陷三维成像的增材铝合金各向异性疲劳性能评价 [D].成都:西南交通大学,2020.

[8] 吴正凯,吴圣川,张杰,等.基于同步辐射 X 射线成像的选区激光熔化 Ti-6Al-4V 合金缺陷致疲劳行为 [J].金属学报,2019,55(7):811-820.

[9] Sanaei N,Fatemi A,Phan N. Defect characteristics and analysis of their variability in metal L-PBF additive manufacturing [J]. Materials & Design,2019,182:108091.

[10] Elambasseril J,Lu S L,Ning Y P,et al. 3D characterization of defects in deep-powder-bed manufactured Ti-6Al-4V and their influence on tensile properties [J]. Materials Science and Engineering A,2019,761:138031.

[11] Murakami Y. Metal Fatigue:Effects of Small Defects and Nonmetallic Inclusions [M]. Oxford:Elsevier Science Ltd,2002.

[12] Murakami Y,Endo M. Effects of defects,inclusions and inhomogeneities on fatigue strength [J]. International Journal of Fatigue,1994,16(3):163-182.

[13] Yadollahi A,Mahtabi M J,Khalili A,et al. Fatigue life prediction of additively manufactured material:Effects of surface roughness,defect size,and shape [J]. Fatigue & Fracture of Engineering Materials & Structures,2018,41(7):1602-1614.

[14] Yadollahi A,Mahmoudi M,Elwany A,et al. Fatigue-life prediction of additively manufactured material:Effects of heat treatment and build orientation [J]. Fatigue & Fracture of Engineering Materials & Structures,2020,43:831-844.

[15] 宋哲.选区激光熔化钛合金的缺陷容限评价方法 [D].成都:西南交通大学,2019.

[16] Mu P, Nadot Y, Nadot-Martin C, et al. Influence of casting defects on the fatigue behavior of cast aluminum AS7G06-T6 [J]. International Journal of Fatigue, 2014, 63: 97-109.

[17] Cunningham R, Narra S P, Montgomery C, et al. Synchrotron-based X-ray microtomography characterization of the effect of processing variables on porosity formation in laser power-bed additive manufacturing of Ti-6Al-4V [J]. JOM, 2017, 69(3): 479-484.

[18] Gordon J V, Narra S P, Cunningham R W, et al. Defect structure process maps for laser powder bed fusion additive manufacturing [J]. Additive Manufacturing, 2020, 36: 101552.

[19] Leuders S, Thöne M, Riemer A, et al. On the mechanical behaviour of titanium alloy Ti-6Al-4V manufactured by selective laser melting: Fatigue resistance and crack growth performance [J]. International Journal of Fatigue, 2013, 48: 300-307.

[20] Sloof W G, Pei R, Mcdonald S A, et al. Repeated crack healing in MAX-phase ceramics revealed by 4D in situ synchrotron X-ray tomographic microscopy [J]. Scientific Reports, 2016, 6(1): 23040.

[21] Guo Y, Burnett T L, Mcdonald S A, et al. 4D imaging of void nucleation, growth, and coalescence from large and small inclusions in steel under tensile deformation [J]. Journal of Materials Science & Technology, 2022, 123: 168-176.

[22] Hu Y N, Ao N, Wu S C, et al. Influence of in situ micro-rolling on the improved strength and ductility of hybrid additively manufactured metals [J]. Engineering Fracture Mechanics, 2021, 253: 107868.

[23] Tammas-Williams S, Withers P J, Todd I, et al. The influence of porosity on fatigue crack initiation in additively manufactured titanium components [J]. Scientific Reports, 2017, 7(1): 7308.

[24] Waddell M, Walker K, Bandyopadhyay R, et al. Small fatigue crack growth behavior of Ti-6Al-4V produced via selective laser melting: In situ characterization of a 3D crack tip interactions with defects [J]. International Journal of Fatigue, 2020, 137: 105638.

[25] Rometsch P A, Zhu Y, Wu X, et al. Review of high-strength aluminium alloys for additive manufacturing by laser powder bed fusion [J]. Materials & Design, 2022, 219: 110779.

[26] Samei J, Amirmaleki M, Shirinzadeh D M, et al. In-situ X-ray tomography analysis of the evolution of pores during deformation of AlSi10Mg fabricated by selective laser melting [J]. Materials Letters, 2019, 255: 126512.

[27] Bao J G, Wu Z K, Wu S C, et al. The role of defects on tensile deformation and fracture mechanisms of AM AlSi10Mg alloy at room temperature and 250℃ [J]. Engineering Fracture Mechanics, 2022, 261: 108215.

[28] Bao J G, Wu S C, Withers P J, et al. Defect evolution during high temperature tension-tension fatigue of SLM AlSi10Mg alloy by synchrotron tomography [J]. Materials Science and Engineering A, 2020, 792: 139809.

[29] Carlton H D, Haboub A, Gallegos G F, et al. Damage evolution and failure mechanisms in additively manufactured stainless steel [J]. Materials Science and Engineering A, 2016, 651: 406-414.

[30] Murphy-Leonard A D, Pagan D C, Callahan P G, et al. Investigation of porosity, texture, and deformation behavior using high energy X-rays during in-situ tensile loading in additively manufactured 316L stainless steel [J]. Materials Science and Engineering A, 2021, 810: 141034.

[31] Mertens J C, Henderson K, Cordes N L, et al. Analysis of thermal history effects on mechanical anisotropy of 3D-printed polymer matrix composites via in situ X-ray tomography [J]. Journal of Materials Science, 2017, 52(20): 12185-12206.

第 **8** 章
增材点阵结构的力学性能

　　随着先进制造方法、多学科交叉与人工智能技术的飞速发展,高端装备呈现出轻量化、集成化、复合化、智能化等发展趋势。轻量化多功能材料结构的设计(如泡沫金属、晶格点阵、格栅板、蜂窝板、泡沫金属/格栅混杂结构)强调新型结构在具有较低面密度的同时,还应具有优异的强度、刚度、隔热、抗冲击吸能等功能属性,在高端装备中具有巨大应用潜力。其中,应用增材制造方法成形非金属点阵结构及其各种响应成为研究热点。

8.1　点阵结构及其力学性能

8.1.1　点阵结构的概念及内涵

　　近年来,由相互连接的一维杆组元在二维或三维空间进行周期排布的点阵材料结构,受到工程和学术界的广泛关注。这些新型点阵结构具有超常多功能协同的力学性能和极具吸引力的工业应用潜力。例如,具有轻质多功能一体化的生物医学植入物、航空航天和海军装备结构、抗冲击防护结构、热管理结构、智能传感和致动结构等高性能多功能结构。三维点阵作为一种新型的轻质高比强多功能材料设计理念,由哈佛大学 A. G. Evans 教授和 Hutchinson 教授、剑桥大学 M. F. Ashby 和 N. A. Fleck 教授、麻省理工学院 L. J. Gibson 教授、弗吉尼亚大学 Wadley 等于 2000 年左右先后提出。人工点阵结构的物理性能取决于其拓扑结构特征,而非基体材料属性,能够实现天然材料所不具备的物理性能,如负热膨胀系数、负泊松比、零剪切模量和负质量密度等。近年来,研究人员设计出一些新型轻量化抗冲击减振降噪多功能一体化的点阵结构,展示出优越的高比能量吸收和低频减振降噪性能优势,在航空航天、武器装备、轨道交通、生物医学等领域具有巨大应用潜力,受到各国广泛重视。

8.1.2 拉伸与弯曲主导型点阵结构

根据角点所连接杆件组元平均数目(Maxwell 数),可以把点阵结构分为拉伸主导型和弯曲主导型两种。这是由于,点阵结构的力学特性、变形模式和失效机理与其 Maxwell 数密切相关。根据每个节点连接的杆件数目与胞元节点数,可以定量地用于评价两种点阵结构的力学特性。然而,该判断标准并非总是严格成立,它与点阵结构相对密度、胞元类型、载荷方向等有关。为了区分拉伸主导型与弯曲主导型点阵材料结构,可借助其节点的杆件连接数和铰接运动学约束特性判断。Maxwell 基于运动学的正定性数学原理,给出了节点采用运动学铰接形式点阵结构所需的最小杆件数的设计准则[1]。其中,二维和三维点阵结构的节点所需的最小杆件连接分别为 $2j-3$ 和 $3j-6$,其中 j 是单位点阵结构胞元的等效节点数。符合节点的平均杆件连接数少于 Maxwell 准则给出的最小杆件数条件的点阵结构属于一种运动学机构,除非其节点处被强制约束为刚性,可认为该点阵结构的变形行为是弯曲主导型。广义 Maxwell 规则在用于判定点阵结构的拉伸主导型特性时仅仅是必要而非充分条件,对应的判定标准是:在二维和三维点阵结构中,节点的平均杆件连接数 Z 分别为 4 和 6。点阵结构拉伸主导型判定的充分条件是:在二维和三维点阵结构中,节点的平均杆件连接数 Z 分别为 6 和 12。

根据 Maxwell 准则,拉伸主导型点阵结构的相对模量和相对密度满足线性叠加原理。通过其胞元基础上进行复合点阵结构设计,并进一步开展拓扑优化设计以提升其力学性能,可得到力学性能最优的各向同性点阵结构,并且所得到的复合点阵材料结构的力学性能突破了线性叠加原理,比强度显著提升[2]。利用温度驱动黏弹性形状记忆聚合物的构型变化,可以改变点阵结构部分杆件的节点接触状态,实现胞元构型变化,变形模式可从拉伸主导向弯曲主导型转换[3]。然而,Meza 等[4]发现,把纳米点阵结构的拓扑形态简单划分为拉伸或弯曲主导型是不够的。例如,随着载荷方向的不断变化,立方点阵结构杆件组元的变形模式可从拉伸主导型向弯曲主导型过渡。

8.1.3 点阵结构的力学性能设计极限

在构型设计和力学性能优化方面,Hashin-Shtrikman(H-S)复合材料理论模型是一个重要的设计参考准则。H-S 理论上限对应着复合材料力学性能的设计上限,也是各向同性点阵结构的强度和刚度性能设计的重要参考。点阵结构理论刚度上限 E_{HSU} 和强度上限 $\sigma_{y,su}$ 分别为

$$\frac{E_{\mathrm{HSU}}}{E_{\mathrm{s}}} = \frac{2\bar{\rho}(5v - 7)}{13\bar{\rho} + 12v - 2\bar{\rho}v - 15\bar{\rho}v^2 + 15v^2 - 27} \tag{8.1}$$

$$\frac{\sigma_{\mathrm{y,SU}}}{\sigma_{\mathrm{y,s}}} = \frac{2\bar{\rho}}{\sqrt{4 + \dfrac{11}{3}(1 - \bar{\rho})}} \tag{8.2}$$

式中:E_{s}、$\sigma_{\mathrm{y,s}}$ 和 v 分别为固体材料基体组分材料的刚度、屈服极限和泊松比;$\bar{\rho}$ 为点阵材料结构的相对密度。

国内外学者提出通过基本薄板结构组元构造超强点阵材料结构的设计方法,其内部刚度是通过薄板结构组元而不是杆件结构组元来实现,并建立了一个新的板状点阵结构家族,其强度是具有相同重量和体积的基于杆件结构组元的点阵结构的 3 倍。这些板状点阵结构的刚度(抗弹性变形)接近理论最大值,并且强度(抗不可逆变形)也接近理论最大值。如图 8.1 所示[5],如果向基于杆件结构组元的点阵结构中心施加载荷,3 个杆件组元中的一个杆件组元(黄色)会承受载荷作用。另外两个杆件组元(蓝色)对结构的稳定性和承载能力没有贡献。但如果载荷作用于侧面(z-x 面),则它们需要承受载荷。反之,如果载荷沿着 z 轴作用在基于薄板结构组元的胞元上,3 个板中的两个杆件组元(黄色)会发挥维持稳定性和承载能力的作用,这种结构形式更好地利用了内部杆件组元的承载能力。此外,采用立方体型、八面体型和混合型基本胞元构型设计的 3 种平板点阵结构力学超材料,可以实现接近 H-S 理论上限的各向同性力学性能,通过不同空间取向板件交错位置的高效连接,能够最大程度地降低应力集中程度,由此可以有效地提升结构的承载效率[6]。

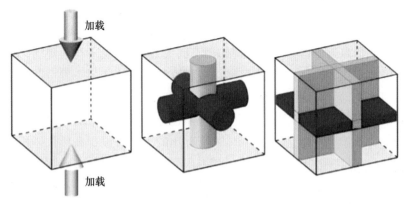

图 8.1　板状点阵结构的力学性能和结构效率提升示意图[5]

目前,关于轻质高强点阵结构的研究主要集中在完美点阵构型上,采用理论分析、数值建模与实验验证相结合的技术思路。然而,在点阵结构件的生产、制造与服役中,会产生因制造工艺和外部损伤导致的细观缺陷和宏观缺陷。缺陷的存在破坏了点阵结构的周期性,使得理想点阵结构力学性能的理论模型适用性变差,这是当前含缺陷点阵结构理论模型建立的挑战性课题。

8.1.4 结构缺陷与力学性能关系

Norman 等[7]研究了二维三角形、六边形蜂窝和 Kagome 点阵结构的高断裂韧性的力学机制,发现 Kagome 点阵结构中裂纹尖端由弯曲主导弹性变形区,并逐步过渡到远场拉伸主导变形区,使得其断裂韧性与相对密度的−1/2 次方成比例;三角形点阵裂纹尖端和较远处的杆件组元均是拉伸主导变形模式,其断裂韧性与相对密度成比例;六边形蜂窝结构裂纹尖端和远处杆件组元是胞元壁弯曲变形模式,其断裂韧性与相对密度的 2 次方成比例;二维 Kagome 点阵结构的裂纹尖端表现出很强的钝化效应,降低了裂纹尖端的应力场强度,进而提高了 Kagome 结构的断裂韧性,表明 Kagome 点阵结构宏观强度和刚度对结构缺陷的不敏感特征。Simone 和 Gibson 通过有限元分析研究了蜂窝点阵结构胞元壁弯曲变形以及胞壁厚度不均匀对六角蜂窝点阵结构和闭孔泡沫力学性能的影响[8-9]。Symons 等[10]针对六角蜂窝、全三角和 Kagome 3 种面内各向同性二维点阵结构的力学性能开展研究,分析了点阵结构胞元杆件组元缺失、结点错位和杆件弯曲 3 种不同类型的结构组元缺陷对点阵结构的剪切模量与体积模量的影响,发现完美点阵结构的变形机制(拉伸主导/弯曲主导)与结构组元的缺陷类型是影响点阵结构力学性能的两个关键因素[7,11]。Chen 等[12]总结了点阵结构常见的 6 种缺陷类型:点阵结构胞元壁弯曲、胞元壁材料非均匀分布、胞元壁断裂、胞元节点错位、Voronoi 随机结构和整个胞元缺失。Latture 等[13]比较了节点增强八角点阵结构在外部载荷作用下的失效模式,发现与常规均匀直径八角点阵结构相比,节点增强型点阵结构在相同外部载荷作用下发生断裂的杆件组元数目更少,力学性能得到优化提升。

Hiroaki 等[14]采用有限元法研究了含随机分布刚性夹杂的蜂窝点阵结构的面内冲击力学响应特性,发现适当体积百分比的夹杂可以提高单位体积蜂窝结构的抗冲击能量吸收率。Su 等[15]采用有限元模拟了二维蜂窝点阵结构和三维十四面体点阵结构的结构缺陷对其蠕变行为的影响。研究发现,蠕变变形规律与杆件缺失比例密切相关,进而提出了基于点阵结构缺失杆件的相对密度预测点阵结构蠕变变形行为的理论模型。Hutchinson 等[16]采用能量方法推导了Kagome 和三角形点阵结构的刚度矩阵,揭示了二维三角形和 Kagome 点阵结构在外部压缩载荷下的不同塌陷失效机制,并对二维周期性点阵结构的塌陷失效机制进行了系统分类。研究发现,三角形点阵结构能够产生周期性塌陷模式,可实现较大的宏观应变,而二维 Kagome 点阵结构不能产生较大的宏观应变。Chen 等[17]发现基于连续介质力学的裂纹尖端应力场理论不适用于描述含多行杆件缺失的蜂窝力学性能。Wang 等[18]采用有限元方法研究了三角形和四边形蜂窝点阵结构的有效面内弹性刚度、初始屈服强度与蜂窝壁结构组元缺失、几何断裂之间的关联关系,进而提出了含一定比例蜂窝壁杆件缺失的代表性体积单元(Representative Volume Element,RVE)分析模型。结果表明,随着随机分布杆件缺失密度的增加,四边形蜂窝结构的单轴压缩刚度急剧下降,而剪切模量和剪切屈服强度下降相对较慢;具有随机分布杆件缺失比例的三角形蜂窝结构的面内压缩刚度、剪切强度和屈服强度性能均下降相对较慢。基于 RVE 分析模型和蜂窝结构变形协调关系,Mukhopadhyay 等[19]提出了含有随机杆件夹角分布的蜂窝结构的理论模型,并将其用于分析等效面内弹性模量、剪切模量和泊松比,发现蜂窝结构的弹性模量与结构几何随机特征和基体材料特性有关,而泊松比仅仅与几何有关。

Romijn 等[20]研究了 5 类二维点阵结构的模量和断裂韧性对结构缺陷的敏感性。结果发现,四边形点阵和 Kagome 点阵结构的变形模式处于拉伸主导型和弯曲主导型的变形行为过渡区,而刚度和断裂韧性对随机分布的结构缺陷非常敏感,其取决于缺陷密度、载荷方向与缺失杆件方向的相对关系。Maimí等[21]研究了准脆性二维点阵结构的断裂韧性和裂纹扩展行为。研究发现,当二维点阵结构内的裂纹长度超过若干点阵结构胞元尺寸时,可以采用经典断裂力学理论计算裂纹尖端应力场,并与到裂纹尖端距离的$-1/2$次方成比例。也可以采用基于点阵结构基础材料本身的断裂韧性来研究点阵结构的裂纹扩展过程;当点阵结构在裂纹扩展过程中的能量释放率达到材料的断裂韧性时,将会通过点阵杆件断裂实现裂纹扩展,并释放部分能量。Prasanna 等[22]通过在周期性十四面体点阵结构中去除若干点阵结构的胞元,建立了含有Ⅰ型、Ⅱ型和混合型裂纹的有限元模型,研究了十四面体胞元结构的断裂韧性,并与经典线弹性断裂力学理论进行对比验证。Montemayor 等[23]研究了中空铝纳米点阵结构的制造缺陷对断裂力学行为的影响规律。结果表明,当裂纹尺寸小于样品宽度 1/3 时,三维 Kagome 点阵结构力学性能的缺陷敏感度较低,结构失效主要是由拉伸主导变形模式决定的。

除了拉伸主导型和弯曲主导型两种典型的三维点阵结构设计以外,近年来,由节点和韧带切向连接形成的二维和三维手性点阵结构也得到了广泛关注。手性是 Kelvin 于 1894 年提出的具有镜像对称而又不能完全重合的结构特性。与多孔泡沫金属、晶格点阵结构、格栅结构等轻量化结构周期性胞元中可承受拉压、弯曲的杆、板和梁可承受拉/压、弯曲相比,手性结构环形角点的旋转变形为胞元增加了设计参数,能够有效地调控和优化手性结构的多功能性,如结构轻量化以及负泊松比拉胀、抑振、吸声降噪、抗冲击吸能等。二维和三维手性结构的静力学性能可以分别采用胞元的内力-外力平衡分析、胞元组元间运动学关系、微极弹性理论以及能量原理等方法进行分析[24-27]。近年来,Frenzel 等[28]设计了一个没有镜面对称性的、具有压缩-扭转变形特征的三维手性结构胞元。

综上所述,目前,国内外关于二维和三维点阵结构的理论、计算和实验研究主要针对完美点阵结构胞元模型,研究成果比较充分和系统;在准静态条件下,含单一类型缺陷典型拉伸和弯曲主导型二维点阵结构(如 Kagome、双三角、六边形、四边形)的研究相对全面完善,如夹杂物、孔洞、杆件或胞元壁断裂型结构缺陷。针对含结构缺陷的拉伸主导型、弯曲主导型和手性点阵结构等三维点阵结构的研究还比较少,主要研究手段为有限元方法,在理论上还有待进一步开展系统研究。另外,通过在材料或结构中预先设计裂纹路径,对结构件的断裂防护和断裂能的调控具有重要意义。传统思路针对裂纹路径开展对应的材料和结构拓扑形态调控,以实现裂纹路径和基体区域力学性能的显著差异。然而,这种依赖于局部材料和结构定制化的裂纹路径调控,对于加工和制造工艺提出极大挑战,实际应用难度很大。幸运的是,已有研究者提出了一种光敏树脂增材制造三维点阵结构的裂纹路径调控新范式,通过调控增材制造过程中的激光能量和扫描参数,实现数字化、像素化物理性能调控,通过入射光强的变化调控裂纹路径区域光敏树脂固化后的材料和结构的力学性能,只需对打印过程中的光路进行编程,即可实现裂纹路径的自我铺设,而不需单独对裂纹路径局部区域的材料和结构采用异质设计,该方法颠覆了传统依赖结构设计的裂纹调控范式[29]。

8.2 增材点阵结构的力学设计

8.2.1 力学性能的评价指标

为了考察点阵结构是否具有各向同性力学特征,Shivakumar 等[30]提出了一种复合材料结构各向异性的力学评价指标:

$$A_U = 5\frac{G_V}{G_R} + \frac{K_V}{K_R} - 6 \tag{8.3}$$

式中：G_V 和 G_R 为分别对应基于 Voigt 等效和 Reuss 等效方法的各向同性剪切模量；K_V 和 K_R 为分别对应基于 Voigt 等效和 Reuss 等效方法的各向同性体积模型；$A_U = 0$ 则对应点阵结构的各向同性力学特性。

此外，针对各向异性复合材料，可以基于各向异性弹性模量矩阵分析对应的等效弹性模量，此类点阵结构的等效弹性模量为

$$E = \frac{C_{11}^2 + C_{12}C_{11} - 2C_{12}^2}{C_{11} + C_{12}} \tag{8.4}$$

点阵结构对应的各向异性系数采用 Zener 各向异性指数来评价：

$$A = \frac{2C_{44}}{C_{11} - C_{11}} \tag{8.5}$$

8.2.2　各向同性点阵结构设计

此类点阵结构可以通过图 8.2 所示的力学设计策略来实现，具体包括基于异质点阵结构胞元分层串联复合设计方法[31]、基于复合材料球状夹杂相理论的复合点阵结构设计方法[31]、基于空间取向的横截面或杆件弯曲特征调控力学性能的点阵结构设计方法[32-33]、异质点阵结构胞元比例混杂实现不同空间取向力学性能互补方法[34]、基于异质点阵结构的跨尺度混杂复合点阵结构设计方法[35]、最小曲面点阵结构的厚度和取向优化调控设计方法[36]、基于均匀化理论的拓扑优化点阵结构胞元设计方法[37]、基于多晶微结构随机取向的各向同性设计方法[38]、基于胞元随机杆件组元统计特征的点阵结构设计方法[39]、通过内外半径比调控的中空点阵结构方法[40]、多层级各向同性设计方法[41-42]、基于局部非均质杆件组元调控实现的各向同性点阵结构方法[42]等。

研究者提出了基于两种具有不同空间取向和横截面积的拉伸主导型点阵结构，在同一胞元尺度并联复合设计出具有各向同性刚度的 Isotruss 点阵结构，通过参数优化实现了 von Mises 屈服面的最优化和各向同性的屈服面设计。与基于最大各向同性刚度准则的 Isotruss 点阵结构设计相比，基于最大各向同性强度准则优化得到的点阵结构力学性能较差。最佳材料的有效失效表面仅在主 π 平面附近呈现中等的各向同性特性。两个因素限制了点阵结构的 von Mises 屈服面优化能力。一是杆件组元的拉伸-压缩力学响应特性的不对称性，即在压缩过程中，细长杆件组元可以产生塑性屈服、弯曲或弹性屈曲失效模式，彼此之间相互竞争；在承受拉伸载荷时，只能产生屈服失效；在进行各向同性强度优化和屈服失效分析时，难以兼顾杆件的拉压响应不对称性。二是点阵材料结构的杆件和节点组元失效的离散特性[33]，研究者提出了分别由 7 个具有不同几何

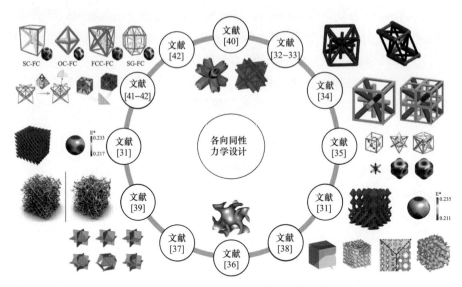

图 8.2　各向同性点阵结构的典型力学设计方法

拓扑构型的杆件组元组装而成的四类优化点阵结构类型,它通过上千种在单一方向和多方向载荷条件下的参数协同优化得到,可以实现复杂任意组合载荷条件下的点阵结构各向同性力学设计[43]。对于双相复合点阵结构,二维点阵结构和三维点阵结构的极限力学性能可以分别根据 Cherkaev-Gibiansky(C-G)理论上限与 H-S 理论上限去优化设计,实现各向同性力学性能。在布拉维斯 Bravais 点阵晶系基本结构胞元的基础上,基于点、线、面群组的空间几何对称性特点开展结构优化。这些空间点、线和面群组的空间对称特性可以由绕轴旋转、平面镜像、逆向转旋、平移-镜像耦合和中心旋转等几何操作实现。此外,基于诺依曼定理建立微观结构拓扑的对称性(由晶体空间群定义)与宏观有效物理性质的对称性之间的联系,进一步提出了基于不同类型的点阵结构对称性形成的复合点阵结构的逆向拓扑优化方法,实现了基于复合对称性和各向同性特征的复合点阵结构性能优化[44]。

　　国内外学者提出了基于人工智能、大数据、随机算法的先进点阵结构力学性能优化设计方法,可以用于发现具有极端力学性能的先进微观结构家族,寻找具有优异刚度和负泊松比的各向同性点阵结构,并通过五类负泊松比微结构设计和优化实例,表明该方法的巨大应用潜力和计算效率。所提出的优化方法主要包含 4 个相互协同的步骤:给定一组基体材料的物理特性和设计约束边界条件,使用随机采样和拓扑优化方法生成结构胞元,并预测其力学性能范围;利用非线性降维技术,对结构图案库进行分组;每种图案代表着分配一个骨架结构模板,作为样本库;沿着骨架模板边缘生成杆件组元,并开展拓扑优化以适应原始点阵结构;通过改变梁的几何参数产生具有相同拓扑构型的点阵结构胞元;简化杆件骨架模板参数,结合具体的力学性能需求,建立特定应用领域的点阵结构力学设计原则[45]。受准晶绕轴旋转对称性特征的启发,提出了基于杆件和板状结构组件旋转操作的新型准周期超高性能点阵结构设计方法,通过旋转对称几何形状的参数优化设计,获得最佳的各向同性刚度[46]。

此外,基于生成对抗网络(Generative Adversarial Networks,GAN)的人工智能方法可用于设计复杂结构,并能够实现定制化的力学性能。具体流程是:首先,利用原始基体材料和微结构数据生成器生成结构材料的配置和属性数据集;然后,基于数据集训练生成对抗网络模型,得到海量的候选结构,并进行结构类型的判断和分类;最后,提出具有目标力学性能的新型材料结构设计优化方案。为了验证其设计能力和计算效率,开展了具有高模量和负泊松比性能的400多种新型负泊松比点阵结构的优化设计,实现了比刚度和泊松比的协同优化。首先,将随机产生的结构拓扑结果数据库,根据点阵结构(对称性等)几何特征分成几大类;其次,在每个点阵结构系统里,再把几百万个随机生成的结构进行有限元计算,得出相应性能等相关内容的海量数据;最后,再利用这些数据训练 GAN,并用于生成最终的优化点阵结构模型[47]。

与其他金属增材制造技术相比,电子束熔化成形方法具有残余应力低、能量效率高等优点。采用该方法制备具有预留小孔的、封闭空间的拓扑优化板状各向同性点阵结构,所预留的小孔用于排出金属粉体等残余材料,点阵结构刚度可以达到 H-S 理论上限的 83%[48]。Ryan 等[49]分别开展了基于两种杆状异质点阵结构胞元、三种板状异质点阵结构的比例并联混杂设计,以实现各向同性性能,并研究了尺寸效应、边界无约束的自由变形效应的影响。Duan 等[37]采用基于应变能均匀化理论的拓扑优化技术,开展了各向同性点阵结构优化,设计了具有开孔特征的各向同性板状点阵结构,这种胞元构型有利于增材制造工艺实现。Wei 等[50]开展了基于细观力学理论、卷积神经网络和深度学习算法的二维各向同性点阵结构设计,所提出的分析方法通过基于医用 X 射线断层扫描成像 CT 数据的骨骼各向异性力学性能分析,可用于预测相关骨骼疾病。Chen 等[51]利用多目标遗传算法进行优化,结合椭圆基函数神经网络技术和有限元模拟,提出了一类新型可重复使用的各向同性点阵结构,得到了接近于零的各向同性泊松比。Zheng 等[52]开展了基于双向渐进均匀化理论的各向同性点阵结构优化设计,考虑了材料模量和泊松比的不确定性。分析表明,当以最大体积模量和等效模量作为优化目标时,基体材料的弹性模量不确定性对点阵结构胞元构型的影响有限,泊松比对点阵结构构型影响较大,而泊松比不确定性对剪切模量影响十分剧烈。当以剪切模量最大化作为优化目标时,弹性模量和泊松比的不确定性对点阵结构胞元拓扑构型的影响极为有限;当目标为负泊松比点阵结构时,则基体材料的弹性模量和泊松比不确定性的影响非常显著。根据 Maxwell 准则,拉伸主导型点阵结构的相对模量和相对密度之间满足线性叠加原理。Chen 等[53]在三类典型的拉伸主导型基本点阵结构胞基础上,设计复合点阵结构,并开展拓扑优化以提升其性能,进而得到性能最优的各向同性点阵结构,突破了线性叠加原理,比强度显著提升。

除此之外,沿着不同空间取向,采用不同直径杆件组元的设计策略,可以实现纳米尺度各向同性超强热解碳超级点阵结构的设计和制造[32]。最小曲面点阵结构可以分为薄板状和杆件状组元两大类。Feng 等[36]提出了依赖于局部空间曲率和局部薄壁厚度的调控策略,实现薄板状三周期最小曲面点阵结构的各向同性力学性能,而不是传统意义上通过相对密度调控力学性能,从而攻克了"力学性能和相对密度"之间的固有矛盾。基于细观力学理论思想,Khaleghi 等[31]利用最小曲面点阵结构的层状复合、球形夹杂物细观力学理论,设计出具有各向同性力学性能的复合最小曲面点阵结构。Chen 等[54]基于力学性能互补的设计理念,并借助剪切模量、弹性模量、体积模量和泊松比之间的耦合关系,通过结合最小曲面点阵结构胞元和立方点阵板状胞元两种不同类型(弹性模量高、剪切模量低和弹性模量低、剪切模量高)的点阵结构胞元,开展具有剪切模量和弹性模量协同的混合点阵结构力学设计,并通过性能优势互补的设计策略,实现了具有高弹性模量、高剪切模量和高体积模量的理想各向同性点阵结构设计。Tancogne Dejean 等[40]提出了基于不同类型的立方点阵结构基础点阵结构胞元非比例混杂的各向同性点阵结构设计。各向同性点阵结构设计有两种主要方法:第一种方法是将非均质的杆件与经典点阵结构相结合,进行空间取向定向增强,实现各向异性的定制化调控;第二种方法是采用多层级点阵结构设计,通过改变胞元杆件和内部填充空间的设计策略,生成层级点阵结构,利用更小尺度点阵结构胞元填充宏观点阵结构胞元的内部空间,进而实现整体结构的各向异性控制。

Feng 等[34]提出了利用非均匀界面和辅助杆件沿着刚度较弱的空间方向进行选择性增强的力学设计策略,以及基于各向同性板状点阵结构和多层级结构复合策略的设计思想,以实现轻量化、高比强度、高比刚度的各项同性杆状和板状点阵结构。通过结合均质化分析方法和弹性模量三维空间取向表征技术,Xu 等[35]提出了两类各向同性点阵结构力学设计新策略:第一种是通过将两类不同构型的点阵结构组装在同一空间,并要求两种点阵结构的弹性模量空间分布在三维空间方向上具有互补的刚度分布特性,进一步通过调整两个基本点阵结构胞元杆件组元的直径比,进而实现各向同性;第二种是采用单一类型的基础点阵结构胞元,并依赖空间结构对称性进行空间旋转和叠加,构建由多个原始基本点阵结构胞元组成的新型复合点阵结构,进而通过调整不同原始基本点阵结构胞元杆件尺寸之间的比率,实现各向同性力学性能设计。

8.2.3 各向异性点阵结构设计

在各向异性点阵结构设计方面,目前主要有两种设计策略:弹性模量沿着空间立体任意方向的各向异性设计和弹性模量沿着主应力方向的各向异性设计。如图8.3所示,在点阵结构各向异性力学设计方法上,主要有以下几种典型的实现方法。

(1)采用点阵结构胞元构型的非旋转对称设计,基于点阵结构胞元构型的几何特征实现各向异性[55-57]。

(2)基于点阵结构组元的平移/旋转非对称性设计,实现具有各向异性力学性能的点阵结构胞元构型创新[58]。

(3)采用不同类型的点阵结构胞元逐行交错排布,形成异质点阵结构胞元串联设计[59]。

(4)沿着某个方向调控平行于该方向杆件组元的几何特征,如采用具有波纹状轴线构型或截面面积放大/缩小的定向力学性能调控[60-61]。

(5)通过多尺度结构拓扑设计,分别在不同层级沿着不同空间取向,采用几何尺寸差异的点阵结构组元,构筑出具有各向异性力学性能的点阵结构胞元构型[62]。

(6)基于各向异性统计特征的随机不规则点阵[38]。

(7)对具有空间对称性的点阵结构胞元,采用沿着某个方向拉伸,形成非比例的空间几何拓扑构型[63]。

(8)沿着某个空间方向定向补强,如在体心立方(BCC)点阵结构胞元的基础上,沿着 Z 方向增加一根附加杆件组元,形成 BCCZ 胞元构型的各向异性点阵结构[64]。

(9)基于点阵结构胞元内不同空间取向的杆件组件,分别采用板组元和杆组元的混杂类型点阵结构设计[65]。

(10)基于均匀化理论和弹性矩阵等效分析的各向异性拓扑优化[66]。

具体地,Munford 等[67]采用金属增材制造技术制备了具有各向异性的钛合

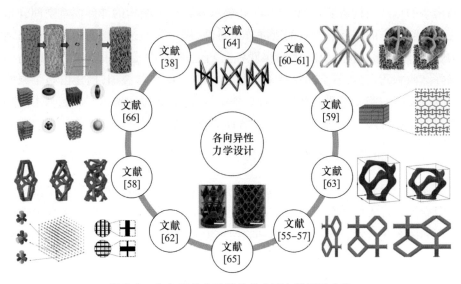

图 8.3　各向异性点阵结构的典型力学设计方法

金随机构型点阵结构和尼龙菱形十二面体点阵结构,并开展了各向异性力学性能实验验证。同时,针对所设计的各向异性增材制造随机点阵和菱形十二面体结构,分别沿着至少 7 个非应力主轴空间方向开展力学性能试验验证。Peng 等[63]在各向同性最小曲面点阵结构胞元的基础上,通过沿着笛卡儿坐标系的 3 个主方向进行非比例尺寸缩放,得到了力学性能各向异性的点阵结构。通过精确调控钛合金最小曲面点阵胞元相对密度和各向异性比例,实现和人体骨骼力学性能高度接近的可定制设计,为精确可定制的骨移植手术替代物设计提供了重要的技术支撑。另外,Kulagin 等[68]提出了具有所需目标力学性能的点阵结构力学设计方法。首先,利用具有不同弹性力学性能的异质微结构组元,构筑新型点阵结构的拓扑图案,通过由 12 个杆件组元组成的刚性连接的三角形二维点阵结构的力学设计实例,证明了在真实点阵结构中应用这一设计方法的可行性。其次,刚性连接的三角形点阵结构网络的杆件组元刚度具有 3 个不同的可选数值,能够灵活地控制点阵结构的弹性特性,进而借助机器学习技术可建立点阵结构拓扑图案与其弹性特性之间的关联关系。最后,通过三维手性点阵结构的设计实例展示了所提出的设计方法的高效率和可行性。为了实现通过仿生多孔泡沫模拟人体骨骼的承载能力和内部流动特性,需要开展天然脊椎骨和合成仿生骨多孔泡沫中局部各向异性的设计,在不同长度尺度上研究其内在力学性能和流动特性的各向异性。

　　已有研究基于脊椎骨局部组织形态学特征开展流体动力学分析计算,研究了多孔结构的内部流动行为和脊椎骨微观结构的各向异性。结果表明,所选定骨骼局部样品的三维微结构特征不仅有助于了解所研究样品各向异性的力学行为,还可用于改进脊椎骨宏观多孔植入物的微观结构设计,更好地满足特定的局部组织形态学定制化和个性化需求[68]。例如,Yang 等[70] 根据几何特征和拓扑形态,将最小曲面点阵结构退化成杆件组元连成的骨架化点阵结构,开展了其空间方向与力学性能之间的对应关系研究,并基于伯努利-欧拉梁和铁木辛柯梁及多孔材料的 Gibson-Ashby 模型分析了模量-相对密度的关系。研究发现,由极小曲面结构退化成的杆状点阵结构在(100)和(110)平面内是各向异性的,其力学响应在不同的加载方向上有所不同。在具有更多拉伸变形的载荷方向上,最小曲面点阵结构展示出更高的抗变形特性,因此具有更高的刚度。退化的杆状点阵结构的刚度具有空间载荷方向依赖性,主要由承载杆件组元和载荷方向之间的相对角度决定。例如,当载荷方向从[001]逐渐变为[110]时,具有体心立方点阵结构拓扑形态的对角线杆件转向平行于载荷方向,显示出拉伸主导特性。因此,最小曲面结构退化形成的杆状点阵结构在沿着[011]载荷方向上显示出较高的相对模量。然而,真实的最小曲面结构具有空间旋转对称性,其拓扑结构决定了结构中某些支柱从弯曲主导变成拉伸主导,而一些支柱表现出非常严重的弯曲变形行为,或从拉伸主导变成弯曲主导。弹性模量的偏差在不同载荷方向上可以忽略不计,弹性模量具有载荷方向不敏感性,基本呈现各向同性。

Mao 等[58] 采用几何扭转和倾斜设计,实现开尔文点阵结构各向异性力学性能,相应的杆件几何变换操作和各向异性广义胡克定律里面的 21 个弹性参数具有对应关系。通过模仿密排六方点阵结构的空间结构特征,设计并制备了受密排六方晶体微结构启发的各向异性点阵结构,开展了相关力学性能实验验证[59]。Tamburrino[64] 通过调节点阵结构胞元沿着 Z 方向和与 Z 方向垂直的两个方向杆件尺寸的相对比值,实现各向异性点阵结构力学设计。为了实现点阵结构胞元的力学性能定制化和可调控设计,可以采用两种设计策略:一种是调控点阵结构的节点连接特征,如通过多晶点阵结构胞元的复合设计,抑制失效剪切带,提升点阵结构的破坏极限载荷;另一种是调控点阵结构胞元内杆件组元的几何特性,实现复杂的目标应变-应力曲线、力学行为和既定功能。Plancher[71] 基于调控胞元内局部杆件的几何特征,实现了刚柔相济的复合性能,采用沿着 Z 方向的波浪形辅助杆件和 BCC 直线杆件组合形成 BCCZ 混杂结构,进而调控结构的应变硬化行为。

Kang[72] 通过各向异性参数化结构设计,建立了不同类型点阵结构的杆件材料分布特征与各向异性之间的关联模型,并开展了基于响应面分析方法的各向异性力学性能优化设计,有助于理解杆件尺寸和各向异性率之间的演化规律。点阵结构胞元内杆件组元的直径对各向异性系数的影响可以分为两个阶段:当外部杆件组元直径较小时,各向异性系数呈现出先增加后减小的抛物线趋势;当杆件组元的直径相对比较大时,点阵结构的各向异性系数单调增加。考虑到正交杆件组元用于提供法向变形承载能力,而对角线杆件主要负责提供抗剪切变形能力,因此,真实工程结构的局部点阵结构的各向异性设计需要结合其局部实际受力状态进行设计,根据主应力的空间取向,决定各向异性的大小和方向特征。所提出的优化方法能够生成相对密度较低的点阵结构区域,从而有助于提高低应力区域的结构效率,同时,根据主应力的取向场,能够定制点阵结构的各向异性分布规律,进一步提高结构效率[62]。Hossain[61]通过沿着指定空间方向将点阵结构的直杆组元改成波浪线或弹簧型杆件组元,以实现三维各向异性点阵结构力学设计。

8.3   点阵结构的吸能特性

8.3.1   吸能性能的评价方法

轻质吸能结构在轨道交通和航空航天等领域中具有广阔应用前景,如高铁和汽车结构中包含大量吸能材料与结构,确保其在发生碰撞和脱轨等意外事故中,有效地保护驾驶员、乘员和交通设施。为了评价轻质材料和结构的能量吸收性能,可以根据应变-应力曲线定义峰值应力、平台应力、密实化应变和能量吸收效率。比能量吸收(Specific Energy Absorption,SEA)是评估每单位质量结构能量吸收能力的基本标准,可表示为

$$\text{SEA} = \frac{\text{EA}}{m} \tag{8.6}$$

式中:EA 表示总的能量吸收量,是压溃过程中的总耗散能量;m 是轻质结构的质量。EA 与瞬时冲击力 $F(x)$ 和有效压溃过程的密实化应变对应的变形 d(平台应力段长度)有直接关系,可定义为

$$\text{EA} = \int_0^d \frac{F(x)}{A} \mathrm{d}x \tag{8.7}$$

EA 可以通过压缩过程中耗散的能量测量,并且每单位体积的 EA 可以用应变-应力曲线围成的面积定义

$$W_v = \int_0^{\varepsilon_D} \sigma \mathrm{d}\varepsilon \qquad\qquad (8.8)$$

式中：ε_D 为密实化密度，对应的单位质量的吸能表示为 $W_m = W_v / \rho$。

轻质结构冲击能量吸收率可用于分析结构的密实化应变。结构的能量吸收率 $\varphi(\varepsilon)$ 可表示为

$$\varphi(\varepsilon) = \frac{\int_0^{\varepsilon} \sigma(\varepsilon)\,\mathrm{d}\varepsilon}{\sigma(\varepsilon)} \qquad\qquad (8.9)$$

对应的密实化应变可以从吸能效率曲线中算出，相应的吸能效率 $\varphi(\varepsilon)$ 达到峰值，并满足如下关系

$$\left. \frac{\mathrm{d}\varphi(\varepsilon)}{\mathrm{d}\varepsilon} \right|_{\varepsilon = \varepsilon_D} = 0 \qquad\qquad (8.10)$$

对应的平台应力表示为

$$\sigma_p = W / \varepsilon_D$$

结构能量吸收效率（EAE）可用于评价冲击阻抗，可表示为

$$EAE = \frac{MCS}{PCS} \qquad\qquad (8.11)$$

式中：PCS 为冲击峰值应力，可以直接从应变-应力曲线中获得；MCS 为平均冲击应力，可表示为

$$MCS = \frac{1}{\mathrm{d}A} \int_0^d F(x)\,\mathrm{d}x = \frac{EA}{d} \qquad\qquad (8.12)$$

轻质结构动态冲击吸能过程中，冲击速度将影响蜂窝的动态变形行为。当冲击速度足够高时，应力幅超过蜂窝的屈服应力，此时蜂窝出现局部塑性变形。在临界状态导致塑性变形的加载速度被称为屈服速度或第一临界速度。基于"陷波"理论，可以得到单轴应力载荷下的临界速度解析式：

$$V_{CR1} = \int_0^{\varepsilon_{CR}} \sqrt{\sigma'(\varepsilon) / \sigma_0}\,\mathrm{d}\varepsilon \qquad\qquad (8.13)$$

式中：ε_{CR1} 为蜂窝结构首次出现峰值应力的应变；$\sigma'(\varepsilon) = \mathrm{d}\sigma / \mathrm{d}\varepsilon$ 是蜂窝结构的弹性模量；σ_0 为蜂窝的静态屈服应力。

随着冲击速度的增加，蜂窝结构的局部变形更为明显。蜂窝结构受"压实波"的影响，出现靠近冲击端逐层连续坍塌的破坏模式，该应力波称为"稳定波"。与其相对应的冲击速度被称为第二临界冲击速度，即

$$V_{CR2} = \sqrt{2\sigma_0 \varepsilon_d / \sigma_0} \qquad\qquad (8.14)$$

式中：ε_d 为蜂窝的密实应变。

另外,轻质材料和结构在动态压缩过程中,可以分为 3 个阶段:弹性变形到峰值应力阶段、平台压溃阶段和密实化阶段。对应的压溃过程中的平台应力和冲击速度之间的映射关系定义为

$$\sigma_{\mathrm{d}} = \sigma_0 + \frac{\rho^*}{\varepsilon_{\mathrm{D}}}V^2 = \sigma_0 + AV^2 \tag{8.15}$$

在动态冲击过程中,蜂窝吸收的能量主要转化为两部分,即蜂窝的内能和动能,将两者之和定义为总能。蜂窝吸收的能量绝大多数转化成了内能,并且膜力主导蜂窝的内能在其总能量中占比更高。魏路路等[73]开展了内凹-反手性蜂窝的冲击吸能特性研究,发现平台应力的大小与蜂窝的相对密度和冲击速度相关。随着相对密度和冲击速度的不断增大,内凹-反手性蜂窝的平台应力明显增大。其中冲击速度对内凹-反手性蜂窝平台应力的增大作用更为显著。内凹-反手性蜂窝的平台应变和密实化应变均与冲击速度成正比,与胞壁厚度成反比。其中平台应力随冲击速度的增大而增大,对胞壁厚度的变化更为敏感。与三韧带反手性蜂窝及传统标准六边形结构蜂窝相比,不同冲击速度下的内凹-反手性蜂窝均呈现出优异的能量吸收性能。在中低速冲击模式下,内凹-反手性蜂窝的圆环节点胞壁坍塌所吸收的能量占总吸收能量的比重更高,但随着冲击速度的不断增大,圆环节点胞壁坍塌所吸收的能量占总吸收能量的比重逐渐减小。有学者研究了双箭头状负泊松比结构的动态吸能特性,通过塑性铰理论获得了准静态压缩平台应力理论公式。双箭头蜂窝在准静态加载和低速冲击载荷下,压溃平台应力与结构胞元几何形状相关,而在高速冲击载荷下,平台应力仅受相对密度影响[74]。

Dheyaa 等[75]研究了典型韧性和脆性基体做成的拉伸主导型点阵结构的压缩应变-应力曲线,可以划分为 3 个阶段。线弹性阶段,主要发生杆件的弯曲变形。在平台区主要依赖于点阵结构的基体材料类型,韧性材料对应着较长的、平稳的平台应力区域,主要是由于节点处产生塑性铰;脆性材料对应着锯齿状波动起伏的平台区域,主要是因为脆性材料在这个阶段发生断裂和破碎。总之,具有较长的平台区域应变范围对提升点阵结构的吸能量至关重要,在密实化阶段,由于杆件之间相互接触产生急剧增长的冲击应力,对结构的防护吸能能力是有害的。基于韧性和脆性材料的轻质材料结构,在压缩过程中应变-应力曲线上对应的弹性模量、强度极限和密实化应变分别表示为

$$\frac{E_{\mathrm{lattice}}}{E_{\mathrm{s}}} = C_1 \left\{\frac{\rho_{\mathrm{lattice}}}{\rho_{\mathrm{s}}}\right\}^n \tag{8.16}$$

$$\frac{\sigma_{\mathrm{p,lattice}}}{\sigma_{\mathrm{yl,s}}} = C_5 \left\{ \frac{\rho_{\mathrm{lattice}}}{\rho_{\mathrm{s}}} \right\}^m \tag{8.17}$$

$$\varepsilon_{\mathrm{d}} = 1 - \alpha \left\{ \frac{\rho_{\mathrm{lattice}}}{\rho_{\mathrm{s}}} \right\} \tag{8.18}$$

式中:相关系数可以根据基体材料的特征进行标定。

8.3.2　吸能结构的设计方法

拉伸主导型和弯曲主导型点阵结构存在着力学性能的矛盾,拉伸主导型点阵结构具有高模量和峰值应力,但吸能效率较低;弯曲主导型点阵结构具有低模量和低峰值应力,但吸能效率较高[76]。此外,可以通过具有定向增强效果的点阵结构设计,提升点阵结构沿着某个空间取向的力学性能,通过沿着某个取向增加附加杆件,以实现该方向承载能力和刚度的显著增强。例如,通过针对BCC 点阵结构沿着 Z 方向添加附加支撑杆件组元,可以形成 BCCZ 型的点阵结构,将其峰值应力提升至原来的 3 倍以上,并可以实现将原来的弯曲主导型失效模式转化为拉伸主导型,比强度和比刚度有所提升[77]。基于弹性变形的吸能结构具有较低的吸能能力,而基于塑性变形效应的吸能结构具有优异的吸能能力,但不具备结构可恢复性和重复使用能力。

有鉴于此,Meng 等[78-79]提出了基于双相异质多稳态点阵结构的复合结构设计,来实现多平台、可恢复的力学性能调控,通过具有不同刚度的异质点阵结构层列排布,利用结构突然跳转和弹性屈曲变形实现结构相变,并通过调控有序的稳态变形实现对力学性能非连续改变,获得多个平台应力的切换。通过可恢复的弹性变形吸能形成第一个应力水平较低的阶段,通过塑性不可恢复变形实现高平台应力能量吸收能力,形成第二个阶段。Yin 等[80]提出的基于基体软点阵结构、夹杂增强相为硬点阵结构的复合点阵结构设计,可以有效地提升基体的吸能能力。首先,单独的基体软点阵相具有很长的压缩应变范围和比较低应力水平的平台段;其次,增强相本身单独的夹杂点阵结构具有较短的压缩应变、比较高的应力水平和显著的应变硬化现象;最后,硬夹杂增强的软基体复合点阵结构可以实现较大的压缩应变范围和较高的平台应力水平,实现可调控的应变-应力曲线。

轻质点阵材料和结构在压缩过程中的应变-应力曲线主要划分为 3 个阶段:点阵胞元的杆件发生弯曲或面元拉伸;与渐进的点阵结构塌陷相关的应力平台,通过弹性屈曲、塑性屈服或脆性破碎实现,取决于基材的基本力学性能;致密化阶段,对应于整个点阵材料结构胞元的塌陷以及随后的点阵结构胞元杆件和面元相互接触压实。点阵材料结构通常具有较低相对密度,约为 10% ~ 20%,但可以在致密化发生之前实现 70% ~ 80% 的大应变。在拉伸过程中的线性弹性响应与在压缩过程中相同。随着拉伸应变的增加,点阵结构胞元的杆件组件会随着加载方向的调整而变得更加向拉伸方向趋同,进而增加材料的刚度,直至发生拉伸失效[41]。轻质点阵结构的几何拓扑形貌对其力学响应至关重要,杆件组元主要承受拉伸、压缩、弯曲以及相互耦合模式的载荷,节点的应力通常是三维的复杂应力状态,常规测试手段在表征杆件和节点处复杂受力和变形状态方面有很大局限性。为此,可以使用 Johnson-Cook(J-C)动态硬化本构模型进行数值分析,分别采用 J-C 破坏模型和 Hillerborg 断裂能方法,预测结构中损伤的萌生和传播。然而,当材料内部发生损伤时,由于应变局部化效应,J-C 硬化模型无法正确预测材料行为。因此,可以利用 Hillerborg 断裂能模型来降低网格依赖性,对应的损伤开始后的损伤演变特征可以采用应力-位移曲线表述,而不是应力-应变曲线。

损伤往往始于节点连接处,然后传播到杆件内部,这是因为杆件的细长比相当大,导致弯曲刚度较高,不会形成很高的弯曲应力。在连接节点区域,由于来自点阵结构杆件组元的三维反向作用力和支柱根部的高弯曲应力,节点区域很容易形成应力集中。根据点阵胞元构型的差异,可以分为若干典型力学响应特征。例如,对于八角点阵结构,平台应力区域对应着点阵结构的均匀化破坏过程的稳定扩展,形成较为稳定的平台应力区域,伴随着杆件的折断和滑移带的形成,典型结构表现出应力软化;对于钻石型点阵结构,损伤在节点处形核后会快速扩展,并引起杆件的断裂,导致点阵结构的承载能力显著下降;对于菱形十二面体结构,密实化过程中杆件之间会发生自接触而提供附加承载能力,导致二次应变硬化,杆件的进一步破坏也会引起二次软化。据此,点阵结构可以分为两种类型:应变硬化型胞元和应变软化型点阵结构类型[82]。

具有不同孔隙率的周期性拉伸主导型点阵结构与金属泡沫表现出相似的应力-应变曲线,但变形行为有着本质上的不同。首先,点阵结构在压缩初始阶段表现出弹性变形,直至达到峰值应力;然后,下降到损伤破坏稳定扩展的应力波动的平台应力区域;最后,当点阵材料结构被挤压密实化时,进入致密化引起的应力快速增加阶段[83]。对于传统拉伸主导型点阵结构和弯曲主导型点阵结构,存在着高压缩初始强度和平缓的大压缩应变范围的载荷-位移曲线的矛盾。Hossain 等[61]设计具有弯曲构型杆件组装而成的屈曲失效模式主导的点阵结构,展示了由于杆件屈曲和相互自接触形成的应变-应力曲线在密实化过程中的局部增强与软化效应,这种屈曲和自接触相互作用的增强机制,可以显著地改进点阵结构的吸能特性。具有折痕和节点自由度的周期性折纸结构在折叠过程中通过相邻点阵结构胞元的构型连接和自由度约束，可以实现自锁重构，形成新的胞元构型[84]。

还可以通过引入具有波浪特征的增强杆件，调控拉伸主导点阵结构的初始高强度和屈服后的应力快速下降间的矛盾，获得连续稳定的应变硬化效应的力学行为曲线[71]。Li 等[85]通过采用基于折纸和蜂窝结构拓扑构型的复合设计，得到具有双平台的应变-应力曲线。Feng 等[86]基于锁嵌连接工艺，开展了金字塔型点阵结构和沙漏型点阵结构的设计，分别进行了其面内和面外力学性能研究，发现沙漏型点阵结构的面内力学性能优于金字塔型点阵结构。Dong 等[87]研究了具有不同层数点阵结构的吸能曲线，发现层数对点阵结构的失效模式和承载能力有显著影响[88]。类似地，Wadley 等[89]发现随着层数的增加，拉伸主导型点阵结构的压缩强度下降，但是曲线更趋于平缓。Wu 等[90]提出了金字塔-金字塔型多层级点阵结构的设计策略，能够有效地提升结构的性能。

8.4　点阵结构在压缩下的失效模式

8.4.1　对角线滑移失效模式

结构化材料包括周期性排列的节点（Nodes）和支柱（Struts），通常由具有相同取向的结构单元构成，非常类似于单晶中的"晶胞"。这就导致当结构化材料负载超过屈服点时出现局部高应力带，从而造成材料强度的灾难性崩溃。这种"后屈服崩溃"现象类似于金属单晶中与位错滑移相关的应力快速下降。与合金材料在屈服和应变硬化过程中的位错滑移、剪切带形成和扩展类似，周期性排布的点阵结构也会产生剪切带形成和快速扩展，最终导致结构失效破坏。个别点阵结构杆件发生失效会引起附近特定取向的点阵杆件应力水平急剧升高，导致杆件发生失效破坏，进一步将高应力扩展到相邻的其他特定取向的杆件上，导致骨牌效应，进而形成主剪切带。如图 8.4（a）所示，分别设计了均匀周期性的立方和密排六方点阵结构和梯度点阵结构，并开展了原位压缩实验。研究发现，周期性胞元点阵结构会形成沿着杆件对角线方向的失效剪切带，而梯度点阵结构设计可以一定程度上有效地抑制沿着对角线方向的主剪切带的萌生和扩展，显著提升结构的力学性能并改善结构的吸能效率[91]。如图 8.4（b）～（e）、（h）和（i）所示，分别展示了不同类型点阵胞元结构的主剪切带失效模式，导致结构的整体承载能力丧失[92-97]。图 8.4（f）给出了样品的高度和宽度对结构的主剪切带取向的影响模式[98]。图8.4(g)给出了由于侧面变形约束的解除导致点阵结构在压缩过程中形成的高应力/低应力分布区域,并在高应力/低应力分界过渡区形成主剪切失效带,进一步系统分析了层厚与主剪切带失效图案之间的演化规律[96]。

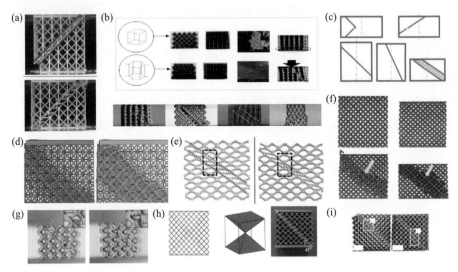

图8.4　周期性点阵结构的剪切带失效模式[91-98]

8.4.2　逐层压溃失效模式

如图8.5(a)和(c)所示,除了对角线剪切带失效之外,周期性排布的点阵结构发生逐层渐进式变形、失效和断裂的过程是另一种最常见的破坏模式。产生应力集中的某排点阵结构首先发生失效,然后相邻的点阵结构层依次失效,这可能在外部随机偶尔过载下引发灾难性结构失效和破坏。逐层点阵结构失效主要是由点阵结构成分材料的本征脆性、材料相变和变形孪晶的形成等导致的,但也可能是由点阵结构的胞元构型和几何尺寸等结构因素引起的。Liu等[99]研究了由 β 型 Ti-25Nb-3Zr-3Mo-2Sn(TLM)钛合金成形的立方点阵结构的整体均匀变形特征,避免了点阵结构的逐层塌陷失效破坏模式。对应的点阵结构的孔隙率为50%,并采用选区激光熔化成形工艺制成,材料内部的变形机制为渐进式马氏体转变(β→α″),并在变形过程中形成变形孪晶。其中材料相变主要发生在压缩的早期阶段,随后在进一步增加的压缩应变下发生马氏体相变,从而形成应变-应力曲线的"双屈服"平台特征。

如图8.5(b)所示,利用 X 射线计算机断层扫描三维成像技术和数字重建

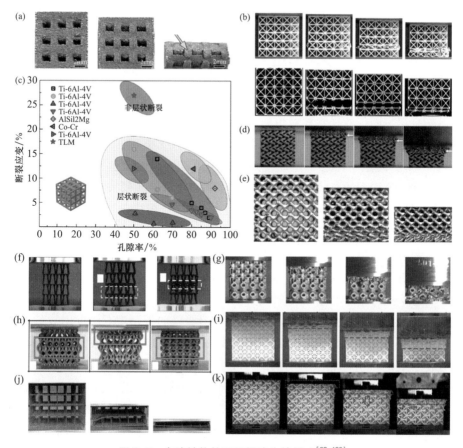

图 8.5 点阵结构的逐层塌陷失效模式[99-108]

方法,Cao 等[99]研究了选区激光熔化成形 β 型钛合金三维点阵结构样品中形成的固有缺陷特征,并进行了准静态压缩实验。研究发现,制备的钛合金点阵结构样品的应力-应变曲线具有多个峰值应力特征,对应于不同层位置的点阵结构非线性损伤演化和渐进破坏过程,并形成逐层变形和失效的渐进破坏过程。如图 8.5(d)所示,Zhao 等[100]研究了采用 Ti-6Al-4V 材料和 SLM 工艺制备的具有均匀尺寸和功能梯度几何结构特征(FGS)的最小曲面点阵结构的变形模式,分别包括具有简单的 primitive 和回转体几何特征的最小曲面点阵结构胞元类型。对于 Ti-6Al-4V 周期性排布点阵结构,对应的压缩应力-应变曲线表现出 3 个不同的力学行为阶段:弹性变形-塑性屈服阶段、塑性压溃平台波动阶段和致密化阶段。压溃平台应力波动阶段的应力下降(软化行为)归因于剪切带两侧点阵结构的分离和滑移错位。相反,FGS 结构的破坏坍塌过程始于强度最弱的结构层,然后随着强度的增加,将破坏逐渐传播到相邻层,并通过逐层变形和坍塌过程形成渐变增强的结构承载能力。

如图 8.5(e)所示[102],均匀几何尺寸点阵结构(ULS)和梯度几何尺寸点阵结构(GLS)之间的变形行为、应力-应变曲线和能量吸收特性之间存在本征差异。通常,可以采用两种主要的失效物理机制来描述对应的宏观失效,包括点阵结构逐层塌陷失效模式和对角剪切带失效模式。采用 SLM 工艺制备的基于马氏体时效钢的三周期极小曲面(TPMS)点阵结构在不同应变水平下的压缩变形行为不同,固体(骨架)-TPMS 基点阵结构可以形成逐层连续破坏模式,而基于薄板 TPMS 构型的点阵结构则表现出对角剪切带破坏模式。如图 8.5(f)所示,天然结构,如鸟骨和木材等,具有优良的比刚度,但这些自然界中的高刚度多孔材料很难直接通过人工设计和先进制造实现,难以应用于高精度、高承载构件。材料的刚度与强度是一对相互对立的属性,与材料的变形和破坏密切相关。此外,结构的大变形柔顺性与刚度是一对相互矛盾的物理属性。Fang等[103]进行了刚度引导的点阵结构胞元拓扑优化设计,并在周期性排布的相邻点阵结构胞元层之间引入薄板格栅。研究发现,横向板厚度对刚度引导的点阵结构整体弹性性能有显著影响。压缩过程中的应变-应力曲线在平台应力阶段展现出显著的振荡特征,对应于刚度引导点阵结构的逐层压溃。

如图 8.5(g)所示[104],利用选区激光熔化成形技术,以 AlSi10Mg 粉末为原料,制备了具有不同几何参数的两种类型 TPMS 最小曲面点阵结构(primitive 和 I-WP)和基于两种基本点阵结构胞元的混杂点阵结构胞元,并比较和分析了 3 种点阵结构的压缩力学行为、应变-应力曲线和变形模式的差异。结果表明,在固定的点阵结构胞元尺寸和组元厚度(不同的相对密度)条件下,primitive 点阵结构比 I-WP 点阵结构具有更高的屈服强度。然而,在固定的相对密度下,两种点阵结构的屈服强度相当,但 I-WP 点阵结构具有更高的比能量吸收能力。此外,通过点阵结构相邻层之间的功能梯度几何设计,可以实现将周期性排布均匀尺寸的点阵结构的变形模式从对角剪切带模式过渡到逐层渐进式塌陷模式。如图 8.5(h)所示[105],利用选区激光熔化成形技术制备了 316L 不锈钢材料的 BCC 点阵结构,研究了气体渗氮表面处理工艺对点阵结构力学性能的提升规律和机理。分析表明,气体渗氮表面处理可以降低点阵结构的韧性,并显著提高强度。直径较小的点阵结构的表面氮化层占据较高的材料比例,更容易在压缩过程中的平台应力阶段触发逐层变形失效和破坏。

如图 8.5(i)所示[106],提出了由内部模仿八角点阵结构内部杆件组元排布和外部模仿菱形十二面体(RD)点阵结构胞元的外层杆件组元排布的新型混杂点阵结构,可以提升单一类型的拉伸主导型八角点阵结构和弯曲主导型菱形十二面体点阵结构的压缩能量吸收性能。研究发现,与相同比密度的八角点阵结构相比,新型混杂点阵结构能够吸收相对更多的能量,远高于弯曲主导型菱形十二面体点阵结构,具有更高的能量吸收效率,在屈服后产生更平滑的应力-应变曲线,并形成逐层坍塌失效特征的失效模式,进而攻克了拉伸主导型与弯曲主导型点阵结构的固有性能矛盾。如图8.5(j)和(k)所示[107-108],研究了增材制造方向和冲击载荷对八角点阵材料结构变形的影响规律。对于八角点阵结构,各向异性应力-应变响应曲线与变形模式相关。沿着垂直方向的冲击会引起沿着水平方向分布的失效剪切带,横向冲击会引起倾斜的局部剪切带。随着全局应变的增加,八角点阵结构中水平取向局部剪切带从点阵结构的上层向下层传播。对于横向冲击,剪切变形失效带扩展到相邻的点阵结构中,并沿正交方向触发其他空间取向的局部剪切失效变形带。

8.4.3 压缩吸能协同效应

复合材料通常由基体和增强相混合得到,根据混合率的基本原理,其准静态力学性能指标主要由组分材料的体积分数比例决定。因此,其强度和刚度通常低于增强相,而冲击吸能、断裂韧性等在一些情况下可以通过对基体-增强相的合理微结构设计实现优化和提升,甚至超越增强相。同时,提高金属的强度和阻尼能力仍然是一个关键的挑战,因为这两种性能通常是相互排斥的。Zhang等[109]提出了一种新的设计策略来解决这一矛盾,即通过将镁熔体渗透到增材制造镍钛点阵中,开发出具有双连续互穿相结构的镁镍钛复合材料。该复合材料具有独特的力学性能,在高温条件下具有较高的强度和损伤容限以及不同振幅下表现出良好的阻尼能力和超常的能量吸收效率,所形成的双相镁镍钛复合材料的吸能能力超越了组分材料吸能能力的线性叠加,突破了复合材料混合率理论极限。梯度材料普遍表现出较好的强度、硬度、加工硬化及抗疲劳性能,针对梯度拓扑结构与梯度合金力学性能间的相关性以及其本征变形机制开展了深入系统研究,发现增加结构梯度可实现梯度纳米孪晶结构材料强度-加工硬化的协同提高,甚至可超过梯度微观结构中最强的部分。梯度纳米孪晶铜额外的强化和加工硬化归因于梯度结构约束产生的大量几何必需位错富集束,这些位错富集束在变形初期形成,沿着梯度方向均匀分布在晶粒内部。在变形过程中,具有超高位错密度的位错富集束通过阻碍位错运动和有效抑制晶界应变局域化,进而提高了梯度纳米孪晶结构的强度和加工硬化[110]。

Ahmad等[111]针对奥氏体/马氏体双相钢开展了相关研究,发现高强高韧双相钢不仅拥有奥氏体的高强度,而且保持了奥氏体的塑性变形能力,其断裂韧性突破了复合材料混合率理论。材料的强度和塑性与晶粒尺寸密切相关,传统的粗晶具有很大的塑性,而当晶粒尺寸减小到纳米尺度时,材料的强度会显著提高,但却几乎丧失了全部的拉伸塑性。在金属钛中研制出了一种新的微观结构,这种结构不仅具有超细晶结构的高强度,同时具有传统粗晶的较大的拉伸塑性。利用异步轧制技术和退火工艺,将常规金属钛变为一种"软-硬"复合层片的微结构,高强度的超细晶"硬"层片为基体,其内部弥散分布着体积分数约为25%、高塑性的再结晶"软"层片。该结构具有很大的加工硬化能力,甚至超过了粗晶结构。通过拉伸-卸载-再加载试验测试,发现"软-硬"层片表现出显著的包辛格效应。虽然"软"层片的体积分数达到了25%,但材料的整体强度仍可达到超细晶的强度,这一突破复合材料混合率理论常识的结果取决于背应力强化。当外应力达到"软"层片的屈服强度时,开始发生塑性变形。但是,由于"软"层片被"硬"层片完全包围而不能变形,导致几何必需位错在"软-硬"层片界面塞积,进而形成很大的背应力强化,直到"硬"层片开始屈服,即"软"层片在背应力作用下变得与"硬"层片几乎一样强[112]。

Liu 等[113]设计并详细研究了由点阵结构填充的薄壁筒体的冲击吸能特性。结果表明,复合点阵结构的吸能要比点阵结构和薄壁结构单独吸能的线性叠加之和高出 78.6%。此外,点阵结构的填充可以将薄壁结构的吸能效率提升25.9%。Li 等[114]通过环氧树脂基体填充金属微点阵结构的复合结构设计来提升比强度。结果表明,复合材料的强度比金属微点阵结构和树脂基体两相的强度线性叠加之和高 40%,增强机理在于改变了单相点阵结构的杆件组元自由屈曲失稳致承载能力丧失的失效模式。复合结构中的杆件需要和树脂基体协同变形,维持相对均匀的变形场,从而抑制了点阵杆件的屈曲失稳导致的承载能力丧失。对于强度和压缩密实化过程的变形吸能能力的协同增强,同样源于杆件屈曲变形的抑制和变形场均匀分布。通过变形模式的协同,可以有效地抑制结构的各向异性,使其接近完美的各向同性。值得一提的是,复合点阵的刚度低于相同密度的点阵结构本身。传统周期性排布点阵结构杆件在变形过程中主要发生塑性屈曲失效或弹性失稳,触发整体结构雪崩式剪切带的形成,最终导致结构失效。在变形过程中,没有利用杆件之间的表面相互接触提供额外的相互作用力,也没有利用多个点阵结构胞元之间的相互协同作用,因此整个点阵结构的效率较低。

White 等[115]受到欧几里得古典几何学的互穿几何结构数学理论的启发,设计了新型的相互穿透却没有任何直接结构连接的异质互穿复合点阵结构,两种类型的互穿点阵结构能够充分利用杆件之间的相互接触进行应变能的交换。进一步研究这种新型互穿复合点阵结构的断裂韧性、吸能特性、多稳态/负刚度特性以及力电耦合效应发现,互穿点阵结构的压缩吸能能力远超复合材料混合率理论极限,超越了两种组分点阵结构的吸能能力线性叠加总和,而且其压缩变形能力超越了任何组分点阵结构的压缩变形能力,突破了复合材料混合率极限。Airoldi 等[116]制备了六韧带手性结构,随后用聚氨酯开孔泡沫进行填充形成复合结构,并开展了相关准静态和动态压痕测试以研究结构的冲击吸能特性。研究表明,韧性金属手性蜂窝结构和开孔泡沫聚氨酯组成的复合结构所吸收的能量明显高于单独测试的金属蜂窝结构和开孔聚氨酯泡沫结构吸收的能量之和。开孔泡沫聚氨酯填料可以显著提高比吸收能量和载荷均匀性,有效地缓解了金属手性蜂窝结构单一组元的局部应力集中,促进了蜂窝结构和泡沫填充物的应变能均匀分散和变形协同,提升了结构的效率。与空心薄壁吸能管相比,聚氨酯泡沫填充管的吸收能量和稳定性大幅度提高,负泊松比泡沫填充薄壁管比中空薄壁管和传统的泡沫填充薄壁管具有更优异的耐撞性。然而,泡沫填充薄壁管的峰值力通常很高,不利于抗冲击设计。由于外部的中空薄壁管和内填充泡沫之间的相互作用和变形协同,泡沫填充的薄壁管复合结构的总吸收能量显著大于内部填充的纯泡沫和中空管独立吸能的线性叠加总和。与常规中空薄壁管通过塑性铰形成褶皱变形不同,泡沫填充增强薄壁管和负泊松比泡沫填充薄壁管表现出侧向收缩变形,有利于实现较好的压缩变形和较高的平台应力,大幅提高结构的吸能能力[117]。

Ren 等[118]开展了泡沫填充的负泊松比圆筒的冲击吸能特性研究,发现冲击吸能性能优于泡沫和负泊松比薄壁结构单独吸能能力的总和。此外,与常规的圆管相比,负泊松比薄壁管由于在压缩过程中发生径向收缩,更有利于冲击吸能性能的提高。通过在点阵结构中填充超弹体基体材料,可以大幅提升点阵结构的平台应力和比吸能,吸能能力优于超弹体填充基体和单独的点阵结构的线性叠加。通过超弹性基体材料的填充,点阵结构的剪切带失效模式可以转换成为渐进式失效[119]。Yang 等[120]研究了点阵结构填充的球形壳体结构的冲击吸能特性,发现通过球形壳体结构和内部点阵结构之间的屈曲变形竞争和协同作用,能够有效地提升结构的比强度、比刚度和比吸能,并进一步结合屈曲模型和局部刚度模型,揭示结构的 3 种不同变形模式之间的演化规律。

8.5 本章小结

增材制造点阵结构由于具有优异的比刚度、比强度、比吸能、减振降噪等多功能性能优势,在高端装备关键结构和器件中具有巨大应用潜力。本章从轻质点阵结构比强度和比刚度力学设计方法、点阵结构的结构组元缺陷与宏观力学性能关联关系、各向同性和各向异性力学性能设计、点阵结构吸能性能评价和吸能性能提升策略、点阵结构失效模式以及填充式点阵复合结构吸能协同效应等方面,分类论述了点阵结构的多功能力学性能优势,为增材制造轻质多功能点阵结构的力学设计、性能评价以及工程应用提供设计理论和技术指导,对于我国高端装备结构和器件性能的跨台阶提升具有重要意义。

参 考 文 献

[1] Maxwell J C. On the calculation of the equilibrium and stiffness of frames [J]. The London, Edinburgh, and Dublin Philosophical Magazine and Journal of Science, 1864, 27(182):294-299.

[2] Chen W, Watts S, Jackson J A, et al. Stiff isotropic lattices beyond the Maxwell criterion [J]. Science Advances, American Association for the Advancement of Science, 2019, 5(9): eaaw1937.

[3] Wagner M A, Lumpe T S, Chen T, et al. Programmable, active lattice structures: Unifying stretch-dominated and bending-dominated topologies [J]. Extreme Mechanics Letters, 2019, 29:100461.

[4] Meza L R, Phlipot G P, Portela C M, et al. Reexamining the mechanical property space of three-dimensional lattice architectures [J]. Acta Materialia, 2017, 140:424-432.

[5] Tancogne-Dejean T, Diamantopoulou M, Gorji M B, et al. 3D Plate-Lattices: An Emerging Class of Low-Density Metamaterial Exhibiting Optimal Isotropic Stiffness [J]. Advanced Materials, 2018, 30:1803334.

[6] Crook C, Bauer J, Guell Izard A, et al. Plate-nanolattices at the theoretical limit of stiffness and strength [J]. Nature Communications, Nature Publishing Group, 2020, 11(1):1-11.

[7] Fleck N A, Qiu X. The damage tolerance of elastic-brittle, two-dimensional isotropic lattices [J]. Journal of the Mechanics and Physics of Solids, 2007, 55(3):562-588.

[8] Simone A E, Gibson L J. The effects of cell face curvature and corrugations on the stiffness and strength of metallic foams [J]. Acta Materialia, 1998, 46(11):3929-3935.

[9] Simone A E, Gibson L J. Effects of solid distribution on the stiffness and strength of metallic foams [J]. Acta Materialia, 1998, 46(6):2139-2150.

[10] Symons D D, Fleck N A. The Imperfection Sensitivity of Isotropic Two-Dimensional Elastic Lattices [J]. Journal of Applied Mechanics-transactions of The ASME-Journal of Applied Mechanics, 2008, 75(5):051011.

[11] Wallach J C, Gibson L J. Defect sensitivity of a 3D truss material [J]. Scripta Materialia,

2001,45(6):639-644.

[12] Chen C,Lu T J,Fleck N A. Effect of inclusions and holes on the stiffness and strength of honeycombs [J]. International Journal of Mechanical Sciences,2001,43(2):487-504.

[13] Latture R M,Rodriguez R X,Holmes LR,et al. Effects of nodal fillets and external boundaries on compressive response of an octet truss [J]. Acta Materialia,2018,149:78-87.

[14] Nakamoto H, Adachi T, Araki W. In-plane impact behavior of honeycomb structures randomly filled with rigid inclusions [J]. International Journal of Impact Engineering,2009,36(1):73-80.

[15] Su B Y,Zhou Z W,Wang Z H,et al. Effect of defects on creep behavior of cellular materials [J]. Materials Letters,2014,136:37-40.

[16] Hutchinson R G,Fleck N A. The structural performance of the periodic truss [J]. Journal of the Mechanics and Physics of Solids,2006,54(4):756-782.

[17] Chen D H,Masuda K. Estimation of stress concentration due to defects in a honeycomb core [J]. Engineering Fracture Mechanics,2017,172:61-72.

[18] Wang A J,McDowell D L. Effects of defects on in-plane properties of periodic metal honeycombs [J]. International Journal of Mechanical Sciences,2003,45(11):1799-1813.

[19] Mukhopadhyay T, Adhikari S. Equivalent in-plane elastic properties of irregular honeycombs:An analytical approach [J]. International Journal of Solids and Structures,2016,91:169-184.

[20] Romijn N E R,Fleck N A. The fracture toughness of planar lattices:Imperfection sensitivity [J]. Journal of the Mechanics and Physics of Solids,2007,55(12):2538-2564.

[21] Maimí P,Turon A,Trias D. Crack propagation in quasi-brittle two-dimensional isotropic lattices [J]. Engineering Fracture Mechanics,2011,78(1):60-70.

[22] Thiyagasundaram P,Wang J,Sankar B V,et al. Fracture toughness of foams with tetrakaidecahedral unit cells using finite element based micromechanics [J]. Engineering Fracture Mechanics,2011,78(6):1277-1288.

[23] Montemayor L C,Wong W H,Zhang Y W,et al. Insensitivity to Flaws Leads to Damage Tolerance in Brittle Architected Meta-Materials [J]. Scientific Reports,Nature Publishing Group,2016,6(1):20570.

[24] Jiang Y Y,Li Y N. Novel 3D-Printed Hybrid Auxetic Mechanical Metamaterial with Chirality-Induced Sequential Cell Opening Mechanisms [J]. Advanced Engineering Materials,2018,20(2):1700744.

[25] Yu X L,Zhou J,Liang H Y,et al. Mechanical metamaterials associated with stiffness,rigidity and compressibility:A brief review [J]. Progress in Materials Science,2018,94:114-173.

[26] Wang F,Sigmund O,Jensen J S. Design of materials with prescribed nonlinear properties [J]. Journal of the Mechanics and Physics of Solids,2014,69:156-174.

[27] Xia R,Song X K,Sun L J,et al. Mechanical Properties of 3D Isotropic Anti-Tetrachiral Meta-structure [J]. physica status solidi(b),2018,255(4):1700343.

[28] Frenzel T,Kadic M,Wegener M. Three-dimensional mechanical metamaterials with a twist [J]. Science,American Association for the Advancement of Science,2017,358(6366):1072-1074.

[29] Gao Z Y,Li D W,Dong G Y,et al. Crack path-engineered 2D octet-truss lattice with bio-inspired crack deflection [J]. Additive Manufacturing,2020,36:101539.

[30] Ranganathan S I,Ostoja-Starzewski M. Universal elastic anisotropy index [J]. Physical Review Letters,2008,101(5):055504.

[31] Khaleghi S,Dehnavi F N,Baghani M,et al. On the directional elastic modulus of the TPMS structures and a novel hybridization method to control anisotropy [J]. Materials & Design,2021,210:110074.

[32] Zhang X,Vyatskikh A,Gao H,et al. Lightweight,flaw-tolerant,and ultrastrong nanoarchitected carbon [J]. Proceedings of the National Academy of Sciences,Proceedings of the National Academy of Sciences,2019,116(14):6665-6672.

[33] Messner M C. Optimal lattice-structured materials [J]. Journal of the Mechanics and Physics of Solids,2016,96:162-183.

[34] Tancogne-Dejean T,Mohr D. Elastically-isotropic truss lattice materials of reduced plastic anisotropy [J]. International Journal of Solids and Structures,2018,138:24-39.

[35] Xu S,Shen J,Zhou S,et al. Design of lattice structures with controlled anisotropy [J]. Materials & Design,2016,93:443-447.

[36] Feng J,Liu B,Lin Z W,et al. Isotropic porous structure design methods based on triply periodic minimal surfaces [J]. Materials & Design,2021,210:110050.

[37] Duan S,Wen W,Fang D. Additively-manufactured anisotropic and isotropic 3D plate-lattice materials for enhanced mechanical performance:Simulations & experiments [J]. Acta Materialia,2020,199:397-412.

[38] Al-Ketan O,Lee D W,Abu Al-Rub R K. Mechanical properties of additively-manufactured sheet-based gyroidal stochastic cellular materials [J]. Additive Manufacturing, 2021,48:102418.

[39] Mueller J,Matlack K H,Shea K,et al. Energy Absorption Properties of Periodic and Stochastic 3D Lattice Materials [J]. Advanced Theory and Simulations,2019,2(10):1900081.

[40] Tancogne-Dejean T,Mohr D. Elastically-isotropic elementary cubic lattices composed of tailored hollow beams [J]. Extreme Mechanics Letters,2018,22:13-18.

[41] Heidenreich J N,Gorji M B,Tancogne-Dejean T,et al. Design of isotropic porous plates for use in hierarchical plate-lattices [J]. Materials & Design,2021,212:110218.

[42] Feng J,Liu B,Lin Z,et al. Isotropic octet-truss lattice structure design and anisotropy control

strategies for implant application [J]. Materials & Design,2021,203:109595.

[43] Wang Y,Groen J P,Sigmund O. Simple optimal lattice structures for arbitrary loadings [J]. Extreme Mechanics Letters,2019,29:100447.

[44] Yera R,Rossi N,Méndez C G,et al. Topology design of 2D and 3D elastic material microarchitectures with crystal symmetries displaying isotropic properties close to their theoretical limits [J]. Applied Materials Today,2020,18:100456.

[45] Chen D,Skouras M,Zhu B,et al. Computational discovery of extremal microstructure families [J]. Science Advances,2018,4(1):eaao7005.

[46] Wang Y,Sigmund O. Quasiperiodic mechanical metamaterials with extreme isotropic stiffness [J]. Extreme Mechanics Letters,2020,34:100596.

[47] Mao Y,He Q,Zhao X. Designing complex architectured materials with generative adversarial networks [J]. Science Advances, American Association for the Advancement of Science (AAAS),2020.

[48] Takezawa A,Yonekura K,Koizumi Y,et al. Isotropic Ti-6Al-4V lattice via topology optimization and electron-beam melting [J]. Additive Manufacturing,2018,22:634-642.

[49] Latture R M,Begley M R,Zok F W. Design and mechanical properties of elastically isotropic trusses [J]. Journal of Materials Research,2018,33(3):249-263.

[50] Wei A,Xiong J,Yang W,et al. Deep learning-assisted elastic isotropy identification for architected materials [J]. Extreme Mechanics Letters,2021,43:101173.

[51] Chen X,Moughames J,Ji Q,et al. Optimal isotropic,reusable truss lattice material with near-zero Poisson's ratio [J]. Extreme Mechanics Letters,2020,41:101048.

[52] Zheng Y,Wang Y,Lu X,et al. Topology optimisation for isotropic mechanical metamaterials considering material uncertainties [J]. Mechanics of Materials,2021,155:103742.

[53] Chen W,Watts S,Jackson J A,et al. Stiff isotropic lattices beyond the Maxwell criterion [J]. Science Advances,2019,5(9):eaaw1937.

[54] Chen Z,Xie Y M,Wu X,et al. On hybrid cellular materials based on triply periodic minimal surfaces with extreme mechanical properties [J]. Materials & Design,2019,183:108109.

[55] Storm J,Abendroth M,Kuna M. Effect of morphology,topology and anisoptropy of open cell foams on their yield surface [J]. Mechanics of Materials,2019,137:103145.

[56] Storm J,Abendroth M,Kuna M. Influence of curved struts,anisotropic pores and strut cavities on the effective elastic properties of open-cell foams [J]. Mechanics of Materials,2015,86:1-10.

[57] Pan C,Han Y,Lu J. Design and Optimization of Lattice Structures:A Review [J]. Applied Sciences,MDPI AG,2020,10(6374):6374.

[58] Mao H,Rumpler R,Gaborit M,et al. Twist,tilt and stretch:From isometric Kelvin cells to anisotropic cellular materials [J]. Materials & Design,2020,193:108855.

[59] Parsons E M. Lightweight cellular metal composites with zero and tunable thermal expansion

enabled by ultrasonic additive manufacturing: Modeling, manufacturing, and testing [J]. Composite Structures, 2019, 223: 110656.

[60] Zhu S, Ma L, Wang B, et al. Lattice materials composed by curved struts exhibit adjustable macroscopic stress-strain curves [J]. Materials Today Communications, 2018, 14: 273-281.

[61] Hossain U, Ghouse S, Nai K, et al. Controlling and testing anisotropy in additively manufactured stochastic structures [J]. Additive Manufacturing, 2021, 39: 101849.

[62] Zhu L, Sun L, Wang X, et al. Optimisation of three-dimensional hierarchical structures with tailored lattice metamaterial anisotropy [J]. Materials & Design, 2021, 210: 110083.

[63] Peng X, Huang Q, Zhang Y, et al. Elastic response of anisotropic Gyroid cellular structures under compression: Parametric analysis [J]. Materials & Design, 2021, 205: 109706.

[64] Francesco T, Graziosi S, Bordegoni M. The Design Process of Additively Manufactured Mesoscale Lattice Structures: A Review [J]. Journal of Computing and Information Science in Engineering, 2018, 18: 040801.

[65] Torres A, Trikanad A, Aubin C, et al. Bone-inspired microarchitectures achieve enhanced fatigue life [J]. Proceedings of the National Academy of Sciences, 2019, 116: 201905814.

[66] Zheng L, Kumar S, Kochmann D M. Data-driven topology optimization of spinodoid metamaterials with seamlessly tunable anisotropy [J]. Computer Methods in Applied Mechanics and Engineering, 2021, 383: 113894.

[67] Munford M, Hossain U, Ghouse S, et al. Prediction of anisotropic mechanical properties for lattice structures [J]. Additive Manufacturing, 2020, 32: 101041.

[68] Kulagin R, Beygelzimer Y, Estrin Y, et al. Architectured Lattice Materials with Tunable Anisotropy: Design and Analysis of the Material Property Space with the Aid of Machine Learning [J]. Advanced engineering materials, 2020, 22(12): 2001069.

[69] Gómez González S, Valera Jiménez J F, Cabestany Bastida G, et al. Synthetic open cell foams versus a healthy human vertebra: Anisotropy, fluid flow and μ-CT structural studies [J]. Materials Science and Engineering: C, 2020, 108: 110404.

[70] Yang L, Yan C, Fan H, et al. Investigation on the orientation dependence of elastic response in Gyroid cellular structures [J]. Journal of the Mechanical Behavior of Biomedical Materials, 2019, 90: 73-85.

[71] Plancher E, Suard M, Dendievel R, et al. Behavior by design made possible by additive manufacturing: The case of a whistle-blower mechanical response [J]. Materials Letters, 2021, 282: 128669.

[72] Kang J, Dong E, Li D, et al. Anisotropy characteristics of microstructures for bone substitutes and porous implants with application of additive manufacturing in orthopaedic [J]. Materials & Design, 2020, 191: 108608.

[73] 魏路路, 余强, 赵轩, 等. 内凹-反手性蜂窝结构的面内动态压溃性能研究 [J]. 振动与

冲击,2021,40(04):261-269.

[74] 乔锦秀.新型周期多孔材料的准静态和冲击特性研究 [D]. 北京:清华大学,2016.

[75] Al-Saedi D S J,Masood S H,Faizan-Ur-Rab M,et al. Mechanical properties and energy absorption capability of functionally graded F2BCC lattice fabricated by SLM [J]. Materials & Design,2018,144:32-44.

[76] Al-Ketan O,Al-Rub R K A. Multifunctional Mechanical Metamaterials Based on Triply Periodic Minimal Surface Lattices [J]. Advanced Engineering Materials,John Wiley & Sons, Ltd,2019,21(10):1900524.

[77] Maconachie T,Leary M,Lozanovski B,et al. SLM lattice structures:Properties,performance, applications and challenges [J]. Materials & Design,2019,183:108137.

[78] Meng Z,Liu M,Zhang Y,et al. Multi-step deformation mechanical metamaterials [J]. Journal of the Mechanics and Physics of Solids,2020,144:104095.

[79] Meng Z,Ouyang Z,Chen C Q. Multi-step metamaterials with two phases of elastic and plastic deformation [J]. Composite Structures,2021,271:114152.

[80] Yin S,Guo W,Wang H,et al. Strong and Tough Bioinspired Additive-Manufactured Dual-Phase Mechanical Metamaterial Composites [J]. Journal of the Mechanics and Physics of Solids,2021,149:104341.

[81] Ji J C,Luo Q T,Ye K. Vibration control based metamaterials and origami structures:A state-of-the-art review [J]. Mechanical Systems and Signal Processing,2021,161:107945.

[82] Hazeli K,Babamiri B B,Indeck J,et al. Microstructure-topology relationship effects on the quasi-static and dynamic behavior of additively manufactured lattice structures [J]. Materials & Design,2019,176:107826.

[83] Tan X P,Tan Y J,Chow C S L,et al. Metallic powder-bed based 3D printing of cellular scaffolds for orthopaedic implants:A state-of-the-art review on manufacturing,topological design,mechanical properties and biocompatibility [J]. Materials Science and Engineering C, 2017,76:1328-1343.

[84] Fang H,Chu S A,Xia Y,et al. Programmable Self-Locking Origami Mechanical Metamaterials [J]. Advanced materials(Weinheim),2018,30(15):1706311.

[85] Li Z J,Yang Q S,Fang R,et al. Origami metamaterial with two-stage programmable compressive strength under quasi-static loading [J]. International Journal of Mechanical Sciences, 2021,189:105987.

[86] Feng L J,Wu L Z,Yu G C. An Hourglass truss lattice structure and its mechanical performances [J]. Materials and Design,2016,99:581-591.

[87] Dong L,Deshpande V,Wadley H. Mechanical response of Ti-6Al-4V octet-truss lattice structures [J]. International Journal of Solids and Structures,2015,60-61:107-124.

[88] Lei H S,Li C L,Meng J X. Evaluation of compressive properties of SLM-fabricated multi-

layer lattice structures by experimental test and μ-CT-based finite element analysis [J]. Materials & Design, 2019, 169: 107685.

[89] Wadley H N, Fleck N A, Evans A G. Fabrication and structural performance of periodic cellular metal sandwich structures [J]. Composites Science and Technology, 2003, 63(16): 2331-2343.

[90] Wu Q, Vaziri A, Asl M E, et al. Lattice materials with pyramidal hierarchy: Systematic analysis and three dimensional failure mechanism maps [J]. Journal of the Mechanics and Physics of Solids, 2019, 125: 112-144.

[91] Choy S Y, Sun C, Leong K F, et al. Compressive properties of functionally graded lattice structures manufactured by selective laser melting [J]. Materials & Design, 2017, 131: 112-120.

[92] Liu X Y, Wada T, Suzuki A, et al. Understanding and suppressing shear band formation in strut-based lattice structures manufactured by laser powder bed fusion [J]. Materials and Design, 2021, 199: 109416.

[93] Li C L, Lei H S, Liu Y B, et al. Crushing behavior of multi-layer metal lattice panel fabricated by selective laser melting [J]. International Journal of Mechanical Sciences, 2018, 145: 389-399.

[94] Loginov Y N, Koptyug A, Popov V V, et al. Compression deformation and fracture behavior of additively manufactured Ti-6Al-4V cellular structures [J]. International Journal of Lightweight Materials and Manufacture, 2022, 5(1): 126-135.

[95] Jost E W, Moore D G, Saldana C. Evolution of global and local deformation in additively manufactured octet truss lattice structures [J]. Additive Manufacturing Letters, 2021, 1: 100010.

[96] Bai L, Zhang J F, Chen X H, et al. Configuration optimization design of Ti-6Al-4V lattice structure formed by SLM [J]. Materials, 2018, 11(10): 1856.

[97] Zhao M, Liu F, Fu G, et al. Improved mechanical properties and energy absorption of BCC lattice structures with triply periodic minimal surfaces fabricated by SLM [J]. Materials, 2018, 11(12): 2411.

[98] Yang Y H, Shan M J, Zhao L B, et al. Multiple strut-deformation patterns based analytical elastic modulus of sandwich BCC lattices [J]. Materials and Design, 2019, 181: 107916.

[99] Liu Y J, Zhang J S, Liu X C, et al. Non-layer-wise fracture and deformation mechanism in beta titanium cubic lattice structure manufactured by selective laser melting [J]. Materials Science & Engineering A, 2021, 822: 141696.

[100] Cao X F, Jiang Y B, Zhao T, et al. Compression experiment and numerical evaluation on mechanical responses of the lattice structures with stochastic geometric defects originated from additive-manufacturing [J]. Composites Part B, 2020, 194: 108030.

[101] Zhao M, Zhang D Z, Liu F, et al. Mechanical and energy absorption characteristics of additively manufactured functionally graded sheet lattice structures with minimal surfaces [J].

International Journal of Mechanical Sciences,2020,167:105262.

[102] Xu Z,Razavi M J,Ayatollahi M R. Functionally Graded Lattice Structures:Fabrication Methods,Mechanical Properties,Failure Mechanisms and Applications [J]. Reference Module in Materials Science and Materials Engineering,2022,125:163-172.

[103] Fang Z H,Ding Y Y,Jiang Y T,et al. Failure mode analysis of stiffness-guided lattice structures under quasi-static and dynamic compressions [J]. Composite Structures, 2021, 275:114414.

[104] Alqaydi H A,Krishnan,K,Oyebanji J,et al. Hybridisation of AlSi10Mg lattice structures for engineered mechanical performance [J]. Additive Manufacturing,2022,57:102935.

[105] Chen Y,Liu C M,Yan H Y,et al. Effect of gas nitriding on 316 L stainless steel lattice manufactured via selective laser melting [J]. Surface & Coatings Technology, 2022, 441:128559.

[106] Sun Z P,Guo Y B,Shim V P W. Deformation and energy absorption characteristics of additively-manufactured polymeric lattice structures-Effects of cell topology and material anisotropy [J]. Thin-Walled Structures,2021,169:108420.

[107] Sun Z P,Guo Y B,Shim V P W. Influence of printing direction on the dynamic response of additively-manufactured polymeric materials and lattices [J]. International Journal of Impact Engineering,2022,167:104263.

[108] Nasim M,Galvanetto U. Mechanical characterisation of additively manufactured PA12 lattice structures under quasi-static compression [J]. Materials Today Communications, 2021, 29:102902.

[109] Zhang M Y,Yu Q,Liu Z Q,et al. 3D printed Mg-NiTi interpenetrating-phase composites with high strength,damping capacity,and energy absorption efficiency [J]. Science Advances,2020,6(19):eaba5581.

[110] Wu X L,Yang M X,Yuan F P,et al. Heterogeneous lamella structure unites ultrafine-grain strength with coarse-grain ductility [J]. PNAS,2015,112(47):14501-14505.

[111] Ahmad E. Modified Law of Mixture to Describe the Tensile Deformation Behavior of thermomechanically Processed Dual-Phase Steel [J]. Journal of Materials Engineering and Performance,2013,22:2161-2167.

[112] Cheng Z,Zhou H F,Lu Q H,et al. Extra strengthening and work hardening in gradient nanotwinned metals [J]. Science,2018,362:eaau1925.

[113] Liu H,Chng Z X C,Wang G J,et al. Crashworthiness improvements of multi-cell thin-walled tubes through lattice structure enhancements [J]. International Journal of Mechanical Sciences,2021,210:106731.

[114] Li X W,Tan Y H,Wang P,et al. Metallic microlattice and epoxy interpenetrating phase composites:Experimental and simulation studies on superior mechanical properties and their

191

mechanisms [J]. Composites Part A,2020,135:105934.

[115] White B C,Garland A,Alberdi R,et al. Interpenetrating lattices with enhanced mechanical functionality [J]. Additive Manufacturing,2021,38:101741.

[116] Airoldi A,Novak N,Sgobba F,et al. Foam-filled energy absorbers with auxetic behaviour for localized impacts [J]. Materials Science & Engineering A,2020,788:139500.

[117] Sun G Y,Wang Z,Yu H,et al. Experimental and numerical investigation into the crashworthiness of metal foam-composite hybrid structures [J]. Composite Structures,2019,209:535-547.

[118] Ren X,Zhang Y,Han C Z,et al. Mechanical properties of foam-filled auxetic circular tubes:Experimental and numerical study [J]. Thin-Walled Structures,2022,170:108584.

[119] Albertini F,Dirrenberger J,Sollogoub C,et al. Experimental and computational analysis of the mechanical properties of composite auxetic lattice structures [J]. Additive Manufacturing,2021,47:102351.

[120] Yang W Z,Yue Z F,Xu B X. A hybrid elastomeric foam-core/solid-shell spherical structure for enhanced energy absorption performance [J]. International Journal of Solids and Structures,2016,92-93:17-28.

第 9 章
增材点阵结构的图像仿真分析

一般地,可以采用光学显微镜、扫描电镜及电子背散射衍射等技术,获得材料表面的变形场、微结构及晶体取向演化等信息。然而,随着增材结构件向复杂化、精细化、功能化及一体化方向发展,传统研究方法已经不能满足全场微结构特征和缺陷表征要求,X 射线成像和衍射等高精度全场检测技术在揭示增材复杂结构损伤演化机制中的优势逐渐凸显。与此同时,数值仿真已经成为除了理论建模和实验分析之外的重要科学研究手段。开展基于三维图像数据的增材制造复杂点阵结构多尺度建模方法和性能高保真预测研究,对于提升我国高端装备的结构完整性技术水平具有重要意义。本章简要介绍基于 X 射线全场成像的图像有限元高保真建模方法,详细介绍几种高效率的图像有限元建模方法,主要包括基于统计平均结构组元的图像有限元、多尺度 hp 图像有限胞元法、基于深度学习的图像有限元法、考虑增材缺陷的点阵结构疲劳性能评估方法及增材点阵结构疲劳性能的级联失效模型等。

9.1 图像有限元高保真建模方法

为了对增材制造点阵结构力学性能进行高保真分析,需要在对点阵结构的外部表面形貌几何特征和材料内部孔洞分布特征进行统计分析的基础上,建立反映"缺陷几何不确定性"和"材料性能不确定性"的统计数学模型,获得等效结构几何特征和材料性能参数,建立基于特征统计模型的"几何高保形"和"性能高保真"多尺度图像有限元分析模型,开展基于自动填充的图像有限元多尺度模拟,实现直接从 CT 重构的数字化几何模型建立增材制造点阵结构的高保真、高精度、多尺度有限元仿真模型,以此来揭示多尺度结构缺陷对点阵结构宏观力学性能的影响机制。此外,可以充分利用统计学方法,针对增材制造杆件横截面几何特征进行统计分析,建立真实杆件组元的横截面几何特征统计分布函数,获得结构组元统计平均几何特征参数,进一步建立基于统计平均参数的点阵结构多尺度等效力学分析模型,实现基于"材料不确定性"和"结构不确定性"的点阵结构力学性能多尺度高保真预测。

如表 9.1 所列,在基于高时空分辨 X 射线 CT 断层扫描技术开展图像有限元分析方面,主要有以下 4 类方法[1]。

1) 直接数值模拟法。在 CT 三维扫描得到点云文件之后,直接开展体素六面体网格划分,其中整个试样的微观结构全部网格化,因此微尺度的本构模型可以应用于整体结构的几何高保真模型中,但由于 CT 扫描得到的点云数量庞大,且需要模拟整个试件的力学性能,导致模拟成本巨大。

2) 弱结合有限元法。首先对试件的理想模型进行数值模拟,并采用宏观本构模型描述,将 CT 扫描区域里的感兴趣计算区域所对应的理想试件里局部区域的数值模拟结果(如位移)提取出来;然后将这些位移施加在局部区域微观模型的边界上作为边界条件进行数值仿真,其中本构模型为微观本构模型。尽管该方法较为简单,但是宏观结构与微观结构之间并未关联,微观结构的破坏并不能反映在宏观尺度上,导致误差较大[2-7]。

3) 强结合有限元法。将 CT 扫描模型全部进行网格划分,在感兴趣的局部微观模型区域采用微观本构模型,感兴趣区域外的网格均采用宏观本构模型,这使得微观结构的变化也会在宏观尺度上有所体现,但是边界条件的不确定性也会造成一定的分析误差[8-10]。

4) 数字体积相关有限元法。对试件进行原位实验,将载荷分段加载,分别在不同加载应变水平进行三维 CT 扫描,利用数字体积相关技术对比加载前后的图像,得到位移场,然后将其作为边界条件施加在有限元模型上进行分析,由于该方法能够得到更为真实的边界条件,误差相对较小[11-14]。

表 9.1　基于 X 射线三维成像的图像有限元分析方法

方法	特点	优势	劣势
直接数值模拟法	将点云文件采用直接基于体素的六面体网格划分	能够体现完整结构特征	计算效率极低
弱结合有限元法[4,6-7]	将理想模型数值模拟结果作为关键区域的边界条件	计算量小、效率高	宏观结构与微观结构间接耦合、误差偏大
强结合有限元法[9-10]	将全部模型进行网格划分,感兴趣区域内采用微观本构,其他采用宏观本构	微观结构破坏体现在宏观结构上	边界条件的不确定性会造成一定误差

续表

方法	特点	优势	劣势
数字体积相关有限元法[11-12]	分阶段进行载荷加载和三维成像,对比加载前后的图像得到位移场,作为边界条件施加于有限元模型	能够得到更为真实的边界条件、误差较小	原位实验装置复杂、安装要求高

需要指出的是,基于 CT 数据的点阵结构三维重构建模的几何精度是影响计算精度的关键因素之一。除了内部孔洞、结构几何尺寸不准确、增材制造真实点阵结构的表面粗糙度或杆件组元缺失等典型缺陷外,点阵结构黏附的粉体颗粒、结构残余应力等因素也会影响点阵结构的力学性能预测结果。此外,黏附在点阵结构杆件组元表面的未熔化粉末颗粒,会导致点阵结构的几何尺寸偏差。由于其结构特征尺寸较小,所需结构单元数量较多,表面黏附的粉末颗粒将显著增加基于图像的有限元分析成本。同时,这些黏附未熔化颗粒的力学性能与基体的力学性能不同,其所引起的"结构几何不确定性"和"材料性能不确定性"给仿真计算效率和计算精确度带来了巨大挑战。基于图像有限元分析,Suard 等[22]和 Wang 等[27]讨论了未熔化粉末颗粒(表面粗糙度)对增材制造结构力学行为的影响,但并未考虑黏附颗粒与基体材料之间的力学性能差异。在CT 扫描三维重构建模中,未熔化的粉末颗粒和完全熔化的固体的密度非常接近,这使得传统的图像处理方法难以区分这些颗粒。Lozanovski 等[18]提出了一种去除 CT 图像中黏附颗粒的算法,可以去除大部分小颗粒,但较大的粉体颗粒仍然难以消除。因此,如何在结构模型三维重建过程中去除黏附颗粒的影响是一个重要研究课题。高效的黏附粉体颗粒处理方法可以从根本上提高增材制造结构性能预测计算的准确性和效率(图 9.1)。

近年来,在增材制造点阵结构力学性能分析方面,使用基于快速傅里叶变换(FFT)算法的频谱方法已经成为一种高精度、高可靠的解决方案。FFT 算法不需要进行复杂精细化多尺度网格划分,基于规则网格进行计算,并且属于网格每个节点对应的材料坐标可以直接从数字图像或 X 射线三维成像数据中获得。此外,FFT 方法可以将块状复杂异质材料和结构的均匀化力学响应的有限元计算效率提高几个数量级。使用频谱方法研究点阵结构材料力学性能还有其他独特的衍生优势。例如,可以进一步在 FFT 基础上结合相场断裂模拟或梯度损伤模拟等计算方法,实现具有复杂微结构特征的块体材料脆性断裂或韧性损伤演化模拟,通过在频域空间使用 FFT 均匀化算法显示出非常高效的计算优势[28]。FFT 均匀化的基本思想是由 Moulinec 和 Suquet 提出的[28]。此后,学者

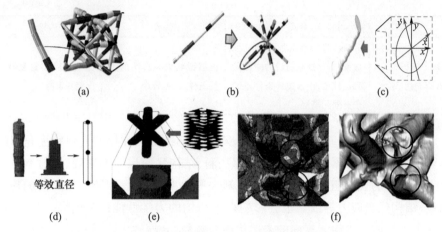

图 9.1 基于增材制造结构 CT 图像的有限元建模

(a)具有随机缺陷的可变截面梁单元[19];(b)具有参数化可变截面梁单元[23];

(c)具有等效椭圆截面的实体单元[26];(d)具有均匀等效直径的固体或梁单元[20];

(e)反映真实缺陷特征的体素有限元模型[17];

(f)采用异质 Gurson-Tvergaard-Needleman 材料模型重建的实体单元[16]。

们提出了不同的数值计算优化方法来提高 FFT 的收敛率。其中一些方法是在原始 FFT 方法基础上发展出来的,利用不同参考介质的格林函数和 Lippmann-Schwinger 方程进行转换。其他替代方法使用平衡方程的 Galerkin 近似解,并利用三角多项式形式的离散化试函数,或者使用位移参数作为未知量来求解强形式的平衡方程。

尽管 FFT 求解器在分析增材点阵结构力学性能方面具有明显的效率优势,但也存在两方面的固有矛盾[28]。首先,FFT 方法的收敛速率和准确性在很大程度上取决于计算域内的异质材料的刚度对比度。对于点阵结构,孔洞区和密实区的刚度对比度是无限的,因为大量的代表性体积单元(Representative Volume Element, RVE)体素是空白区域,对应的局部结构刚度为零。其次,尽管采用体素化的周期性点阵结构胞元表示方法描述材料微观结构的数字化模型和开展数据分析非常方便,但采用描述平滑的几何边界可能会导致边界附近的力学计算结果出现严重偏差。此外,由于 FFT 和 FFT 逆变换应包括 RVE 的所有空间坐标点,包括空白空间。因此,该方法与 RVE 的相对密度关系不大。传统有限元方法(Finite Element Method, FEM)的计算效率取决于材料的相对体积分数(相对密度)。对于相对密度非常小的多孔超轻微结构而言,与传统 FEM 相比,FFT 在计算精度和计算效率方面的优势并不显著。

　　针对上述第一个局限性,学者们提出了若干种方法以克服 FFT 求解具有较大刚度差异的异质材料的收敛性问题,并尝试将其用于研究具有孔洞特征的多孔材料。Michel 等[29]开发了一种增强的拉格朗日方法来解决包括不协调场在内的非线性问题。虽然这种模型允许引入零刚度,但它可能需要大量的数值迭代来实现应力平衡和应变协调。Brisard 和 Dormieux[30]提出了一种基于 Hashin 和 Shtrikman 能量原理的变分格式,并应用于多孔介质材料,可以准确地预测多孔材料的整体力学响应,但需要预先计算本征 Green 算子,导致较高的计算成本。最近,To 和 Bonnet[31]提出了一种解决包含孔洞缺陷的多孔固体电导率问题的新方法,可用于重点求解块体固体材料中的通量平衡问题,包括基体和孔隙相间的通量项。该方法适用于标量场,但不能直接扩展到力学问题中特有的向量和张量场,这是由于内部边界处的通量项不限制平行于异质结构相界面的张量分量。Schneider 等[32]通过在非退化均匀化解的子空间中搜索精确解,提出了包含孔隙缺陷的固体材料力学问题求解新方法。

　　与专门用于多孔材料的计算方法类似,对于具有非常大的异质材料刚度差异的复合材料,可以采用其他简单有效的替代方法来减少由于 Gibbs 现象或叠加效应引起的数值振荡,从而提高计算收敛速率。第一种方法是过滤掉高频项[33-35],第二种可行的方法是采用有限差分计算格式代替真实空间中偏微分方程中的连续微分导数算子[36],通过 FFT 算法将导数的有限差分定义与使用修正频率形式的傅里叶展开定义相结合来实现,对应的 FFT 计算过程中使用的修正频率通过真实空间中使用的有限差分格式推导。在不同的离散差分方法中,旋转技术可以显著降低计算数值波动并大幅改善收敛性。

　　此外,也有一些文献报道了另外两个不依赖于修正频率的有限差分计算方法,可显著改善数值分散和震荡问题[37-38]。Eloh 等[39]提出了第三种可以降低求解噪声误差的计算方法,没有使用离散傅里叶变换作为连续傅里叶变换的离散格式,而是采用考虑真实空间中分段常数算子的连续傅里叶变换推导协调的周期化离散 Green 算子。对点阵结构使用 FFT 均质化的第二个缺点是当不采用直接图像或 CT 层析成像数据来构建模型,而是采用理想 CAD 模型或解析形式表达的边界描述点阵结构的材料边界时,体素化离散数值表示的点阵结构模型可能不准确,因此无法精确复制点阵结构的实际相对密度。需要指出的是,突变的相间对比度和不平滑的界面特征可能导致局部计算结果不准确,该问题可以通过使用复合体素平滑相间对比度突变来解决,基于定义的中间过渡相来实现相间区域的均匀化。

　　基于这些局限性,首先,将 FFT 方法用于研究点阵材料的相关报道相对有限,并且思路在于如何使用 X 射线 CT 断层扫描图像数据来描述实际点阵结构的精细化几何形状,包括各类微结构几何缺陷等。增广拉格朗日方法仅用作预处理,使用单个杆件组元的 X 射线成像图像作为数据,以确定杆件组元的等效直径。然后,在有限元模型中使用具有等效半径的理想几何结构进行全尺寸点阵结构的多尺度模拟,并使用 FFT 算法计算点阵结构的力学响应。在这两种情况下,研究都仅限于线弹性状态,并且使用的 FFT 方法没有考虑点阵结构孔洞区域的零刚度相,而是使用具有很小的有限刚度的材料属性来计算收敛。上述工作都没有对 FFT 方法的计算精度进行验证,缺乏对材料孔洞区域的虚拟有限刚度对于计算结果可靠性的影响程度分析。

FFT 均质化过程中需要考虑实际零刚度问题,从 FFT 数值方法首次被提出时就已经成为研究重点之一。增强的拉格朗日方法[29]可以改善包含刚度非常低或零的异质材料相的 RVE 收敛性。该算法首先结合两个应变场和两个应力场,其中一个应变场满足变形协调条件,一个应力场满足应力平衡状态;然后基于拉格朗日量的迭代最小化得到最终解。虽然该方法在理论上能够用于具有无限刚度差异的异质复合材料,但在控制残差满足宏观约束、强制应力平衡和应变协调相容时,收敛速率会严重恶化[40]。其他基于附加场的加速计算方法也被用于异质材料的无限刚度对比度问题[41]。然而,当对应力平衡和应变协调相容性要求类似时,这些方法呈现出相似的收敛速率[40]。另一种用于分析固体材料内部孔洞缺陷且极具潜力的计算方法是 Brisard 等[30]提出的创新变分方法,但微分算子的计算过程非常复杂。在较大的材料刚度差异对比度下,提高计算收敛速率的另一种方法是使用减少数值振荡的新方法。特别是,标准连续微分格式可以采用不同的有限差分技术处理,如使用离散交错网格[38]或与不同有限差分格式相对应的、基于修正频率的傅里叶导数定义[36-37]。这些替代微分格式可以与不同的 FFT 求解器结合使用,从而提高原始求解器的收敛性。作为分析点阵结构等效力学性能的一种高效分析方法,结合混合控制技术[42]和旋转有限差分[37]格式的 Galerkin FFT 方法[43-44]显示出了非常高的收敛速率,但该相对简单的方法有待进一步扩展和增强其非线性计算能力。这种方法不会改进解的不确定性,但在刚度为零的区域可以实现低数值振荡,并收敛到平衡应力和协调应变状态。值得注意的是,其他基于 Krylov 方法并应用于不同材料体系对象的离散化分析技术,最终都会得到类似的计算结果。作为第二种备选方法,Lucarini 等[45]提出了一种基于位移参量的快速傅里叶变换方法的更新计算方法,其中的平衡条件可以通过孔洞区域和界面附加条件得以更新,从而有效地处理非奇异离散方程组的不完全确定性。

如图 9.2 所示,可以分别从多尺度实验表征及性能评价、多尺度图像有限元模拟及复合材料多尺度均匀化理论分析的角度,开展增材点阵结构在高端装备结构件中的应用研究。在增材点阵结构内部缺陷与宏观力学性能跨尺度关联方面,Recep 等[46-47]提出了多尺度增材点阵结构力学性能计算方法,通过在介观尺度利用混沌多项式模型描述结构特征来减少由于微结构不确定性引起的计算量,从而实现具有增材制造微结构缺陷不确定性的力学性能评估;在宏观尺度,利用均匀化结构和材料参数实现宏观性能分析。

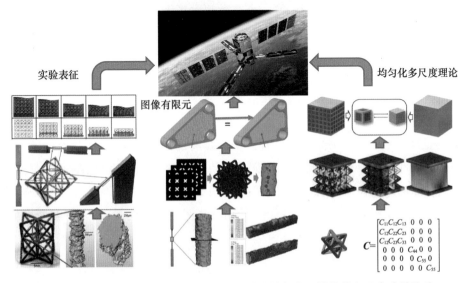

图 9.2　增材制造金属点阵结构的轻量化结构件与产品性能的多尺度映射关系

9.2　基于统计平均结构组元的图像有限元

采用机加工和化学腐蚀等后处理方法可以改善增材点阵结构的表面粗糙度,研究增材制造点阵结构几何缺陷与力学行为之间的关系具有重要意义。增材制造真实结构的几何特征值和设计的理想 CAD 模型几何参数值之间的局部几何不匹配可能是真实制造的点阵结构的力学性能与设计的理想 CAD 模型的预测结果不一致的重要原因之一。缺失的点阵结构杆件组元、错位的节点组元和杆件组元横截面中心离轴波纹度等缺陷被视为导致点阵结构力学性能劣化的主要原因,其中结构缺陷对力学性能的影响在很大程度上取决于点阵结构的拓扑构型。虽然基于 CAD 设计的点阵结构预测模型可用于分析点阵结构在外加载荷作用下的线性和非线性力学响应,但是这些基于理想点阵结构的理论模型通常无法预测具有结构缺陷的不真实点阵结构的力学响应。目前,已有针对某一类型的结构缺陷对力学性能影响的分析结果,但针对多类型结构缺陷耦合效应的研究工作还十分有限。

9.2.1 渐进均匀化理论

渐近均匀化(Asymptotic Homogenization,AH)理论已广泛用于预测具有周期性微结构特征的材料力学性能。AH 的基本假设是每个场量取决于两个不同的尺度:一个在宏观尺度 x 上;另一个在微观水平上,$y = x/\varepsilon$,其中,ε 是缩放因子,用于将微观尺度的微结构周期性胞元的尺寸放大到材料结构件的宏观尺度上。此外,还假设位移、应力和应变在宏观尺度上保持连续平滑变化,并且在微观尺度上具有周期性特征。基于 AH 方法,多孔弹性固体的物理场,如位移场 u,可以扩展成 ε 参数的幂级数表达形式:

$$u^e(x) = u_0(x,y) + \varepsilon u_1(x,y) + \varepsilon u_2(x,y) + \cdots \tag{9.1}$$

式中:函数 $u_0, u_1, u_2, \cdots$ 为相对于局部坐标具有周期性分布特征,这意味着,它们在周期性结构胞元的两侧具有相同的数值。u_1 和 u_2 是由微观结构引起的位移场中的局部波动,u_0 仅依赖于宏观尺度,并且是位移场的平均值。

取位移场相对于 x 的渐近展开的导数,并使用链式规则,可以将小变形应变张量写为

$$\{e(u)\} = \frac{1}{2}[(\nabla \boldsymbol{u}_0^{\mathrm{T}} + \nabla \boldsymbol{u}_0)_x + (\nabla \boldsymbol{u}_1^{\mathrm{T}} + \nabla \boldsymbol{u}_1)_y] + O(\varepsilon) \tag{9.2}$$

式中:$(\cdot)_x$ 和 $(\cdot)_y$ 分别是场变量相对于全局坐标系和局部坐标系的梯度算子。

忽略 ε 余量项,定义以下应变张量:

$$\{\varepsilon(u)\} = \{\bar{\varepsilon}(u)\} + \{\varepsilon^*(u)\} \tag{9.3}$$

$$\{\bar{\varepsilon}(u)\} = \frac{1}{2}[(\nabla \boldsymbol{u}_0^{\mathrm{T}} + \nabla \boldsymbol{u}_0)_x] \tag{9.4}$$

$$\{\varepsilon^*(u)\} = \frac{1}{2}[(\nabla \boldsymbol{u}_0^{\mathrm{T}} + \nabla \boldsymbol{u}_1)_y] \tag{9.5}$$

式中:$\{\bar{\varepsilon}(u)\}$ 是宏观应变的平均值;$\{\varepsilon^*(u)\}$ 是在微观尺度的周期性变化的波动应变。

将应变张量代入周期性胞元域 Ω^e 的平衡方程弱形式,得到方程:

$$\int_{\Omega^e} \{\boldsymbol{\varepsilon}^0(v) + \boldsymbol{\varepsilon}^1(v)\}^{\mathrm{T}}[E]\{\bar{\varepsilon}(u)\} + \{\varepsilon^*(u)\} \mathrm{d}\Omega^e = \int_{\tau_t} \{\boldsymbol{t}\}^{\mathrm{T}}\{v\} \mathrm{d}\tau \tag{9.6}$$

式中:$[E]$是依赖于 RVE 内部材料分布特征的局部弹性张量;$\boldsymbol{\varepsilon}^0(v)$ 和 $\boldsymbol{\varepsilon}^1(v)$ 分别是虚拟的宏观和微观应变分量;$\{t\}$是边界 τ_t 上的载荷。

对应的虚拟位移场 $\{v\}$ 仅仅在微观尺度具有数值变化波动,而在宏观尺度是常数。基于这些假设,微观尺度的平衡方程可以写为

$$\int_{\Omega^e}\left\{\boldsymbol{\varepsilon}^1(v)\right\}^{\mathrm{T}}\left[E\right]\{\bar{\varepsilon}(u)\}+\{\varepsilon^*(u)\}\,\mathrm{d}\Omega^e=0 \tag{9.7}$$

通过对代表性体积单元 V_{RVE} 积分,可以进一步得到

$$\int_{V_{\mathrm{RVE}}}\left\{\boldsymbol{\varepsilon}^1(v)\right\}^{\mathrm{T}}\left[E\right]\{\varepsilon^*(u)\}\,\mathrm{d}V_{\mathrm{RVE}}=-\int_{V_{\mathrm{RVE}}}\left\{\boldsymbol{\varepsilon}^1(v)\right\}^{\mathrm{T}}\left[E\right]\{\bar{\varepsilon}(u)\}\,\mathrm{d}V_{\mathrm{RVE}}$$

$$\tag{9.8}$$

上述方程表示在 RVE 上定义的局部位移场问题。在给定外部施加的宏观应变条件下,如果局部波动应变 $\varepsilon^*(u)$ 是已知的,则可以表征材料的局部特性。因此,可以通过在 RVE 边界上施加周期性边界条件来确保局部应变场的周期性。

9.2.2 增材点阵结构成像表征

本节借助增材成形形成的几何缺陷对八角点阵结构力学性能的影响规律和损伤演化行为中的协同作用研究,进一步引入基于缺陷几何特征统计平均的多尺度图像有限元建模方法[19]。结合 X 射线成像和原位力学实验,建立基于缺陷统计分布规律的图像有限元模型,并开展缺陷对力学性能响应的仿真研究。对点阵结构样品及其缺陷几何特征表征之后,进一步阐明用于提取和定量统计几何缺陷的分析过程。首先,介绍了点阵结构原位压缩实验的 CT 断层扫描结果;其次,通过均质化理论模型给出 CT 断层扫描重构三维点阵结构弹性力学特性的预测结果,以及包含结构缺陷的精细化图像有限元模型的非线性分析结果;最后,对选区激光熔化成形金属点阵结构进行参数化分析,揭示点阵结构缺陷参数波动幅度的力学响应灵敏度。图 9.3 显示了所研究的拉伸主导型八角点阵结构的胞元设计和制造实物[19]。

采用以选区激光熔化成形技术,以 AlSi10Mg 铝合金粉末为原材料,制造了 5 个相同的八角点阵结构样品,其中工艺参数如下:激光功率为200W,激光光斑直径为70μm,铺粉厚度为25μm,能量密度为60J/mm^3,成形方向如图 9.3(b) 所示。后热处理工艺为将基板在300℃±10℃保温 2h 以减小残余应力,利用电火花加工切割技术将样品从基板上分离。

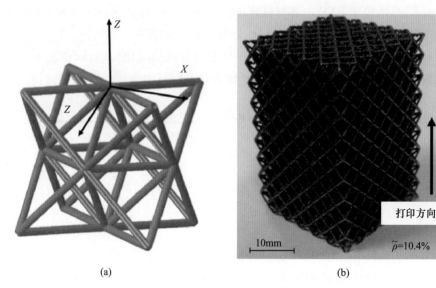

(a)   (b)

图 9.3　八角点阵结构[19]

(a)理想的 CAD 设计图;(b)增材制造的结构实物。

　　相对密度 ρ 定义为固体材料的体积除以点阵结构所占的空间体积,即点阵结构的密度除以组分材料的密度,常规八面体点阵结构相对密度的统计值为 10.4%±0.2%。点阵结构杆件组元的几何缺陷是在增材过程中产生的,可以描述为设计理想点阵结构(无缺陷)和制造真实点阵结构(不完美)样品之间的结构形貌不匹配。在众多缺陷中重点关注 3 种类型的几何缺陷,因为它们对增材点阵结构的力学性能和失效机理有重大影响。

　　1)点阵结构杆件组元主轴的侧向波纹度,其源于增材制造点阵结构的杆件组元中心轴与理想 CAD 模型的杆件中心轴之间的偏差。

　　2)点阵结构杆件组元的厚度变化,体现为横截面的不规则性,并沿着点阵结构杆件长度方向随机变化。

　　3)增材制造熔池堆积方向和点阵结构杆件组元空间取向的偏差会造成的点阵结构杆件组元几何尺寸过大或过小,点阵结构杆件组元厚度对材料堆积成形角度具有依赖性。

　　利用 X 射线三维成像技术和原位力学实验研究上述八角点阵结构缺陷对弹性力学性能与失效机理的影响及协同效应。对未变形的增材点阵结构样品进行 X 射线成像,准确表征其内部微结构形态,并提取典型的三维表面和内部几何缺陷特征。对于具有代表性的点阵结构样品杆件组元,图 9.4 显示了用于提取点阵结构表面和内部缺陷形态的分析过程[19]。

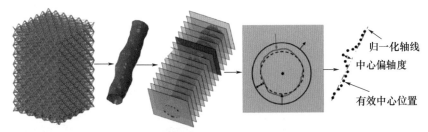

图9.4 基于 CT 图像提取点阵结构杆件组元几何参数特征的示意图[19]

首先,基于 CT 图像重构出增材点阵样品的高保真三维模型;然后,提取每个点阵结构杆件组元的几何形状(见图9.4中具有代表性的对角线杆件组元),并用表面网格对杆件组元进行离散化。真实制造点阵结构的几何不匹配程度可以通过以下分析获得:首先,将点阵结构杆件组元沿着轴线方向分割成等距的横截面切片,并提取横截面边缘轮廓和横截面中心的位置。每个横截面(如图9.4所示的蓝色)的轮廓边界通过最小二乘法拟合成圆形,该拟合后的圆形截面可以用圆心中心位置和半径两个参量描述,进而确定真实杆件组元每个拟合圆横截面的半径与设计 CAD 点阵杆件组元半径之间的差异;然后,生成一条穿过所有拟合圆中心的空间轴线,并假定其为重建后的点阵结构杆件组元的等效中心轴线;最后,杆件组元中心轴偏移量定义为每个横截面拟合中心到理想中心轴的垂直距离,用于评估重构杆件组元与设计理想杆件组元共线轴的偏离度,提取并记录点阵结构杆件组元半径的所有偏差量和杆件组元中心轴偏移量,上述这些偏差来自所有点阵样品重构后的杆件组元。

由于点阵结构的几何缺陷强烈依赖于增材制造的堆积方向,可以根据重构的点阵结构杆件组元和堆积方向之间的相对取向,对杆件组元的几何形状特征进行分类。对于常规八角点阵结构胞元,可以得到两个点阵结构杆件的几何信息统计集:一个是具有与堆积铺层面平行的水平取向杆件组元;另一个是与堆积铺层平面具有夹角的点阵结构对角线杆件组元(相对于铺层平面夹角约45°)。点阵结构杆件分为三组:d(对角线)、h(水平)和 v(垂直)。对于具有代表性的常规八角点阵结构,对不同取向杆件组元横截面采样,用于生成能够反映杆件组元几何缺陷特性的概率密度分布,并进行收敛性分析,以确保所选样本数量在反映结构缺陷分布方面具有代表性。

图9.5为根据 CAD 设计的理想点阵结构样本的标准尺寸,并将半径归一化后的缺陷概率分布[19]。图9.5(a)和(b)显示了每组杆件组元的横截面半径的

偏差分布,而图 9.5(c)和(d)分别表示沿着对角线和水平方向杆件组元中心轴偏移量的统计分布。可以看出,来自两个统计样本集的杆件横截面几何参数的概率分布具有相似的统计分布形状。为了统计并量化这些分布参数,采用直径平均值 μ 和标准差 σ 描述杆件组元横截面几何特征,并采用相应的上标表示特定空间取向杆件组元集(d、h),下标表示统计度量(r 表示点阵结构杆件半径的偏差,o 表示点阵结构杆件中心轴线的侧向偏移量)。

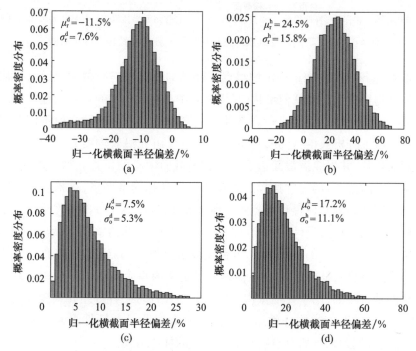

图 9.5 选区激光熔化成形八角点阵结构中几何缺陷的概率统计分布[19]
(a)对角空间取向的杆件组元半径的归一化偏差;(b)水平空间取向的杆件组元的归一化偏差;
(c)对角空间取向的杆件组元的中心轴移量归一化结果;
(d)水平空间取向的杆件组元中心轴偏移量的归一化结果。

分布参数对应于结构缺陷特征:σ_r 是点阵结构杆件组元的半径偏差的标准偏差,描述点阵结构杆件组元厚度变化程度;μ_o 表示点阵结构杆件组元中心轴线的离轴偏移量的平均值,表示杆件组元离轴波动的严重程度;μ_r 表示点阵结构杆件组元的半径偏差的平均值,并显示特定空间取向杆件组元尺寸偏大(正值)或偏小(负值)情况。图 9.5 中的统计分布值都是根据设计杆件尺寸进行了归一化之后的结果。为了进一步阐明这些分布参数的物理含义,以八角点阵结构水平方向的杆件组元为例进行分析。

图 9.5(b)表明水平取向的杆件组元的平均制造组元厚度比设计值厚 24.5%,证实了在逐层工艺中水平取向杆件组元过度熔化导致尺寸偏大;σ_r^h 标准差表示沿水平取向杆件组元的厚度变化程度。此外,图 9.5(d)表明水平杆件组元的平均离轴度是其设计 CAD 模型的标称半径的 17.2%。对于对角线方向取向的点阵结构杆件组元,负 μ_r^d 显示由于制造工艺导致对角线取向的杆件尺寸偏小。此外,通过比较 σ_r^d 和 σ_r^h,发现沿着对角线空间取向的杆件组元沿着杆件轴向的截面形状比水平取向更加均匀。μ_o^h 比对角杆件组元 μ_o^d 高 2.2 倍,表明水平支柱的初始波纹度大于对角支柱。总体来说,水平取向点阵结构杆件组元比沿着对角线取向的杆件组元的几何缺陷更为显著。为了可视化地展示统计结构缺陷的物理含义,图 9.6 提供了八角点阵结构的水平方向截面图的示意图[19]。设计 CAD 理想结构和增材制造真实对角线取向的点阵结构杆件组元排列在一起,并将其分解为 3 个草图,每个草图可视化地展示了一种类型的结构缺陷的几何特征及其统计参数。

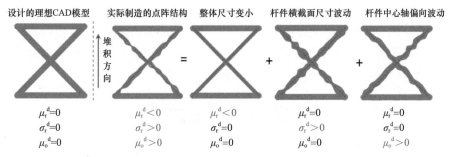

图 9.6 　沿水平面内横截面上的八角点阵结构胞元的
剖面图(设计和真实制造)以及统计结构细节参数的统计范围说明[19]

9.2.3 　基于 CAD 和成像数据的模拟对比

在完成基于 X 射线三维成像技术的缺陷特征统计后,开展原位压缩力学性能实验,并分析变形过程中的微结构演化规律。此外,在点阵结构的弹性变形过程中,可以使用渐近均质化理论进行等效分析,分别建立两组 RVE:一组是设计的理想 CAD 几何模型,并使其相对密度等于基于 CT 图像真实重构的点阵结构模型;另一组是从 CT 扫描图像中重构出来的,在生成的表面三角形网格模型的基础上,进一步使用四面体单元进行体积网格剖分。然后,利用代表性体积单元技术在图 9.7 所示的坐标系中提取均匀化刚度矩阵,在任意空间方向上的杨氏模量都可以通过坐标系的旋转来获得[19]。

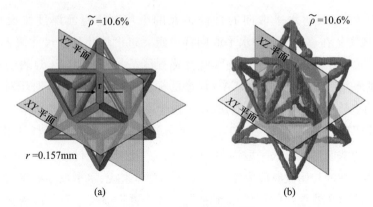

图 9.7   代表性体积元[19]

(a)八角点阵结构的理想模型；(b)基于 CT 断层扫描图像重构的八面体点阵结构。

图 9.8 展示了极坐标绘制的均质化弹性模量，并显示了理想点阵结构 CAD 模型和实际制造点阵结构 RVE 模型的弹性各向异性空间分布图[19]。根据最大设计值在可视化平面内进行归一化。图 9.8(b)采用可视化技术展示了基于压缩实验获得的沿 z 方向的弹性模量。从三维重构的 RVE 模型中获得的点阵结构均匀化等效结果与实验结果具有良好的一致性。相比之下，实验结果比基于设计的 RVE 理想点阵结构模型得到的结果要低得多。

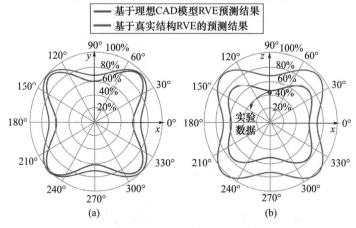

图 9.8   基于设计理想 CAD 模型 RVE 和基于真实制造结构 RVE 的预测结果[19]

(a)x-y 平面内的八角点阵结构；(b)x-z 平面的八角点阵结构。

通过比较极坐标系下基于增材点阵结构的真实成像图像有限元模型和设计理想 CAD 模型的弹性模量的差异，可以评估增材点阵结构弹性力学性能对几何缺陷的敏感性。图 9.8(a)和(b)中结果表明，八角点阵结构沿着空间所有方向均发生了力学性能劣化。其中,在构筑平面(x-y)内,沿着水平方向的点阵结构杆件组元被过度熔化,这与设计 CAD 模型相比,实际尺寸偏差较大。因此,弹性模量沿 z 方向受到的影响最大,进而导致点阵结构沿着 z 方向上具有更加明显的各向异性。对于增材制造的八角点阵结构,在 x 和 y 方向上的弹性模量分别为设计 CAD 模型标称值的 84% 和 87%,而沿着 z 方向(铺层堆积方向)的弹性模量为 CAD 模型标称值的 70%。

最后,使用设计 CAD 图形得到点阵结构的模型,如图 9.9(a)所示[19]。采用铁木辛柯梁单元对点阵结构杆件组元进行建模,八角点阵结构的长系比约为 15∶1。压缩实验装置的刚性压头和样品上下面板接触,利用刚性双线性四边形单元 R3D4 进行离散化处理。在压头和样品上下面板之间采用刚性和无摩擦定义,并通过位移模式施加到刚性参考点实现加载。变形过程中点阵结构杆件之间采用面-面接触模式,并通过约束有限元模型的顶平面和底平面上的对称轴来消除刚体运动。假设 AlSi10Mg 铝合金的本构是线弹性的,并通过 von Mises 的 J2 塑性流动理论描述其本构关系的中塑性特征,材料本构参数为:弹性模量 $E = 67$GPa,泊松比 $v = 0.33$,密度 $\rho = 2680$kg/m³,屈服强度 $\sigma_y = 230$MPa。在选区激光熔化成形八角点阵结构的几何缺陷的概率统计分布基础上,将实际统计缺陷拟合到连续概率密度函数中,建立能够反映结构缺陷特征的点阵结构模型,每个模型中结构缺陷都具有随机采样的缺陷统计特征,每个点阵结构杆件组元分为 4 个梁单元,每个梁单元的杆件组元半径分别分配在样品的相应位置。点阵结构杆件组元的半径由其半径偏差的相应概率密度函数生成。每个矢量的范数(描述杆件组元中心轴的偏轴幅度)由点阵结构杆件组元中心轴偏移的相应核密度函数来确定。

图 9.9(b)所示为具有分布式几何缺陷特征的点阵结构胞元的建模过程,反映了杆件组元不均匀半径和杆件组元中心轴偏轴度特征。所建立的点阵结构模型的相对密度与实验测试样本的相对密度相同。通过记录每次迭代的应力-应变曲线,可以获得力学响应的概率分布情况。

为了定量评估增材点阵结构的工艺缺陷对力学性能的影响,图 9.10 总结了不同类型图像有限元模型预测的弹性模量和抗压强度,以及相对于实验测试结果归一化处理后的相对误差[19]。由图可知,与基于完美 CAD 模型的模拟结果相比,充分考虑制造结构缺陷的图像有限元模型预测结果更接近实验值。对于基于充分考虑制造结构缺陷的真实重构八角点阵结构图像有限元模型,弹性模量和抗压强度预测值比实验数据分别高 4.0% 和 12.7%,而设计 CAD 模型预测结果比实验结果分别高 42.0% 和 47.2%。

图 9.9　增材点阵结构的图像有限元模型[19]

(a)具有设计几何形状的理想 CAD 数值模型;(b)具有能够反映几何缺陷分布特征规律的数值模型。

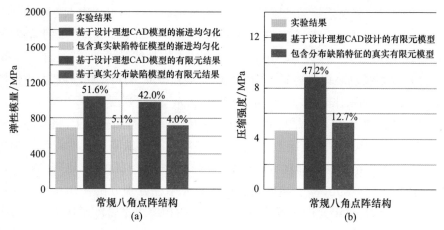

图 9.10　比较实验和有限元模拟获得的常规八角点阵结构的力学性能[19]

(a)弹性模量;(b)抗压强度。

9.2.4　缺陷对力学性能和失效行为的影响

进一步研究力学性能(弹性刚度和抗压强度)的结构缺陷敏感性和点阵结构的破坏机理,以评估结构缺陷对点阵结构力学性能的影响严重程度。定义 3 种结构缺陷的统计分布参数为 σ_r、μ_0 和 μ_r,并保持模型相对密度与真实制造点阵结构的相对密度一致。首先,分别研究单个缺陷对力学性能的影响。假设设计 CAD 模型的 μ_r 等于实际制备点阵结构的 μ_r,通过改变 σ_r 和 μ_0 等参数进行模型设计,并评估不同参数对力学性能的影响。其次,保持设计 CAD 模型的 σ_r 和 μ_0 与实际制备点阵结构相同,通过改变 μ_r 研究尺寸超大和尺寸过小的点阵结构杆件组元对点阵结构胞元力学性能的影响规律。图 9.11 为 4 个具有不同结构缺陷的点阵结构的模拟结果[19]。

（1）设计的无缺陷理想 CAD 点阵结构,模型没有杆件组元厚度变化,也没有杆件组元轴向波纹度。

（2）包含杆件组元厚度变化影响的有限元模型。

（3）包含杆件组元波纹度影响的有限元模型。

（4）同时包含杆件组元和杆件厚度协同影响的有限元模型。

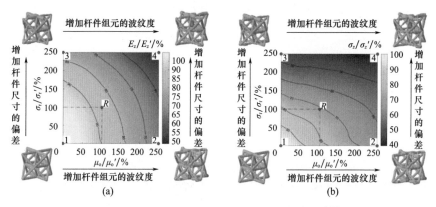

图 9.11　八角点阵结构的力学性能等值线图[19]

(a)归一化弹性模量;(b)归一化抗压强度,其中相对密度为 10.6%,x 轴和 y 轴表示点阵结构杆件组元的波纹度缺陷的严重程度与杆件组元横截面尺寸变化的严重程度。

图 9.11 中的云纹彩图显示了无结构缺陷模型的力学性能劣化因子与点阵结构中的结构缺陷特征幅度之间的关系。对于八角点阵结构,如果两个类型的结构缺陷都放大 250%,则弹性模量预计将降至标称值的 50%,抗压强度将降至标称值的 40%。此外,等值线图显示了点阵结构杆件组元的波纹度缺陷比点阵结构杆件组元厚度变化缺陷类型对点阵结构的弹性模量力学性能具有更大的影响,而对抗压强度的影响程度则相反。

9.3　多尺度 hp 有限胞元法

通过建立基于 CT 断层扫描重构点阵结构的多层级 hp 有限胞元法（Finite Cell Method, FCM）分析模型,可以研究增材制造缺陷对不同空间取向点阵结构杆件组元和点阵结构力学响应的影响规律。FCM 能够避免复杂的网格划分过程,尤其适用于基于 CT 数据的数值分析,不需要符合边界的网格。本节研究了选区激光熔化成形点阵结构的弹塑性响应,采用多级 hp FCM 分析增材制造点阵结构的几何特征,并结合原位 CT 验证多级 hp FCM 方法在分析增材点阵结构力学性能的有效性和准确性[48]。

9.3.1 多尺度 hp 有限胞元法简介

针对具有高几何曲率和内部孔隙密度的固体材料的静态力学问题,材料域称为物理域 $\Omega_{phy} \in R^d$ ($d=2$ 表示 2D,$d=3$ 表示 3D),边界为 τ。控制方程由平衡方程、本构方程、运动学条件和边界条件构成:

$$\nabla \cdot \boldsymbol{\sigma} + b = 0 \tag{9.9}$$

$$\boldsymbol{\varepsilon} = \frac{1}{2}(\Delta \boldsymbol{u} + \Delta \boldsymbol{u}^{\mathrm{T}}) \tag{9.10}$$

$$\boldsymbol{\sigma} = \boldsymbol{\sigma}(C, \boldsymbol{\varepsilon}, \boldsymbol{\sigma}, \cdots) \tag{9.11}$$

$$u \mid \tau_{\mathrm{D}} = \hat{u} \tag{9.12}$$

$$\boldsymbol{\sigma} \times \boldsymbol{n} \mid t_{\mathrm{N}} = \hat{t} \tag{9.13}$$

式中:$\boldsymbol{\sigma}$ 是应力张量;b 是体力;$\boldsymbol{\varepsilon}$ 是应变张量;C 是弹性材料张量;u 是 τ_{D} 边界上规定的位移函数;n 是边界上的向外法向矢量;t 是用 N 表示的区域边界上的规定应力函数。

hp FCM 的 h 和 p 分别是指单元尺寸和形函数阶次,FCM 是一种基于嵌入域的方法,可以避免标准有限元模拟中所需要的复杂网格划分过程,它结合了嵌入域概念和高阶基函数概念。FCM 的主要思想是通过一个虚构域 Ω_{fic} 来增强物理域 Ω_{fic},以形成具有更简单形状和自由边界条件的扩展域 Ω_{ex},进而通过结构化网格实现常规域 Ω_{ex} 的离散化。进一步地,通过在 FCM 中引入指示函数 $\alpha(x)$ 作为罚函数来描述虚构域中的材料属性,从而实现非均质复杂材料域的重构,其中指标函数定义为

$$\alpha(x) = \begin{cases} 1, & \forall x \in \Omega_{phy} \\ 10^{-q}, & \forall x \in \Omega_{fic} \end{cases} \tag{9.14}$$

式中:q 是用户设置值,范围为 5~10,以确保 $\alpha(x) \ll 1$。

上述控制方程可以扩展到虚构域,改变体力(αb)和本构方程为

$$\boldsymbol{\sigma} = \boldsymbol{\sigma}(\alpha, C_{phy}, \boldsymbol{\varepsilon}, \boldsymbol{\sigma}, \cdots) \tag{9.15}$$

式中:C_{phy} 是物理域内材料的弹性张量。

对于线性弹性问题,在扩展域 Ω_{ex} 上定义的控制方程的弱形式可以按照经典有限元方法的标准步骤推导出来:

$$B(u, v) = F(v) \tag{9.16}$$

其中

$$B(u,v) = \int_{\Omega_{ex}} \left[Lv \right]^{\mathrm{T}} aC[Lu]\mathrm{d}V \tag{9.17}$$

$$F(v) = \int_{\Omega_{ex}} \left[v \right]^{\mathrm{T}} ab\mathrm{d}V + \int_{t_N} v^{\mathrm{T}}\hat{t}\mathrm{d}A \tag{9.18}$$

式中:L 是标准应变-位移算子;v 表示测试函数。

纽曼边界条件在式(9.16)中进一步使用曲面积分进行强化,而 FCM 中的狄利克雷边界条件则通过罚函数法施加。在具有 n 个节点的网格单元中,位移场可以近似描述为

$$u = \sum_{i=1}^{n} N_i u_i \tag{9.19}$$

式中:下标 i 是单元的节点编号;N_i 是基于积分勒让德多项式多层级形函数。

使用高阶 p 基函数可以实现 FCM 的光滑解求解过程指数收敛速率。则基于 Bubnov-Galerkin 公式,FCM 的计算公式为

$$KU = F \tag{9.20}$$

式中:K 表示全局刚度矩阵;U 是未知矢量;F 是全局载荷矢量。

有限胞元法需要一种专门的数值积分方法才能准确地获得刚度矩阵。如图 9.12 所示,采用结构化网格对扩展域进行离散化处理时,有些单元(如切割单元)被物理材料边界所截断,并且单元刚度的积分是不连续的[48]。因此,采用传统的高斯-勒让德正交算法处理 FCM 的计算效率和精度表现并不理想。在有限胞元法中,提出采用基于四叉树的自适应积分方案,适用于二维或者八叉树情况,用于边界切割有限单元的三维网格细分。

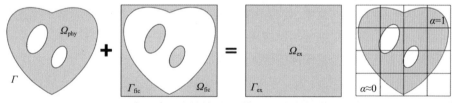

图 9.12　有限胞元法的域:物理域 Ω_{phy} 由虚构域 Ω_{fic} 增强,

形成由结构化网格离散化的正则域 Ω_{ex}[48]

图 9.13(a) 为生成的积分子单元的空间树[48],其中蓝色线条勾勒的子单元是积分网格。以红色虚线圆勾勒出的有限元为例,给出了子单元内积分点,如图 9.13(b) 所示。注意,物理域中的集成点标记为蓝色,而其他集成点标记为红色。FCM 中有两种网格:一种是具有节点值的离散化网格,如图 9.13(a) 中的黑线所示;另一种是积分网格,用于精确积分,但没有节点值,如蓝色实线所示。

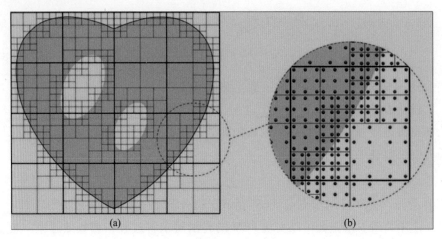

图 9.13　有限胞元法离散过程

（a）FCM 的二维四叉树积分网格；（b）子单元内积分点的分布，其中红色点属于物理域[48]。

9.3.2　多级 hp 网格细化方法

对于局部高阶梯度和奇点的问题，有两种网格细化思路：一种是"通过替换进行细化"思想，其中需要约束悬空节点；另一种是"通过网格叠加进行细化"思想，更精细的叠加网格被叠加到粗糙的基础网格中。通过利用"叠加细化"思想，Rank 和 Zander 等提出了一种 FEM[49] 和 FCM[50-51] 的多级 hp 网格细化方法。下文介绍将此方法在增材点阵结构中的应用。

在多级 hp 网格细化中，使用具有均匀高阶形状函数的粗化网格来描述整体结构，而使用多层精细叠加网格来提高局部区域的近似解的精确度。以一维问题为例，最终解 u 为基础网格解 u_b 和叠加网格解 u_o 之和，即

$$u = u_b + u_o \tag{9.21}$$

精细的叠加网格通过递归分层和多层叠加细化，如图 9.14 所示[48]。

为了保证基础网格和叠加网格离散化的兼容性，可以在叠加网格的每层边界上施加均匀的狄利克雷边界条件，叠加解 u_o 在从精化域到粗域的过渡处为零。将式（9.21）代入式（9.16），引入相应的变量 v_o 和 v_b，可以得到

$$B(u_b + u_o, v_b) = F(v_b) \tag{9.22}$$

$$B(u_b + u_o, v_o) = F(v_o) \tag{9.23}$$

相应的位移场函数可以表示为

$$u_b = \sum_{i=1}^{n} N_{bi} u_{bi}, \quad u_o = \sum_{i=1}^{n} N_{oi} u_{oi} \tag{9.24}$$

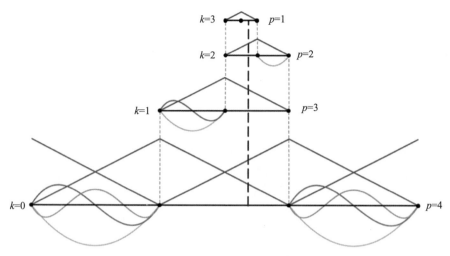

图 9.14　一维情况下的非均匀多层级网格细化

（其中 k 是细化层数, p 是基础网格的多项式阶数[48,51]）

式中: N_{bi} 和 N_{oi} 分别为基本网格和重叠网格的网格节点, 并满足基函数的线性独立性。为此, 将叠加网格单元上的高阶形函数从其父元素中排除。

如图 9.14 所示, 有三层叠加网格 $(k=3)$, 基网格的形状函数的积分勒让德多项式阶数 $p=4$。重叠网格中形状函数的多项式阶数设置为 $p-k$, 而相应的父级网格单元仅分配有线性形状函数。为了便于理解, 此处以一维简单模型为例, 再将该方法扩展到二维和三维问题上。

将式(9.25)代入式(9.23)和式(9.24)中, 并采用 Bubnov-Galerkin 公式进行推导, 得到多级 hp FCM 的表达式为

$$
\begin{bmatrix} K_{bb} & K_{bo} \\ K_{ob} & K_{oo} \end{bmatrix} = \begin{bmatrix} F_b \\ F_o \end{bmatrix}
\tag{9.25}
$$

式中: 下标 b 和 o 分别代表与基础网格和重叠网格关联的变量。

9.3.3　基于 CT 图像的几何模型和网格生成

FCM 的优点是网格划分简单, 通常使用结构化网格离散扩展域 Ω_{ex}, 沿着 x、y 和 z 方向上的网格数分别为 $nx \times ny \times nz$。可以忽略材料域以外的单元以节省计算成本。此外, 使用多级 hp 网格细化方法进行局部网格细化, 可以实现应力集中和突变的应力场或变形场的高精度求解。利用增材点阵结构的 CT 扫描重构数据分析其弹塑性响应, 并采用局部细化实现结构几何缺陷周围的网格划分。图 9.15 为八角点阵结构的 CT 断层扫描图像的单个二维切片图像, 空间分

辨率为 1681×1701 体素。利用相对密度 Hounsfield 单位(HU)表述的 CT 断层扫描图像的每个体素都可以与材料的局部密度相关联,可通过代数关系计算灰度图像的物理空间和虚拟空间的指标函数,阈值划分规则为

$$a(x) = \begin{cases} 1, & HU \geqslant 阈值 \\ 10^{-q}, & HU < 阈值 \end{cases} \tag{9.26}$$

式中:对应的 8 字节图像的阈值设置为 59。

一旦确定了 CT 断层扫描数据所表示域的指示函数,创建笛卡儿网格来覆盖材料分布区域。例如,为每个 CT 切片创建粗化基础网格分辨率为 10×10 的笛卡儿网格,一共有 62 个带有材料的网格单元,而其他所有指标小于 1 的单元格将被忽略,如图 9.15(a)所示。

为了识别切割单元,对所有网格开展循环遍历,识别单元内的网格点(每个方向由 5 个像素组成),比较其 HU 值(称为域索引 Ω_{pi})[48]。一旦至少有一个网格点 Ω_{pi} 具有域索引 $\Omega_{pi} \neq \Omega_{p0}$,其中 p_0 是参考网格点,则该像元被设置为切割单元。根据模拟中设置的空间树深度进行积分,基于递归细化切割单元生成相应的子单元。图 9.15(b)为细化层级深度为 3 的四视图结构。需要注意是,用于精确积分的子单元并没有被赋予节点自由度。

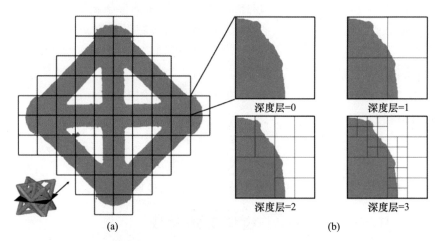

图 9.15　用于分析 CT 图像复杂几何特征的四叉树多层级细化策略[48]

(a)基于 CT 断层图片开展基础网格划分;(b)胞元内部的四叉树网格划分方法。

根据与结构缺陷相关的经验知识,采用先验的网格细化方法,对应的几何缺陷位置可用基础网格的切割单元来识别,并选择特定的数据结构在切割单元上进行局部细化,如图 9.16(a)所示[48]。沿着物理域的边界,叠加网格是通过对基础网格开展递归循环生成的,如图 9.16(b)所示。

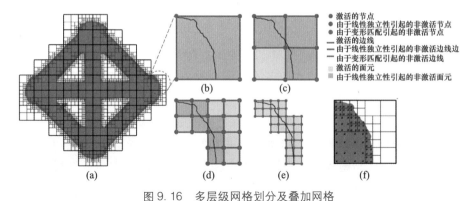

图 9.16　多层级网格划分及叠加网格

（a）基于 CT 图像的多级网格生成；（b）~（f）具有自适应积分点的叠加网格拓扑分量的激活状态[48]。

　　在进行网格离散时,叠加网格的层级深度由基础网格单元尺寸、基础网格的多项式阶数和 CT 断层扫描图像的分辨率共同决定。基于点阵结构缺陷特征的经验知识,精细细分单元的叠加网格在每个方向上包含 4~8 个体素,从而满足高精度重构杆件组元缺陷边界的要求。在满足细化几何边界精度后,为不同层级的网格单元生成积分点,如图 9.16(c)~(e)所示。此处需要说明指标函数与积分点之间的关系,因为它们均代表了实际的几何特征。指标函数可以将虚构域与物理域区分开,用于生成多级网格。在与网格单元(包括基面和叠加网格)关联的多项式高阶形状函数的基础上,可以根据高斯正交化原则确定积分点的数量及其位置。对于切割单元,每个积分点对单元刚度矩阵的贡献可以通过乘以物理域位置处的指示函数值获得。因此,指标函数是真实几何图形的"物理"表示,而积分点是数值表示。在此过程中,必须保证两个方面的约束条件:基函数的兼容性及多级网格基函数的线性独立性。为此,网格单元采用拓扑分量(节点、边、面、体积)表示,每个拓扑分量都带有相应形状函数的多项式阶数、自由度列表、活动状态标志。通过停用叠加网格的所有拓扑组件(其中相邻单元的列表包含不同层级的网格单元)来确保基础网格和层级细化叠加网格的兼容性,并通过停用具有活动子组件的所有拓扑组件来确保线性独立性。同时,从基本节点继承的所有单元节点都将被停用。

　　图 9.16 显示了单元中不同水平叠加网格的拓扑分量的激活状态。在确定所有拓扑分量的激活状态后,将自由度分配给激活的拓扑分量。叠加网格的 p 分布特征可以根据非均匀多级网格状态确定。不同细化水平的叠加单元中的形状函数阶数不同,且随着空间树深度的增加,阶数从 p 减少至 1。因此,随着空间树深度的增加,每个方向上的积分点数减少 1。

9.3.4　基于 hp 有限胞元法的数值模拟

通过基于图像的多级 hp FCM 和标准体素有限元,进一步验证多级 hp FCM 的准确性。首先,从重构的八角点阵结构中提取一个垂直杆件组元(由 212×220×298 体素组成),进行数值压缩数值实验。图 9.17(a)展示了体素 FEM 模型(具有均匀网格),并在样品的顶部和底部表面施加位移边界条件[48]。底面 z 方向自由度固定,顶面承受 $u_z=0.01$ mm 的位移加载。此外,在底面的边界处设置 $u_x=0$ 和 $u_y=0$,以避免发生刚体运动。为了利用有限的计算资源进行有限元仿真,每个六面体单元由 2×2×2 个 CT 体素构成,单元的总数为 1125211。相比之下,多级 hp FCM 的数值模型由 93267 个网格单元组成,其中网格细化深度参数设置为 2,形函数阶数 $p=3$。图 9.17(b)显示了不同级别的网格胞元的激活状态或者失效状态,其中红色表示非活动状态,绿色表示活动状态。采用线弹性材料模型,将增材制造 316L 不锈钢块体材料的材料属性设定为弹性模量 $E=154.2$ GPa,泊松比 $v=0.3$。

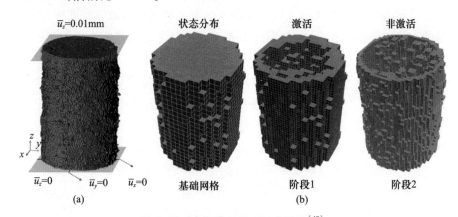

图 9.17　有限胞元模型及离散化[48]

(a)带有边界条件的像素有限元模型;(b)带有胞元激活或失效状态的有限胞元法。

图 9.18 为通过体素 FEM 和多级 hp FCM 预测的点阵结构组元的 von Mises 应力云图[48]。如图 9.18(a)和(b)所示,体素 FEM 与多级 hp FCM 的应力场分布吻合良好。此外,在图 9.18(c)中分别沿切片中直线 A—A' 方向提取两种模型的 von Mises 应力分布进行比较,发现多级 hp FCM 的仿真结果与体素 FEM 的仿真结果基本一致,但 von Mises 应力曲线的第一个峰值存在显著区别:hp FCM 的分析结果为 1501.4MPa,而体素 FEM 的预测结果为 1459.1MPa。基于两种模型计算结果有 42.3MPa 的差异,主要原因在于 FCM 模型的局部网格

分辨率高于体素 FEM 模型。表 9.2 进一步列出了体素 FEM 模型和多级 hp-FCM 模型的计算成本,前者约为后者的 10.6 倍[48]。另外,FCM 模型的计算成本包括网格划分和后处理的时间,而体素 FEM 模型的计算成本仅包括分析时间。时间上的比较并不表明 FEM 的计算效率远低于多级 hp FCM。然而,通过比较,可以发现多级 hp FCM 对于许多精细几何特征的增材制造结构具有高可靠性和高计算效率,这归因于 FCM 所具备的高效自适应网格划分过程的优势,可以实现 CT 数据的无缝集成和数值分析。

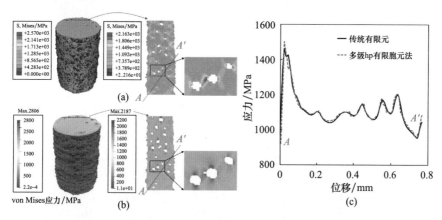

图 9.18 两种有限元模型的 von Mises 应力云图[48]

(a)体素-有限元模型;(b)多级 hp FCM 模型;(c)应力-位移曲线。

表 9.2 有限元和多尺度 hp 有限元胞法的计算成本和计算效率比较[48]

方法	单元数目	自由度	计算耗时
像素有限元法	1125211	3536820	2.43h(仅仅计算分析时间)
多尺度 hp 有限元胞元	93267	1891053	0.23h(包含画网格、计算分析和后处理时间)

使用多级 hp FCM 对增材点阵结构杆件组元的弹塑性响应的影响规律进行数值分析。为了研究结构缺陷对力学性能的影响,创建 4 个模型,分别是理想的 CAD 模型(称为理想 CAD 模型)、具有内部孔隙分布特征的 CAD 模型(称为仅具有内部孔洞缺陷的 CAD 模型)、仅具有外部结构几何缺陷的 CT 断层扫描重构模型(仅具有外部几何缺陷的 CT 模型)以及包含所有类型缺陷的 CT 重建模型(具有所有类型结构缺陷的 CT 模型,即包括外部结构几何缺陷和内部孔洞缺陷)。图 9.19 给出了基于 4 个模型预测的宏观应力-应变曲线[48]。可以发现,不同类型的结构缺陷显著影响了点阵结构杆件组元的弹塑性力学响应,其中外部结构几何缺陷对弹塑性力学响应占主导作用。

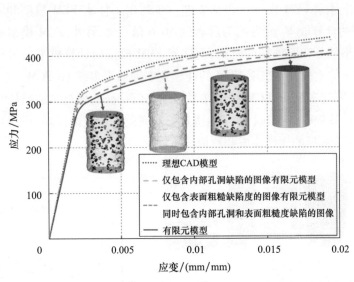

图 9.19 基于多级 hp FCM 预测的结构缺陷特征演化和对应的应力-应变曲线[48]

在给定增材工艺条件下,点阵结构杆件组元的结构缺陷取决于打印方向。为进一步研究与堆积方向相关的点阵结构弹塑性力学行为,分别从 CT 断层扫描数据中提取 45°和 0°空间取向的代表性杆件组元。如图 9.20(a)所示,采用多级 hp FCM 分析包含外部结构缺陷和内部孔洞缺陷的模拟结果,并与相应理想 CAD 模型的数值结果对比。如图 9.20(b)所示,由于具有最严重的几何缺陷,0°空间取向的杆件组元力学性能恶化最严重,对应于图 9.20(a)中 0°空间取向的杆件组元的几何缺陷最严重情况。在塑性初始阶段,45°空间取向的 CT 重建图像有限元模型的应力-应变曲线高于理想 CAD 模型,这可能是由杆件组元截面尺寸过大所致,如图 9.20(a)所示。为了定量测量 3 种不同空间取向杆件组元的力学性能差异,采用指数硬化本构模型来拟合应力-应变曲线,如图 9.20(b)所示。

9.3.5 八角点阵结构的力学行为

采用多级 hp FCM(以下简称多级 hp FCM-I)方法进行点阵结构的虚拟压缩实验,其中八角点阵结构底面 z 方向自由度固定,垂直箭头指示的 u_z 压缩位移量为 0.5mm 的位移载荷逐渐加载到点阵结构顶部平面。为了避免发生刚体运动,对点阵结构底面的边缘施加额外的位移约束(x 和 y 方向自由度)。比较"多级 hp FCM-II"和"理想 CAD FEM"两种建模方法在预测增材制造材料性能方面的可靠性,并考虑孔洞缺陷对力学性能的影响。多级 hp FCM-II 模型用于

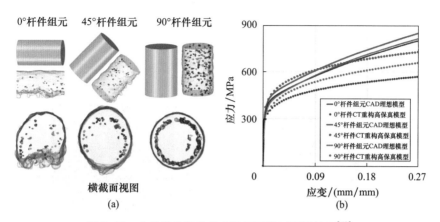

图 9.20 点阵结构缺陷分布及不同模型预测结果[48]

(a)理想几何和在不同视图下的杆件组元几何形状;(b)杆件组元的预测应变-应力曲线。

研究外部几何缺陷对力学性能的影响,并在各向同性硬化材料本构中忽略内部孔洞的影响。"理想 CAD FEM"模型忽略了外部几何缺陷,但使用与"多级 hp FCM-I"相同的材料本构参数。研究发现,基于"多级 hp FCM-I"的仿真结果与实验结果最吻合,两者之间的差异可能归因于"多级 hp FCM-I"模型中使用的各向同性硬化材料本构模型。"多级 hp FCM-I"和"多级 hp FCM-II"结果偏差归因于后者在模型中忽略了内部孔洞的影响。"多级 hp FCM-I"和"理想 CAD FEM"模型结果的显著差异表明外部几何缺陷对八角点阵结构力学行为具有显著影响。

图 9.21 展示了在不同空间视角下八角点阵结构的"多级 hp FCM-I"模拟得到的 von Mises 应力和等效塑性应变云图[48]。图中存在许多局部应力集中点。特别地,红色虚线正方形和红色虚线圆圈标记的位置是潜在的损伤区域。然而,从理想 CAD 模型构建的 FEM 模型无法预测与几何缺陷相关的潜在损伤部位。值得注意的是,基于高分辨率 CT 图像重建的有限元模型能够更为准确地预测变形行为和力学性能,但存在着网格划分过程复杂、计算成本高昂等问题。又由于八角点阵结构的几何特征缺陷很小,生成精细网格极具挑战。可见,基于 CT 图像的多级 hp FCM 是开展实际增材结构件力学性能模拟的强大工具。然而,建立 FCM 模型至少有两个局限性,其中一个是材料本构模型,应用于多级 hp FCM 的材料本构模型仅限于各向同性材料属性。由于包含非均质材料微观结构和内部缺陷,而增材制造材料通常不是各向同性的。此外,还需要一个材料损伤渐进模型来模拟损伤演化过程。因此,需要建立考虑局部材料微观结构和损伤的本构模型,实现更准确的高保真模拟。另一个问题是 FCM 模

型的计算效率,在需要同时考虑表面微结构几何形态和内部孔洞缺陷的情况下,目前的有限胞元法模型在预测大型复杂结构件的力学行为时仍然很耗时,需要开发基于多级 hp FCM 的多尺度计算方法。

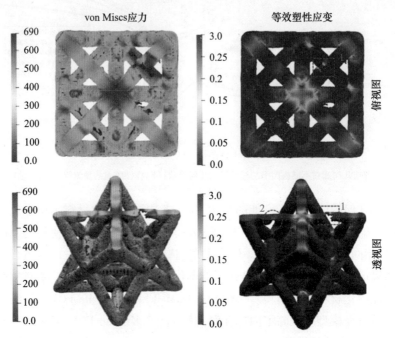

图 9.21　基于多级 hp FCM 的八角点阵结构的 von Mises 应力、等效塑性应变场[48]

9.4　基于深度学习的图像有限元法

9.4.1　基于深度学习的图像处理方法

　　在增材制造过程中,飞溅的颗粒会黏附在金属点阵结构表面,而由于增材制造结构具有内部空间闭合和几何复杂等特点,黏附的颗粒通常无法通过机械抛光和表面化学腐蚀等后处理技术完全去除。虽然这些黏附颗粒在一般情况下不会引起显著的应力集中,但会极大地影响基于显微 CT 成像的点阵结构杆件组元的等效直径分布规律和基于图像的有限元计算精度,也是导致结构表面粗糙度增大的主要因素之一。因此,有必要对 X 射线显微 CT 断层图像进行预处理,进而更为准确地识别和去除杆件组元表面黏附的球化颗粒的几何结构。

　　由于表面球化颗粒紧密粘附在点阵结构杆件组元表面,并具有相似的几何和灰度特征,很难根据灰度值或形状特征来分割和去除颗粒。近年来,基于深度学习的图像分割法在处理显微 CT 断层扫描图像方面表现出潜力,通过基于深度学习的图像处理方法(U-Net),可以去除 CT 断层扫描图像中黏附的粉末颗粒,进而实现点阵结构高保真建模[52]。首先通过生成卷积神经网络来处理几何重构之前的原始二维图像;然后再进行图像有限元网格划分。为了评估 U-Net 方法的效率和可靠性,分别生成 4 个有限元模型,包括理想的设计 CAD 模型、基于考虑不同空间取向杆件组元的几何缺陷位置统计信息和等效直径的虚拟点阵结构模型、基于三维断层 CT 图像的直接重构模型和基于 U-Net 图像处理生成的点阵结构模型,进而探讨增材缺陷对点阵结构压缩力学行为的影响,实现基于点阵结构杆件组元的多尺度统计分析建模[52]。

采用基于卷积神经网络的方法对 CT 扫描图像进行处理,调用基于 Python 平台的 U-Net 卷积神经网络和 PyTorch 深度学习库的训练网络模型[7]。U-Net 是典型的编码-解码结构,其架构如图 9.22 所示[52]。输入图像是原始 CT 灰度图像,输出图像是去除表面黏附颗粒后的分割图像。左侧的 3×3 卷积算子负责图像特征提取,并引入填充确保图像大小不会减小。输入图像的大小必须是 $2x$ 的整数倍(其中 x 是熔化层的数量),以确保输入和输出图像大小相同。在图像采样过程的右侧,通过上卷积恢复维度、跳跃残差连接,合并相同尺寸大小的深浅信息。在最后的卷积层中,图像通过 1×1 卷积输出。U-Net 没有完全连接的层适用于整个过程的卷积分析。输入原始图像和遮罩图像,并通过梯度下降法训练网络模型,构建损失函数和梯度优化器。使用向后损失值法则来更新优化器的参数,以增强学习效果并降低损失值。

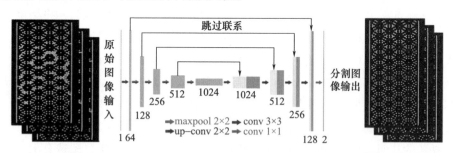

图 9.22　基于 Python 平台的 U-Net 深度学习框架流程图[52]

当损失值达到稳定或可接受值时,获得最终的训练结果(加权文件)。调用权重文件,在原始图像上重复学习过程并获得分割图像。模型中使用的损失函数是基于均方误差原则,用于度量估计器和估计值差值。

设 t 为由样本确定的取样参数 θ 的估计器,$(\theta-t)^2$ 的数学期望称为估计器

t 的均方误差。损失函数可以表达为

$$\text{loss}(y,\hat{y}) = \frac{1}{n} \sum (y_i - \hat{y}_1)^2 \tag{9.27}$$

损失函数反映模型预测输出 y 和目标(灰度值)之间的标准均方误差。采用这种分析方法可以有效地去除 CT 图像点阵结构上的球化颗粒,而不会影响点阵结构中其他未带有黏附粉体颗粒的杆件组元。

9.4.2 基于 U-Net 处理的图像仿真分析

在 U-Net 建模基础上开展有限元分析。通过增材点阵结构的 CAD 模型分别使用理想的等直径梁元件和壳单元进行网格剖分,中间夹层点阵结构采用双节点线性三维梁单元(B31),上下面板采用连续壳单元(S4R)。上、下表面采用一般接触模型,摩擦系数为 0.3。在仿真模型中,母体材料的力学性能设置如下:弹性模量为 40GPa,屈服强度为 140MPa,极限强度为 276MPa,并根据单轴拉伸应力-应变曲线计算塑性硬化参数。点阵结构夹心复合板的上、下表面与虚拟参考点耦合绑定,并通过上部参考点施加位移载荷,而下部参考点保持完全固定,所有仿真使用相同的材料参数和边界条件,网格数量从 150 万分别增加到 300 万和 500 万。分析表明,采用 300 万网格和 500 万网格的三明治点阵结构夹心复合板模型的仿真结果之间存在误差。

基于点阵结构的统计等效直径模型是由具有不同直径的杆件组元沿着不同空间取向组成的,并将对应的模拟结果与直接根据 CT 断层扫描图像重构的真实结构图像有限元模型、CAD 设计模型的分析结果进行比较,研究了增材制造工艺引起的几何缺陷对点阵结构的力学性能和计算效率的影响,并将结果进一步与可变直径模型进行对比。其中,真实图像有限元模型是通过采用传统图像处理技术获得的 CT 图像中重构出来的。在对网格进行简化和光滑处理后,重构的三维几何模型被从 Avizo 软件导入 Hypermesh 中进行网格划分,可以使用进阶算法直接生成 4 节点线性四面体(C3D4)网格。网格数量约为 500 万,最小单元尺寸为 0.05mm。此外,采用二次单元(C3D10),通过弯曲面和边创建更复杂的几何图形,但可能导致更复杂的数学公式和计算成本。图像有限元模拟表明,使用 C3D4 单元和 C3D10 单元的点阵结构仿真结果较为接近。因此,可以使用 C3D4 单元减少计算量。对于 U-Net 模型得到的有限元模型,可以在基于深度学习的图像处理和重建后,使用相同的网格生成方法和计算过程进行建模。

下面对基于理想设计模型、可变直径模型、基于图像的直接重构模型和 U-

Net 模型 4 个点阵结构有限元模型进行对比,研究金属点阵结构在压缩载荷作用下的力学响应,分析表面黏附的球化颗粒对模型在预测力学响应方面的影响。首先,通过 CT 扫描采集 1600 张断层扫描图片,并采用 U-Net 图像处理方法分析缺陷,经过中值滤波和二值化分割,随机选择 50 张图像,并人为手动去除表面黏附颗粒,其中 40 张图像用于训练,10 张图像用于验证;然后,构建神经网络并用于处理所有 1600 张图像。在 CT 图像中,表面黏附球化颗粒与点阵结构杆件组元之间具有清晰的边界,如图 9.23(b)所示,可以很容易地区分出点阵结构的杆件组元和表面黏附的球化颗粒。

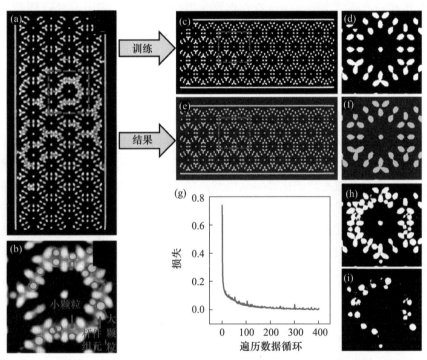

图 9.23　基于 U-Net 图像处理技术的点阵结构 CT 图像处理过程[52]
(a)和(b)原始图像和部分放大图像;(c)和(d)遮罩图像和部分放大图像;
(e)和(f)通过深度学习算法处理的图像和部分放大图像;(g)训练和验证过程中的损失值;
(h)原始图像的阈值分割;(i)使用布尔逻辑去除后的黏附颗粒图像。

通过 ImageJ 软件中的绘图工具,人为从点阵结构中去除粉末颗粒,同时确保点阵结构杆件组元的完整性和平滑度,如图 9.23(d)所示。手动处理的图像被视为训练集中的背景真值分割图像,如图 9.23(c)和(d)所示。进一步使用布尔逻辑运算来减去处理前后的二值化图像,证明采用手动和 U-Net 神经网络删除的内容只是表面球化颗粒,如图 9.23(i)所示。考虑到 GeForce RTX 2080Ti 显卡性能和处理图像的训练效率,训练集中的每个图像都被裁剪为 1120×560 像素(原始图像为 1615×1016 像素,仅去除背景像素)。当定义的损失值收敛时,完成训练过程,确保深度学习框架中的训练参数可以确定,经过训练构建出深度学习神经网络。同时,采用原始 CT 扫描图像可以测试该方法的训练效果和准确性。所有 CT 图像都使用此神经网络进行处理,输入是原点 CT 图像,输出是二值化图像,其中所有黏附的颗粒都被移除。U-Net 预处理的图像如图 9.23(e)和(f)所示。分析发现,经过基于 U-Net 深度学习预处理后,在三维重构的点阵结构中几乎没有观察到黏附的球化颗粒,表明 U-Net 图像处理技术可以有效地去除黏附颗粒。

9.4.3 基于不同建模方法的模拟结果

基于 X 射线扫描的三维重构真实精细几何模型和设计理想模型之间存在差异。通过比较两种模型之间相对密度的差异,可以发现,由于制造工艺引起的几何偏差和表面黏附球化颗粒的存在,与设计的理想 CAD 模型相比,直接重构的三维图像有限元模型的相对密度高出 11%,该值也高于实验结果,直接重构的三维图像有限元精细化高保真模型高估了点阵结构表面球化缺陷的影响。经过基于深度学习的图像预处理后,由于几何偏差的存在,U-Net 处理后的三维重构有限元模型的相对密度略高于理想 CAD 模型,但该值比实验值低 8.4%。未熔化颗粒缺陷的密度小于母材,颗粒缺陷的密度为 2.48 g/cm^3。点阵结构的表面黏附球化颗粒的体积分数(未熔化颗粒的体积与整个点阵结构的体积之比)和质量分数(未熔化颗粒的质量与整个点阵结构的质量之比)分别约为 9.05% 和 8.38%。为了进一步评估实际制造的点阵结构几何偏差和黏附颗粒对点阵结构力学性能的影响,将上述 4 种点阵结构的有限元模型的计算数值结果与实验值进行比较。为了直观地显示直接数值重构点阵结构模型与设计的理想 CAD 模型之间的几何差异,采用 GOM Inspect 软件分别对其中的 3 个重构的点阵结构样品模型,进行表面颗粒黏附缺陷去除,处理前后的模型如图 9.24 所示[48]。直接重构模型与 U-Net 模型的几何差异如图 9.24(e)和(f)所示,在杆件表面的颗粒黏附区域和节点处均能够明显地观察到几何特征差异。这表明,基于深度学习技术的 CT 断层扫描图像处理方法具有高效率的高精度等优点。

根据仿真结果绘制点阵结构的压缩应力-应变曲线,如图 9.25(a)所示。基于应力-应变曲线计算压缩模量和极限抗压强度,如图 9.25(b)和(c)所示。由于在增材制造 AlSi10Mg 点阵结构中存在各类制造缺陷,因此基于设计的理

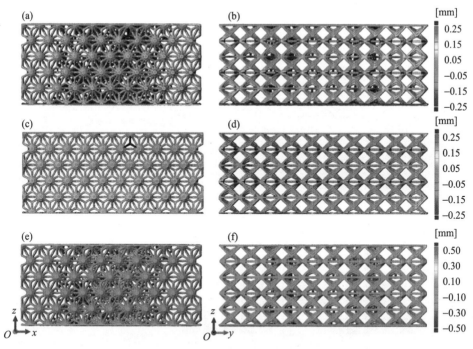

图 9.24　不同模型之间的几何偏差比较[52]

(a)和(b)直接重构与设计模型;(c)和(d)U-Net 与设计模型;

(e)和(f)直接重构模型与 U-Net 模型(视图分别为 xOz 和 yOz)。

想等直径模型的有限元分析中获得的力学性能最低。基于上述不同建模方法
获得的点阵结构的压缩模量和极限抗压强度均高于设计 CAD 理想模型的主要
原因是打印的点阵结构模型的平均杆件组元直径大于设计的点阵结构杆件组
元直径。其中,等效可变直径模型的结果优于理想均匀直径模型的结果,这是
由于考虑了实际模型的杆件组元的直径误差。尽管如此,等效杆件组元模型的
结果仍然与实验结果有一定偏差。其他类型的结构缺陷,如节点的材料聚集效
应和杆件组元的同轴偏差程度等缺陷特征,在等效可变直径杆件组元建模方法
中被忽略。基于 CT 断层扫描成像直接重构的几何模型的预测强度和模量大于
实验结果。真实重构有限元模型的极限承载能力显然被高估,这是因为在图像
有限元建模中未熔化的表面黏附球化颗粒与母体材料之间的力学性能差异性
未被考虑,模拟中使用的表面球化颗粒的模量和强度与母体材料也不同。基于
U-Net 深度学习算法的图像预处理得到的点阵结构模型的预测极限强度更为
准确,与实验值相差 1.16%,而预测的压缩模量略高于实验值。可见,基于 U-
Net 模型的预测结果最接近实验结果[52]。

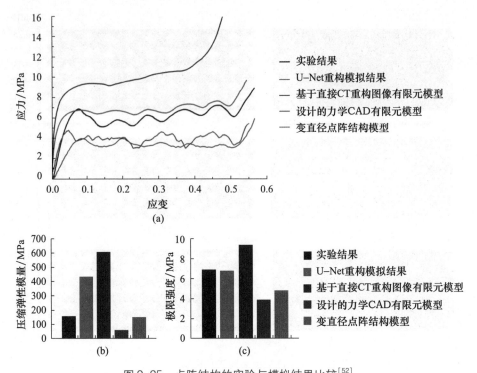

图 9.25　点阵结构的实验与模拟结果比较[52]

(a)不同模型的应力-应变预测曲线;(b)压缩弹性模量;(c)极限抗压强度比较。

9.5　考虑增材缺陷的点阵结构疲劳评估

9.5.1　点阵结构疲劳性能概述

当前,增材制造技术已成为制备各类不同构型点阵结构的最重要制造工艺之一。然而,金属增材制造蜂窝材料(或点阵结构)容易发生疲劳破坏,原因主要体现在如下 5 个方面。

1) 蜂窝格栅点阵结构的胞元构型是材料力学性能弱化的内禀因素,因为完整的连续体材料被多孔结构所取代,而多孔结构由空间排布的梁通过角点连接,进一步降低了材料的承载面积,并在节点连接区域增加了应力集中程度,甚至容易发生局部屈曲失稳等弹性失效。

2) 增材制造产品通常具备几何精度差和表面形态复杂等特点,导致制备的真实零件与设计的 CAD 结构件之间存在明显的几何差异。

3）由于制造技术和工艺的限制,增材制造存在最小可打印几何细节的特征尺寸下限,如点阵结构的杆件最小厚度和角点处过渡区域的最小几何半径等;对于精细的结构特征尺寸,设计的理想几何和实际制造样品的几何尺寸之间不可避免地存在较大差异,导致无法通过经典结构设计方法来降低局部应力集中系数,如点阵结构杆件尺寸的连续梯度过渡、相邻杆件之间的边缘平滑或应力释放凹槽等经典机械设计思路。

4）点阵结构的杆件相对于堆积方向的倾斜角也是必须考虑的因素。在打印成形过程中,接近水平取向的倾斜杆件组元由松散金属粉末在下表面支撑,但金属粉床的导热性低于连续固体材料。因此,与垂直杆件相比,倾斜杆件在打印制备过程中会引起更高体积分数的毗连粉体处于部分或者全部熔化状态,结构缺陷和孔隙率会有所下降。此外,在点阵结构打印制造过程中会形成不同的熔池局部瞬态热场环境,并导致熔池在固化过程中形成独特的材料微结构和高度不规则的表面形貌。

5）增材制造工艺对材料疲劳性能的影响程度要远高于对其他力学性能的影响程度(如强度、刚度、振动、冲击吸能等),制造工艺引起的缺陷对材料疲劳性能需要深入研究。

通常,根据外加疲劳载荷的差异,点阵结构的疲劳寿命会有所不同,通常分为低周疲劳(Low Cycle Fatigue,LCF)和高周疲劳(High Cycle Fatigue,HCF),分别对应存在和不存在塑性变形的疲劳状态。LCF 和 HCF 之间的转变可以通过反映材料内部塑性变形幅度的应力来确定。一方面,高应力水平 LCF 对应的疲劳寿命较短,通常以每个周期中重复的塑性变形累计为特征。在这种情况下,疲劳失效主要由裂纹扩展而不是裂纹萌生控制。另一方面,HCF 中较低的应力水平导致材料整体处于弹性变形状态。此时,疲劳寿命主要由疲劳裂纹萌生控制,受局部塑性变形的驱动,使得裂纹扩展阶段仅占总寿命的较小部分。LCF 采用应变寿命疲劳模型评估。LCF 疲劳测试是在应变控制条件下,在不同应变幅下进行的,测试数据用于获得疲劳模型中的常数[53]。由此可见,增材点阵结构的疲劳行为与均质金属材料差别并不大。

截至目前还缺乏相关的疲劳测试标准规范,点阵结构试样几何形状和夹持设计成为了颇受争议的问题。试样必须设计为能够将拉伸载荷从疲劳实验机有效传递到试样的实验段,并保证试样在中央标距段失效,从而将试样的边缘效应降至最低。图 9.26 回顾了迄今提出的一些在拉伸疲劳载荷下测试细胞材料的标本几何形状[53-59]。如图 9.26(a)和(b)所示,狗骨形状试样的中心部分是点阵胞元结构[54-55],两端由固体金属材料制成。如图 9.26(c)和(d)所示,试样的夹持通过在试样端部界面附近设计出应力集中缓和槽、增强的格栅结构来实现,从而实现失效部位处于实验段观测区域[56-57]。图9.26(e)显示了一个圆柱形点阵结构试样[58],从固体夹持端到中部多孔固体实验段平滑过渡。图9.26(f)展示了试样通过螺栓法兰连接方式与实验机的连接接口相连,实心部件设计成钟形,从而可以将载荷从螺栓处均匀传递到中央部位格栅(点阵)实验测试区,其中在固定端附近的点阵胞元采用增强设计,沿着拉伸方向包含4个具有几何梯度特征的堆叠点阵结构胞元构成,从而确保试样失效过程发生在试样中间试验段[59]。

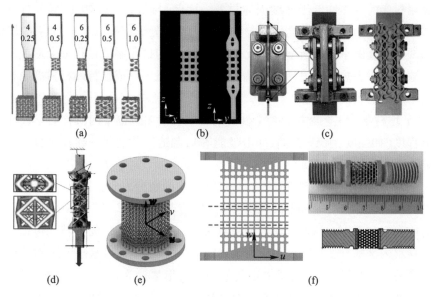

图9.26　非标点阵结构疲劳测试试样设计[53-59]

(a)和(b)狗骨形试样;(c)和(d)夹持形式;(e)圆柱形点阵结构试样;(f)圆柱结构的夹持形式。

轻质多孔材料的疲劳可以分为3个阶段。在第一阶段的早期循环期间,高应力集中体现在关键临界杆件位置,并引起塑性峰值应力再分配,发生弹性抖动。第二阶段的主导变形机制是棘轮效应,即非弹性应变的逐渐积累,这种应力下降归因于黏性蠕变现象。棘轮速率的突然增加通常与晶格材料的一个或几个关键位置的损伤启动和传播有关。第三阶段的特点是多个裂纹汇合引发失效,平均应变水平急剧增加。材料失效循环次数定义为棘轮效应拟合线与经过最大应变的失效阶段拟合线之间的交叉点对应的循环次数。在低周疲劳中,裂纹萌生周期占整个材料疲劳寿命的比例较小;在高周疲劳中,裂纹萌生阶段所占的比例较高,对疲劳寿命的贡献超过1/2。上述分析表明,需要分别采用不同的方法来评估格栅材料的疲劳寿命。在高周疲劳范围,采用损伤启动疲劳计算方法较为合理;在低周疲劳范围,采用完全疲劳寿命的方法较为合理,包括损伤演化和裂纹扩展直至失效所耗费的疲劳寿命[60-61]。

Zhao 等[62]和 Peng 等[63]研究发现,由正交/垂直取向构成的立方柱状点阵胞元的高周疲劳性能显著优于包含倾斜杆件的面心立方点阵结构胞元和体心立方点阵结构胞元,其中体心立方点阵结构的疲劳性能最差。Ahmadi 等[64]研究了基体材料和胞元类型对于点阵结构高周疲劳性能的影响,发现 Co-Cr 合金制成的点阵结构具有最优的疲劳性能,而 Ti-6Al-4V 合金点阵结构最差;截角立方八面体点阵结构的疲劳性能优于菱形十二面体点阵结构,而菱形十二面体点阵结构疲劳性能优于钻石型点阵结构。此外,表面粗糙度和内部孔洞对增材点阵结构疲劳性能的影响也不容忽略。Zargarian 等[65]基于数值模拟技术分析了不同点阵结构的疲劳性能,发现当相对密度为 0.2 时,截角立方八面体点阵结构的疲劳性能优于钻石型点阵结构,而钻石型点阵结构优于菱形十二面体。在点阵结构的抗疲劳性能设计和优化方面,可以通过节点的局部增强和光滑曲线过渡,实现疲劳性能的显著提升[66]。Yavari 等[67]对比了立柱型立方点阵结构、钻石型点阵结构、截角立方八面体点阵结构的疲劳行为,发现立柱型立方点阵结构性能显著优于另外两类结构,而截角立方八面体点阵结构的疲劳性能显著优于钻石型点阵结构。

9.5.2 疲劳性能的级联失效模型

在点阵结构的疲劳性能方面,现有研究主要采用压-压疲劳加载,点阵结构的拉伸疲劳加载较为困难,因为它需要对试样夹持方式进行特殊设计,进而有效地抑制应力集中,并保证能够在感兴趣的中部实验标距区域失效。目前,多数研究主要聚焦于点阵结构整体在疲劳载荷下的结构失效,尚没有对点阵结构的杆件组元的疲劳性能进行深入研究。针对点阵结构整体疲劳研究的目的是建立点阵结构疲劳寿命与点阵结构相对密度、胞元拓扑构型和基体材料本构之间的关联关系,需要进行大量耗时试错模式的实验研究,还需要数值方法来预测疲劳寿命,开展点阵结构设计优化,从而满足实际工程结构件疲劳性能指标。从点阵结构疲劳性能的计算建模角度来看,主要有两种思路:一种是理想点阵结构可以直接离散化为梁单元,使用梁变形理论研究点阵结构在外部宏观载荷作用下的杆件组元局部应力,进一步分析得到点阵结构单根杆件组元的疲劳 S-N 曲线;另一种是利用单根杆件组元的疲劳 S-N 曲线来预测点阵结构的疲劳寿命以及局部结构失效演化过程,需要考虑在变形过程中未断裂的杆件组元内渐进应力场重新分布。基于 Miner 模型的损伤累积定律,分析了点阵杆件组元在不同应力水平下的损伤累计情况,并认为基体材料具有唯一的疲劳 S-N 曲线。这表明,每个支柱都具有完全相同的疲劳特性,尽管单个杆件组元的实验疲劳结果通常是分散的。

基于级联失效模型,可以根据单根杆件组元的疲劳性能来预测点阵结构的疲劳寿命,如图 9.27 所示[57]。模型所需的参数包含以下 3 类。

1)点阵结构晶胞。晶格结构被定义为由杆件组元通过节点连接的具有周期性排布特征的拓扑构型集合,并可以分类定义几种杆件组元。

2)每种类型的杆件组元的横截面半径大小分布,相对于堆积方向具有不同空间取向的杆件组元具有不同的几何特征。

3)疲劳 S-N 曲线数据库,允许将给定的疲劳 S-N 曲线分配给定的杆件组元,这是由于实验收集的疲劳 S-N 曲线通常是分散的,特别是表面质量较差的增材结构,其疲劳 S-N 曲线由经典 Basquin 定律生成[57]。

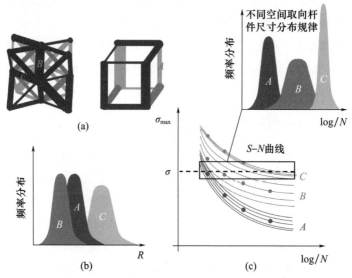

图 9.27　增材点阵结构疲劳性能级联失效预测模型的不同输入参数概述[57]

(a)具有不同杆件组元横截面半径的立方点阵结构和八角点阵结构;

(b)不同空间取向杆件的半径尺寸概率分布,每个杆件组元具有符合统计特征的随机给定半径参数;

(c)3 种不同类型的杆件组元的疲劳 S-N 曲线。

点阵结构在循环载荷作用下的最大应力为 σ_{max},被用于描述杆件组元的疲劳 S-N 曲线,杆件组元上的局部应力则通过各向同性铁木辛柯梁单元分析。对应的疲劳失效模型可用于模拟点阵结构的单根杆件组元疲劳失效过程,并与损

伤密切相关。在给定应力条件下的损伤 D 定义为

$$D = \frac{N}{N_{\max}} = 1 - \frac{n_r}{n_{\max}} \tag{9.28}$$

式中：n_r 为给定应力下的剩余寿命；N 为循环载荷次数；$N_{\max}$ 为最大循环次数。

因此，疲劳 S-N 曲线的循环次数可用于定义杆件组元的破坏程度。如果杆件组元在加载过程中经历了不同类型的应力状态，可以采用 Miner 原理分别在每个应力状态下进行计算，再对不同应力状态下的损伤累计求和：

$$D = \sum_{k=1}^{i} \frac{N(k)}{N_{\max}(k)} \tag{9.29}$$

点阵结构的损伤级联失效预测模型的分析步骤如下：首先，基于铁木辛柯梁和有限元法，获取每个杆件组元的应力场；然后，识别杆件组元断裂，如具有最小剩余寿命的杆件组元。需要注意的是，上述分析过程并没能考虑初始和扩展裂纹，杆件组元的破坏呈现出非连续性。只有在杆件失效后，如杆件组元达到疲劳寿命极限时，点阵结构模型才会被更新。

引入应力标记符号 $\sigma_j(i)$ 表示第 j 个杆件组元在第 i 个循环分析步骤的应力状态；$N_j(i)$ 表示第 j 个杆件组元在第 i 个分析步骤的循环次数，对应的 $N_j^{\max}(i)$ 为杆件组元的疲劳寿命，即第 j 个杆件组元在应力状态为 $\sigma_j(i)$ 时的最大循环寿命。第 j 个杆件组元在第 i 个分析步骤的循环寿命表示为

$$D_j(i) = \frac{N_j(i)}{N_j^{\max}(i)} \tag{9.30}$$

对于第 j 个未发生破坏的杆件组元，当在第 i 个分析步骤满足如下条件时，有

$$D_j = \sum_{k=1}^{i} D_j(k) \leqslant 1 \tag{9.31}$$

式中：D_j 是第 j 个杆件组元的累计损伤。

因此，第 i 个分析载荷步骤的具体计算方法如下。

（1）针对第 i 个分析步骤，开展点阵结构的有限元分析，获得点阵结构的应力分布状态。

（2）根据 Miner 损伤累积分析方法，在第 i-1 到 i 分析步骤，根据每根杆件组元的循环次数，分析对应的损伤累积量：

$$D_j(i-1) = \frac{N_j(i-1)}{N_j^{\max}(i-1)} = \frac{N_j(i-1 \to i)}{N_j^{\max}(i)} \tag{9.32}$$

对于杆件组元 j，等效疲劳寿命 N_j 表示为

$$N_j(i-1\rightarrow i)=D_j(i-1)N_j^{\max}(i) \tag{9.33}$$

点阵结构的杆件组元剩余寿命 $n_j^r(r)$ 表示为

$$n_j^r(r)=N_j^{\max}(i)\left(1-\sum_{k=1}^{i-1}D_j(k)\right) \tag{9.34}$$

需要注意的是,初始状态的损伤为 0,对应的 $n_j^r(1)=N_j^{\max}(1)$。

在第 i 个分析步骤,每个杆件组元经历的循环次数 $n(i)$ 不完全一致,具有最小剩余寿命 $n_j^r(r)$ 的杆件组元被删除,进而循环到下一个分析步骤。因此,第 i 个分析步骤的循环次数表示为

$$n(i)=\min\{n_j^r(r)\} \tag{9.35}$$

对每一个杆件组元进一步进行应力更新和循环加载,每一个分析步骤的循环次数 $n(i)$ 均可进行类似分析,直到点阵结构丧失整体承载能力,对应的点阵结构的总疲劳寿命表示为

$$N=_{k=1}^{i}n(k) \tag{9.36}$$

需要注意的是,在整个分析过程中,局部应力的估算最为关键。对于拉伸主导型点阵结构,法向应力可以表示为杆件承受的法向载荷除以局部最小横截面积,对应的第 j 个杆件组元在第 i 个分析步骤的局部应力表示为

$$\sigma_j(i)=\lambda\frac{F_j(i)}{S_j} \tag{9.37}$$

式中: $F_j(i)$ 对应着杆件组元的法向载荷; S_j 对应着杆件组元 j 横截面面积; λ 对应着由于横截面尺寸波动不确定性引起的修正因子。

9.6 本章小结

增材制造点阵结构不可避免地存在表面和内部缺陷,这些缺陷会引起力学性能变化和结构尺寸偏差,从而对增材轻质点阵结构的宏观力学性能带来不确定性。因而,有必要开展考虑增材制造"材料不确定性"和"结构不确定性"的多尺度力学建模方法研究。尤其是,基于 X 射线三维成像技术,开展基于模型三维重构的复杂点阵结构的性能高保真多尺度图像有限元模拟,对高端装备的安全使用载荷阈值和结构完整性评价具有重要意义。本章简要介绍了增材点阵结构的图像有限元高保真建模方法,并详细介绍了基于统计平均结构组元的图像有限元、多级 hp FCM、基于深度学习的图像有限元法以及结合图像有限元的点阵结构疲劳性能级联失效模型等。

参 考 文 献

［1］ Shakoor M,Buljac A,Neggers J. On the choice of boundary conditions for micromechanical simulations based on 3D imaging ［J］. International Journal of Solids and Structures,2017, 112:83-96.

［2］ Tian R,Chan S,Tang S,et al. A multiresolution continuum simulation of the duc- tile fracture process ［J］. Journal of the Mechanics and Physics of Solids,2010,58(10):1681-1700.

［3］ Hosokawa A,Wilkinson D S,Kang J,et al. Void growth and coalescence in model materials in-vestigated by high-resolution X-ray microtomography ［J］. International Journal of Fracture, 2013,181(1):51-56.

［4］ Tang S,Kopacz A M,Chan O'Keeffe S,et al. Three-dimensional ductile fracture analysis with a hybrid multiresolution approach and microtomography ［J］. Journal of the Mechanics and Physics of Solids,2013,61(11):2108-2124.

［5］ Alinaghian Y,Asadi M,Weck A. Effect of prestrain and work hardening rate on void growth and coalescence in AA5052 ［J］. International Journal of Plasticity,2015,53:193-205.

［6］ Hütter G,Zybell L,Kuna M. Size effects due to secondary voids during ductile crack propaga-tion ［J］. International Journal of Solids and Structures,2014,51(3-4):839-847.

［7］ O'Keeffe S C,Tang S,Kopacz A M,et al. Multiscale ductile fracture integrating tomographic characterization and 3D simulation ［J］. Acta Materialia,2015,82:503-510.

［8］ Tvergaard V,Hutchinson J W. Two mechanisms of ductile fracture:void by void growth versus multiple void interaction ［J］. International Journal of Solids and Structures,2002,39(13- 14):3581-3597.

［9］ Bandstra J,Koss D,Geltmacher A,et al. Modeling void coalescence during ductile fracture of a steel ［J］. Materials Science and Engineering A,2004,366(2):269-281.

［10］ Kaye M,Puncreobutr C,Lee P D,et al. A new parameter for modelling three-dimensional damage evolution validated by synchrotron tomography ［J］. Acta Materialia,2013,61(20): 7616-7623.

［11］ Buljac A,Shakoor M,Neggers J,et al. Numerical validation framework for micromechanical simulations based on synchrotron 3D imaging ［J］. Computational Mechanics,2017,59(3): 419-441.

［12］ Buljac A,Taillandier-Thomas T,Morgeneyer T F,et al. Slant strained band development dur-ing flat to slant crack transition in AA 2198 T8 sheet:in situ 3D measurements ［J］. Interna-tional Journal of Fracture,2016,200(1-2):49-62.

［13］ Roux S,Hild F,Viot P,et al. Three-dimensional image correlation from X-ray computed tomography of solid foam ［J］. Composites Part A,2008,39(8):1253-1265.

[14] Rannou J,Limodin N,Réthoré J,et al. Three dimensional experimental and numerical multi-scale analysis of a fatigue crack [J]. Computer Methods in Applied Mechanics and Engineering,2010,199(21):1307-1325.

[15] Gorguluarslan C M,Choi S K,Saldana C J. Uncertainty quantification and validation of 3D lattice scaffolds for computer-aided biomedical applications [J]. Journal of the Mechanical Behavior of Biomedical Materials,2017,71:428-440.

[16] Amani Y,Dancette S,Delroisse P,et al. Compression behavior of lattice structures produced by selective laser melting:X-ray tomography based experimental and finite element approaches [J]. Acta Materialia,2018,159:395-407.

[17] Lozanovski B,Downing D,Tino R,et al. Non-destructive simulation of node defects in additively manufactured lattice structures [J]. Additive Manufacturing,2020,36:101593.

[18] Lozanovski B,Downing D,Tino R,et al. Image-Based geometrical characterization of nodes in additively manufactured lattice structures [J]. 3D Printing and Additive Manufacturing,2021,8(1):1089.

[19] Liu L,Kamm P,García-Moreno F,et al. Elastic and failure response of imperfect three-dimensional metallic lattices:the role of geometric defects induced by selective laser melting [J]. Journal of the Mechanics and Physics of Solids,2017,107:160-184.

[20] Lozanovski B,Downing D,Tran P,et al. A Monte Carlo simulation-based approach to realistic modelling of additively manufactured lattice structures [J]. Additive Manufacturing,2020,32:101092.

[21] Lozanovski B,Leary M,Tran P,et al. Computational modelling of strut defects in SLM manufactured lattice structures [J]. Materials & Design,2019,171:107671.

[22] Suard M,Martin G,Lhuissier P,et al. Mechanical equivalent diameter of single struts for the stiffness prediction of lattice structures produced by Electron Beam Melting [J]. Additive Manufacturing,2015,8:124-131.

[23] Lei H S,Li C L,Meng J X,et al. Evaluation of compressive properties of SLM-fabricated multi-layer lattice structures by experimental test andμ-CT-based finite element analysis [J]. Materials & Design,2019,169:107685.

[24] Li C L,Lei H S,Zhang Z,et al. Architecture design of periodic truss-lattice cells for additive manufacturing [J]. Additive Manufacturing,2020,34:101172.

[25] de Galarreta S R,Jeffers J R T,Ghouse S. A validated finite element analysis procedure for porous structures [J]. Materials & Design,2020,189:108546.

[26] Maconachie T,Leary M,Lozanovski B,et al. SLM lattice structures:properties,performance,applications and challenges [J]. Materials & Design,2019,183:108137.

[27] Wang P D,Lei H S,Zhu X L,et al. Influence of manufacturing geometric defects on the mechanical properties of AlSi10Mg alloy fabricated by selective laser melting [J]. Journal of Al-

loys and Compounds,2019,789:852-859.

[28] Lucarini S,Cobian L,Voitus A,et al. Adaptation and validation of FFT methods for homogenization of lattice based materials [J]. Computer Methods in Applied Mechanics and Engineering,2022,388:114223.

[29] Michel J C,Moulinec H,Suquet P. A computational scheme for linear and non-linear composites with arbitrary phase contrast [J]. International Journal for Numerical Methods in Engineering,2001,52(1-2):139-160.

[30] Brisard S,Dormieux L. FFT-based methods for the mechanics of composites:A general variational framework [J]. Computational Materials Science,2010,49(3):663-671.

[31] To Q D,Bonnet G. FFT based numerical homogenization method for porous conductive materials [J]. Computer Methods in Applied Mechanics and Engineering,2020,368:113160.

[32] Schneider M. Lippmann-Schwinger solvers for the computational homogenization of materials with pores [J]. International Journal for Numerical Methods in Engineering,2020,121(22):5017-5041.

[33] Kaßbohm S,Müller W H,Feßler R. Improved approximations of Fourier coefficients for computing periodic structures with arbitrary stiffness distribution [J]. Computational Materials Science,2006,37(1-2):90-93.

[34] Gélébart L,Ouaki F. Filtering material properties to improve FFT-based methods for numerical homogenization [J]. Journal of Computational Physics,2015,294:90-95.

[35] Shanthraj P,Eisenlohr P,Diehl M,et al. Numerically robust spectral methods for crystal plasticity simulations of heterogeneous materials [J]. International Journal of Plasticity,2015,66:31-45.

[36] Müller WH. Fourier transforms and their application to the formation of textures and changes of morphology in solids [C]. IUTAM Symposium on Transformation Problems in Composite and Active Materials. Solid Mechanics and its Applications,1998,60:61-62.

[37] Willot F. Fourier-based schemes for computing the mechanical response of composites with accurate local fields [J]. Comptes Rendus Mecanique,2015,343(3):232-245.

[38] Schneider M,Ospald F,Kabel M. Computational homogenization of elasticity on a staggered grid [J]. International Journal for Numerical Methods in Engineering,2016,105(9):693-720.

[39] Eloh K S,Jacques A,Berbenni S. Development of a new consistent discrete Green operator for FFT-based methods to solve heterogeneous problems with eigenstrains [J]. International Journal of Plasticity,2109,116:1-23.

[40] Moulinec H,Silva F. Comparison of three accelerated FFT-based schemes for computing the mechanical response of composite materials [J]. International Journal for Numerical Methods in Engineering,2014,97(13):960-985.

［41］Monchiet V,Bonnet G. A polarization-based FFT iterative scheme for computing the effective properties of elastic composites with arbitrary contrast［J］. International Journal for Numerical Methods in Engineering,2012,89(11):1419-1436.

［42］Lucarini S,Segurado J. An algorithm for stress and mixed control in Galerkin based FFT homogenization［J］. International Journal for Numerical Methods in Engineering,2019,119(8): 797-805.

［43］Vondrejc J,Zeman J,Marek I. An FFT-based Galerkin method for homogenization of periodic media［J］. Computers & Mathematics with Applications,2014,68(3):156-173.

［44］Zeman J,de Geus T W J,Vondrejc J,et al. A finite element perspective on non-linear FFT-based micromechanical simulations［J］. International Journal for Numerical Methods in Engineering,2017,111(10):903-926.

［45］Lucarini S,Segurado J. DBFFT:A displacement based FFT approach for non-linear homogenization of the mechanical behavior［J］. International Journal of Engineering Science,2019, 144:103131.

［46］Gorguluarslan R M,Park S I,Rosen D W,et al. A multilevel upscaling method for material characterization of additively manufactured part under uncertainties［J］. Journal of Mechanical Design,2015,137(11):111408.

［47］Gorguluarslan R M. A multi-level upscaling and validation framework for uncertainty qualification in additively manufactured lattice structure［D］. PhD Thesis at Georgia Institute of Technology,2016.

［48］Geng L H,Zhang B,Lian Y P,et al. An image-based multi-level hp FCM for predicting elastoplastic behavior of imperfect lattice structure by SLM［J］. Computational Mechanics,2022, 70:123-140.

［49］Rank E. Adaptive remeshing and h-p domain decomposition［J］. Computer Methods in Applied Mechanics and Engineering,1992,101(1-3):299-313.

［50］Zander N,Bog T,Kollmannsberger S,et al. Multi-level hp-adaptivity:high-order mesh adaptivity without the difficulties of constraining hanging nodes［J］. Computational Mechanics, 2015,55:499-517.

［51］Zander N,Bog T,Elhaddad M,et al. The multi-level hp-method for three-dimensional problems:dynamically changing high-order mesh refinement with arbitrary hanging nodes［J］. Computer Methods in Applied Mechanics and Engineering,2016,310:252-277.

［52］Yang H,Wang W F,Li C L,et al. Deep learning-based X-ray computed tomography image reconstruction and prediction of compression behavior of 3D printed lattice structures［J］. Additive Manufacturing. 2022,54:102774.

［53］Benedetti M,du Plessis A,Ritchied R O,et al. Architected cellular materials:A review on their mechanical properties towards fatigue-tolerant design and fabrication［J］. Materials

Science & Engineering R-Reports,2021,144:100606.

[54] Kelly C N,Francovich J,Julmi S,et al. Fatigue behavior of As-built selective laser melted titanium scaffolds with sheet-based gyroid microarchitecture for bone tissue engineering [J]. Acta Biomaterialia,2019,94:610-626.

[55] Savio G,Rosso S,Curtarello A,et al. Implications of modeling approaches on the fatigue behavior of cellular solids [J]. Additive Manufacturing,2019,25:50-58.

[56] Necemer B,Klemenc J,Zupanic F,et al. Modelling and predicting of the LCF-behaviour of aluminium auxetic structures [J]. International Journal of Fatigue,2022,156:106673.

[57] Burr A,Persenot T,Doutre P T,et al. A numerical framework to predict the fatigue life of lattice structures built by additive manufacturing [J]. International Journal of Fatigue,2020,139:105769.

[58] Dallago M,Raghavendra S,Luchin V,et al. The role of node fillet,unit-cell size and strut orientation on the fatigue strength of Ti-6Al-4V lattice materials additively manufactured via laser powder bed fusion [J]. International Journal of Fatigue,2021,142:105946.

[59] Dallago M,Fontanari V,Torresani E,et al. Fatigue and biological properties of Ti-6Al-4V ELI cellular structures with variously arranged cubic cells made by selective laser melting [J]. Journal of the Mechanical Behavior of Biomedical materials,2018,78:381-394.

[60] Lefebvre L P,Baril E,Bureau M N. Effect of the oxygen content in solution on the static and cyclic deformation of titanium foams [J]. Journal of Materials Science:Materials in Medicine,2009,20(11):2223-2233.

[61] Özbilen S,Liebert D,Beck T,et al. Fatigue behavior of highly porous titanium produced by powder metallurgy with temporary space holders [J]. Materials Science and Engineering C,2016,60:446-457.

[62] Zhao S,Li S J,Hou W T,et al. The influence of cell morphology on the compressive fatigue behavior of Ti-6Al-4V meshes fabricated by electron beam melting [J]. Journal of the Mechanical Behavior of Biomedical Materials,2016,59:251-264.

[63] Peng C X,Tran P,Nguyen-Xuan H,et al. Mechanical performance and fatigue life prediction of lattice structures:Parametric computational approach [J]. Composite Structures,2020,235:111821.

[64] Ahmadi S M,Hedayati R,Yi L,et al. Fatigue performance of additively manufactured metabiomaterials:The effects of topology and material type [J]. Acta Biomaterialia,2018,65:292-304.

[65] Zargarian A,Esfahanian M,Kadkhodapour J,et al. Numerical simulation of the fatigue behavior of additive manufactured titanium porous lattice structures [J]. Materials Science and Engineering C,2016,60:339-347.

[66] Savio G,Rosso S,Curtarello A,et al. Implications of modeling approaches on the fatigue be-

havior of cellular solids [J]. Additive Manufacturing,2019,25:50-58.

[67] Yavari S A,Ahmadi S M,Wauthle R,et al. Relationship between unit cell type and porosity and the fatigue behavior of selective laser melted meta-biomaterials [J]. Journal of the Mechanical Behavior of Biomedical Materials,2015,43:91-100.

第 **⑩** 章

增材缺陷与疲劳性能的映射关系

作为应力集中源和疲劳裂纹的潜在形核点,增材缺陷难以通过参数优化和后热处理完全消除,是金属增材制造可靠性服役的"顽疾"之一。这些不易根除的制造缺陷会导致疲劳性能显著下降和极大的寿命离散性,为疲劳性能的可靠评估和准确预测带来挑战。如何在增材材料内部数量众多的缺陷中准确、可靠地辨识出诱导裂纹萌生的临界缺陷,进而建立考虑临界缺陷几何特征的疲劳强度和寿命可靠评估与预测模型是急需解决的关键科学问题。本章首先总结了 5 种缺陷危险等级的判断方法;其次在缺陷容限和损伤容限框架内,介绍了基于增材材料表面/亚表面/内部缺陷几何特征的疲劳强度和寿命模型;最后针对高速磁浮列车悬浮架,论述了著者提出的结构完整性的时域阶梯疲劳评估方法在增材结构件疲劳寿命评价中的应用。

10.1 缺陷等级的定义方法

增材缺陷具有全域分布、形态多样、尺寸跨度大、形成机制复杂等特点。众多缺陷中具有较高危险等级的缺陷可能诱导裂纹萌生,成为疲劳源区(临界缺陷)。大量研究表明,临界缺陷的几何特征在很大程度上决定着材料的疲劳性能。对增材材料内部数量众多的缺陷进行危险等级认定,确定危险等级较高的临界缺陷,进而通过考虑临界缺陷的几何特征进行疲劳强度和寿命评估与预测具有重要意义。本节总结了 5 种缺陷危险等级的判断方法。

10.1.1 缺陷等效方法

缺陷危险等级直观的评价指标是缺陷尺寸,通常借助 Murakami 参数(area)$^{1/2}$ 来表征,它定义为缺陷在垂直于加载方向上投影面积的平方根,该参数往往是通过失效试样断口的测量来获得。研究表明,增材制造铝合金中尺寸最大的未熔合缺陷是疲劳源头[1]。具有最大$(area)^{1/2}$的缺陷被认为危险等级最高，也最可能诱导疲劳裂纹萌生。但是很多学者也指出，尺寸并不是判定诱导裂纹萌生的临界缺陷的唯一因素[2]。Serrano-Munoz 等发现[3]，即使表面和亚表面缺陷尺寸仅为内部的1/10，同样会引起疲劳断裂。可见，在评价缺陷的危险等级时还必须合理考虑缺陷位置的影响，该评价方法被修正为材料表面或近表面$(area)^{1/2}$较大的缺陷危险等级较高。

10.1.2 应力强度因子

缺陷容限设计中一般将小尺寸缺陷(小于$1000\mu m$)假设为短裂纹。裂纹扩展的驱动力由弹性断裂力学应力强度因子 K 表示，$K = \sigma Y[\pi(area)^{1/2}]^{1/2}$，其中，$\sigma$ 为外加载荷，Y 为几何修正因子，反映缺陷位置的影响(对于表面缺陷，$Y = 0.65$；对于近表面或内部缺陷，$Y = 0.5$)[4]。由此可见，K 值同时考虑了缺陷位置和尺寸的影响。在一定的外加载荷下，分布在材料表面尺寸较大的缺陷危险等级较高。然而，增材缺陷数量众多，要计算出每个缺陷的 K 值不太现实，一般假设为最大缺陷。

10.1.3 应力集中系数

应力集中系数 K_t 反映了缺陷诱导的应力集中程度，$K_t = \sigma_{max}/\sigma_0$，其中，$\sigma_{max}$ 为峰值应力，σ_0 为远场应力。应力集中系数与缺陷的位置、尺寸和形貌密切相关[5]。应力集中系数随缺陷位置的变化规律如图 10.1 所示[6]。

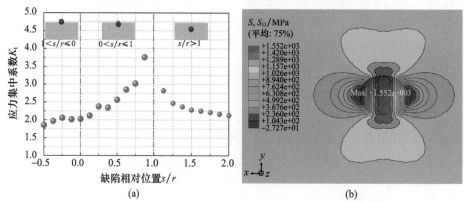

图 10.1 线弹性范围内激光选区熔化成形 Ti-6Al-4V 合金
理想球形缺陷的应力集中系数随缺陷位置的演化规律[6]
(a)K_t—s/r 关系；(b)$s/r=0$ 时缺陷周围的应力云图。

由图 10.1(a)可见，K_t 分布以缺陷的相对位置 $s/r=1$ 为分界点，其中，s 为缺陷中心至材料表面的最短距离，r 为缺陷半径。随着缺陷距表面距离的增加（$s/r<1$），K_t 呈现非线性增长，当缺陷与表面相切（$s/r=1$）时，应力集中趋于无穷大。随着缺陷逐渐从近表面向内部移动（$s/r>1$），K_t 呈现非线性降低，内部球形缺陷的应力集中系数稳定在 2 左右。可将图 10.1(a)中缺陷的相对位置归为3 类：$-1<s/r\leqslant0$、$0<s/r<1$ 和 $s/r>1$，对应的缺陷应力集中部位有所不同。对于 $-1<s/r\leqslant0$，应力集中部位主要分布在与加载方向垂直且过缺陷中心面的缺陷边缘，如图 10.1(b)所示；对于 $0<s/r<1$，应力集中位于与加载方向垂直，通过缺陷中心面的缺陷边缘与表面交界处；对于 $s/r>1$，应力集中部位出现在通过缺陷中心面的缺陷边缘并靠近表面一侧。

图 10.2 为微区原位锻造复合电弧熔丝增材铝合金内部真实的气孔和未熔合缺陷周围的 Von Mises 应力云图[7]。图 10.2(a)中较大尺寸未熔合缺陷的应力集中部位主要位于缺陷轮廓上尖锐的几何过渡处，应力集中程度（$K_t=1.92$）大于图 10.2(b)中的气孔缺陷（$K_t=0.77$），气孔产生的应力集中相对均匀地分布在与加载方向垂直且过缺陷中心面的缺陷边缘。

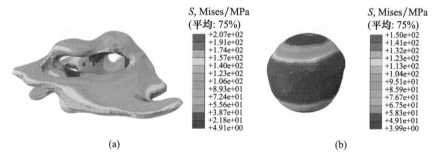

图 10.2　微区原位锻造复合电弧熔丝增材制造铝合金

缺陷周围的 Von Mises 应力分布云图[7]

（a）未熔合缺陷；（b）气孔缺陷。

综上图 10.1 和图 10.2 发现，材料表面附近较大尺寸且具有复杂形貌的缺陷产生的应力集中程度较大，而应力集中最严重的区域是潜在的疲劳裂纹形核点[8]。因此，具有较大应力集中系数的缺陷危险等级较高。

10.1.4　相对应力强度因子

相对应力强度因子 $K_{relative}$ 综合考虑了缺陷位置、尺寸和形貌、缺陷与材料表面和临近缺陷的交互作用、构件几何突变导致的不均匀应力分布的影响，

$K_{relative}=f(K_t\cdot\sigma_x\cdot[\pi\cdot(area)^{1/2}]^{1/2})$，其中，$K_t$ 为复合应力集中系数，表征缺陷位置和形貌以及缺陷与材料表面和临近缺陷的交互作用所引起的应力集中程度；σ_x 为考虑材料内部应力分布不均匀性的局部应力[9]。$K_{relative}$ 用于评价缺陷的相对危险程度，具有较高 $K_{relative}$ 的缺陷危险程度较高。

10.1.5　塑性应力-应变集中系数

在应力集中系数的基础上，引入应变参量，提出了塑性应力-应变集中系数 K_g，$K_g=K_t\cdot K_\varepsilon$，其中，$K_t$ 为应力集中系数，K_ε 为应变集中系数，$K_\varepsilon=\varepsilon_{max}/\varepsilon_0$，其中，$\varepsilon_{max}$ 为峰值应变，ε_0 为远场应变[10]。研究发现，铝合金疲劳裂纹萌生于塑性应力-应变集中系数最大的部位，因此，可以借助该参数评估可能诱导裂纹萌生的临界缺陷。K_g 的求解需要借助基于 X 射线成像图像数据的有限元模拟，而对于具有广域分布、数量众多和形态各异的增材制造缺陷，对内部所有真实缺陷的网格划分、模型建立和数值计算非常困难。因此，K_g 法仅适用于对筛选出来的危险等级较高的几个缺陷进一步精确评级。

尽管借助上述 5 种缺陷危险等级的判断方法，可以从内部大量的缺陷中辨识出危险等级较高的缺陷。然而，考虑到疲劳裂纹萌生行为的复杂性，上述任何一种评价方法都无法准确、可靠地判断出萌生裂纹的临界缺陷。同时，这些判定方法依赖于对缺陷的准确识别和定义，这也给工程应用带来了挑战。

10.2　缺陷与疲劳强度的建模方法

增材材料及部件中的缺陷具有广域分布特点。缺陷的存在，大幅降低了增材构件的疲劳强度，显著增大了疲劳寿命的离散性。从这一角度来说，最大程度地消除内部缺陷和较为精确地预测缺陷与疲劳性能的关系是推动增材构件工程应用的重要课题。当前，针对含缺陷材料的疲劳强度评价方法主要包括经典的 Murakami 模型及其演化模型，以及 Kitagawa-Takahashi(KT)模型及其修正模型。本节简要介绍这些模型及其在增材制造领域中的应用。

10.2.1　缺陷相关的 Murakami 预测模型

在宏观上，疲劳极限对应着材料经历无穷循环后不发生失效破坏的最大应力幅。也有观点认为，疲劳极限是发生疲劳破坏的临界应力或最低应力，与断裂力学中的疲劳长裂纹扩展门槛值有一定的对应关系。在微观上，疲劳极限对应着短裂纹扩展的临界应力，即当外加载荷不大于材料的疲劳极限时，允许发生疲劳裂纹萌生和短裂纹扩展,但短裂纹在扩展至长裂纹之前止裂,形成非扩展型裂纹,这类裂纹扩展寿命可称为萌生寿命。从非扩展型裂纹的角度,Murakami 提出了量化小尺寸缺陷(小于 1000μm)对疲劳强度影响的著名的 Murakami 模型[4]。Murakami 模型的建立过程如下所述。

在 Danninger-Weiss 模型中,长裂纹扩展门槛值 $\Delta K_{th,L}$ 综合考虑了缺陷位置、尺寸及材料硬度的影响。应力比 $R = -1$ 时,$\Delta K_{th,L}$ 的表达式为[11]

$$\Delta K_{th} = g \cdot (\mathrm{HV} + 120) \cdot [\sqrt{\mathrm{area}}]^{1/3} \tag{10.1}$$

式中:g 为表征缺陷位置的几何修正因子,对于表面缺陷,$g = 3.3 \times 10^{-3}$,而对于近表面或内部缺陷,$g = 2.77 \times 10^{-3}$;HV 为材料的维氏硬度。

小缺陷(小于 1000μm)对应的应力强度因子范围为[4]

$$\Delta K = Y \cdot \Delta\sigma \cdot \sqrt{\pi \cdot \sqrt{\mathrm{area}}} \tag{10.2}$$

式中:$\Delta\sigma$ 为应力范围;Y 与 g 定义一致,对于表面缺陷,$Y = 0.65$,对于近表面或内部缺陷,$Y = 0.5$。

联立式(10.1)和式(10.2),并令 $\Delta K = \Delta K_{th,L}$,得到材料的疲劳极限 σ_w。需要指出的是,式(10.1)是在应力比 $R = -1$ 条件下得到的,因此,σ_w 也仅为 $R = -1$ 时的疲劳极限。考虑到应力比的影响,需要求解任意应力比 R 下的材料疲劳极限 $\sigma_w(R)$,可进一步引入 Walker 因子 $[(1-R)/2]^{-\gamma}$ [12]:

$$\sigma_w(R) = \frac{C \cdot (\mathrm{HV} + 120)}{[\sqrt{\mathrm{area}}]^{1/6}} \left(\frac{1-R}{2}\right)^{-\gamma} \tag{10.3}$$

式中:C 为几何修正因子,表示缺陷位置的影响(表面缺陷,$C = 1.41$;近表面缺陷,$C = 1.43$;内部缺陷,$C = 1.56$);Walker 因子中的指数 γ 取决于材料的种类,对于锻造钛合金,$\gamma = 0.28$ [13],对于铸造铝合金,$\gamma = 0.47$ [14];也有研究发现,γ 与材料的维氏硬度之间满足 $\gamma = 0.226 + \mathrm{HV} \times 10^{-4}$ [15]。

式(10.3)即为著名的 Murakami 模型,它从疲劳极限的微观定义即非扩展型裂纹的角度出发,描述材料的疲劳极限与缺陷尺寸、缺陷位置以及材料硬度之间的关系,已广泛用于含缺陷材料的疲劳强度评估中,如锻造钛合金、铸造铝合金、异物致损铁路车轴及航空发动机叶片等。

采用 Murakami 模型预测材料的疲劳极限时,可借助 CT 成像技术获得缺陷分布,然后根据 10.1 节中的缺陷危险等级判定方法,确定出危险程度较高的缺陷,针对这些缺陷的位置和尺寸进行疲劳强度评估。在实际应用中,对所有增材构件进行 CT 成像具有成本高和周期长等问题。因此,如果能够抽样表征若干个小体积试样内部的缺陷,确定缺陷的极大值,推测出大体积构件内部的最大尺寸缺陷,然后将其视为危险的表面缺陷进行疲劳强度评价,也不失为一种切实可行的方案,这其中涉及了极值统计的思想[16]。

极值统计早期用于估算高强钢中非金属夹杂的最大尺寸,如今已将其推广至含孔洞缺陷的铸造合金、焊接结构和增材构件。根据取样方式的不同,极值统计方法主要分为两种:分区取值法(Block Method,BM)和越峰取值法(Peak over Threshold,POT)。BM 首先选取若干个互不重叠且体积相同的样本,然后提取每个样本中的极大缺陷,利用这些极大值进行极值分布拟合,推断分布函数,进而间接得到总体数据的分布特征。POT 基于广义帕累托分布,仅对超过特定尺寸(阈值)的缺陷进行统计,运用已有数据渐近地刻画阈值以上的数据分布[17-18]。与 BM 方法相比,POT 求解过程繁琐,成本较高。图 10.3 给出了基于 BM 极值统计和 Murakami 模型的疲劳极限预测[19]。

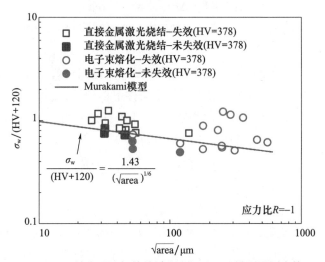

图 10.3　结合 BM 极值统计和 Murakami 模型预测直接
金属激光烧结与电子束熔化成形 Ti-6Al-4V 合金的疲劳极限[19]

在经典 Murakami 模型中,如果材料从表面至内部的微观结构和力学性能是均匀的,针对某一缺陷进行疲劳强度评价时,表征缺陷位置的几何修正因子和材料硬度均为常数,两者可通过复合材料常数 C_m 表示。然而,试样几何构型也会影响裂纹萌生行为。因此,在传统 Murakami 模型中引入断裂面半径 r,如图 10.4(a)所示。缺陷到材料表面的最短距离与断裂面的半径之比为 d/r,修正后的 Murakami 模型为 $\sigma_w = C_m \cdot f((\text{area})^{1/2}, R, d/r)$,具体形式为[15]

$$\sigma_w(R) = \frac{C_m}{[\sqrt{\text{area}}]^{\beta_1}} \left(\frac{1-R}{2}\right)^{\beta_2} \exp\left(\beta_3 \sqrt{1-\frac{d}{r}}\right) \quad (10.4)$$

式中:C_m、β_1、β_2 和 β_3 为常数,可借助最小二乘法拟合获得。

图 10.4(b)为基于修正 Murakami 模型得到的激光选区熔化成形 AlSi10Mg 铝合金的疲劳强度分布,预测结果与实验吻合较好。

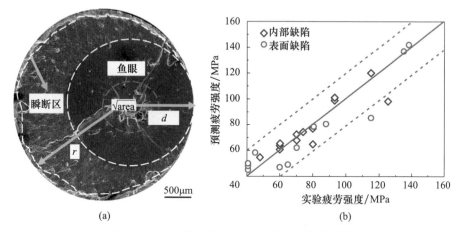

图 10.4　基于修正的 Murakami 模型预测的激光

选区熔化成形 AlSi10Mg 铝合金疲劳强度[15]

(a)超高周疲劳断口(应力比为-1,应力幅为 60MPa,疲劳寿命为 3.63×10^8 周);

(b)疲劳强度的实验值和预测值的对比。

当缺陷周围与整块材料具有相同的硬度值时,式(10.3)中的 HV 取自材料的硬度。对于经表面强化处理的增材构件,材料表层的位错结构、晶粒尺寸、残余应力、显微硬度和拉伸性能均呈现出显著的梯度变化。针对这类特殊材料,Murakami 模型需要进一步考虑梯度分布的硬度,表达式为[20]

$$\sigma_w(R) = \frac{C \cdot (\alpha \cdot \mathrm{HV} + \beta)}{(\sqrt{\mathrm{area}})^{1/6}} \left(\frac{1-R}{2}\right)^{-\gamma} \tag{10.5}$$

式中:α 和 β 为材料常数,可借助最小二乘法获得,如图 10.5(a)所示[20]。

图 10.5(b)为基于式(10.5)得到的原始态和电解抛光态激光选区熔化成形 Ti-6Al-4V 合金疲劳极限与缺陷至材料表面距离的关系[20]。

10.2.2　改进的 Kitagawa-Takahashi 模型

为了准确评价缺陷对材料疲劳强度的影响,日本学者 Kitagawa 和 Takahashi 融合名义应力和断裂力学提出了著名的 Kitagawa-Takahashi(简称 KT)图,如图 10.6 所示[6,21]。KT 图的意义是把传统的名义应力和先进的损伤容限结合起来对含缺陷材料的疲劳强度进行评价。

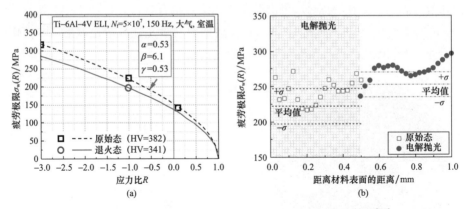

图 10.5　激光选区熔化成形 Ti-6Al-4V 钛合金的疲劳极限[20]

(a)材料参数拟合;(b)疲劳极限与缺陷位置的关系。

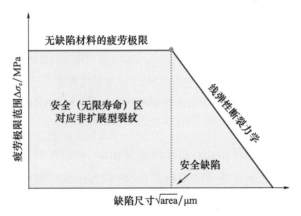

图 10.6　表征材料疲劳强度与缺陷尺寸关系的标准 KT 图[6,21]

图 10.6 中的水平线表示为接近满密度或者无缺陷材料的疲劳极限,斜线段由疲劳极限和长裂纹扩展门槛值决定,可表示为

$$\Delta\sigma_{\mathrm{e}} = \frac{\Delta K_{\mathrm{th,L}}}{Y\sqrt{\pi\sqrt{\mathrm{area}}}} \tag{10.6}$$

式中:$\Delta\sigma_{\mathrm{e}}$ 表示无缺陷材料的疲劳极限范围。当 KT 图用于评价材料中的裂纹时,可将$(\mathrm{area})^{1/2}$ 由裂纹尺寸 a 替代。

两条线段与坐标轴包围的区域称为与非扩展型裂纹相对应的安全(无限寿命)区。一般认为,安全区以内的材料能够安全可靠服役而不发生疲劳破坏,而安全区以外的材料在承受一定的循环周次之后将失效断裂。两条线段的交点对应安全缺陷尺寸,当被检缺陷尺寸小于该安全值时,缺陷对材料的疲劳强度没有影响;反之,疲劳强度会随着缺陷尺寸的增加而降低。

图 10.7 绘制了激光选区熔化成形 AlSi10Mg 铝合金的标准 KT 图[22]。从应力集中和应力强度因子的角度看,表面缺陷的危险性高于内部缺陷。因此,图 10.7 是基于表面缺陷建立的,即式(10.6)中 $Y=0.65$。

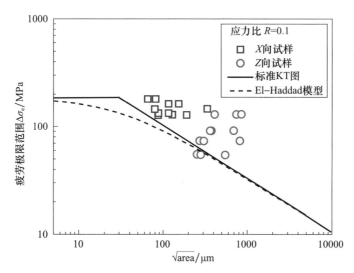

图 10.7 激光选区熔化成形 AlSi10Mg 铝合金标准 KT 模型和
基于 El-Haddad 模型修正的 KT 模型[22]

另外,水平线和斜线段的交点对应着安全缺陷尺寸(约 30μm)。当 $(area)^{1/2} < 30μm$ 时,缺陷对材料的疲劳强度没有影响;反之,疲劳强度会随着缺陷尺寸的增加而不断降低。图 10.7 中进一步补充了高周疲劳失效数据点,发现所有失效试样的临界缺陷尺寸均大于安全缺陷尺寸 30μm。除了两个失效点以外,其余数据均位于标准 KT 图的安全区以外。因此,KT 图的工程意义是:可通过材料代表性的疲劳极限确定允许的最大缺陷/裂纹尺寸,或者根据无损探伤得到的缺陷/裂纹尺寸估算其对应的疲劳极限。

除缺陷以外,晶粒尺寸也是决定增材构件服役性能的重要因素。当晶粒尺寸大于其周围缺陷时,组织成为控制材料疲劳强度的关键因素,安全缺陷尺寸应小于或者等于材料的晶粒尺寸[23]。结合 Murakami 模型和标准 KT 图,绘制了包含 3 个区域的缺陷尺寸与疲劳强度图,即由无缺陷材料的疲劳极限确定的缺陷无害区(组织影响区)、由 Murakami 模型确定的小裂纹区(斜率为 1/6)和由标准 KT 图确定的长裂纹区(斜率为 1/2),如图 10.8 所示[24]。

由图 10.8 可知,安全缺陷尺寸由锻造细晶、锻造粗晶至增材合金材料逐渐

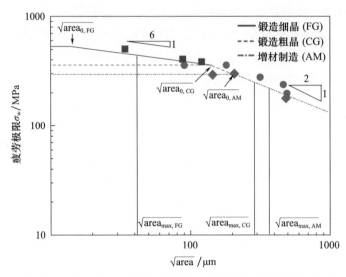

图 10.8　由 Murakami 模型和 KT 模型确定的激光选区熔化成形与
锻造 GH4196 合金缺陷尺寸与疲劳强度的关系[24]

增加,由缺陷无害区和小裂纹区的交点确定的安全缺陷尺寸远小于材料的平均
晶粒尺寸,基于该区间的缺陷尺寸去预测材料的疲劳强度缺乏合理性。将最大
晶粒尺寸视为安全缺陷尺寸,与光滑无缺陷的锻造细晶、锻造粗晶和增材制造
合金材料相比,预测的疲劳极限保守且误差分别为 16.6%、28.8% 和 24.7%。
总之,当缺陷尺寸大于材料的最大晶粒尺寸时,主要基于缺陷特征对疲劳强度
进行评估;反之,以晶粒尺寸和形态的影响为主。

　　随着经典 KT 图在含有缺陷材料中的应用与发展,学者们进一步提出了一
系列修正的 KT 图,影响较大的是 El-Haddad 模型[25]。El-Haddad 模型是在标
准 KT 图的基础上考虑了短裂纹的影响,引入本征缺陷尺寸 $(\text{area}_0)^{1/2}$ 对原始缺
陷尺寸 $(\text{area})^{1/2}$ 进行修正, $(\text{area}_0)^{1/2}$ 的数学表达式为

$$\sqrt{\text{area}_0} = \frac{1}{\pi}\left(\frac{\Delta K_{\text{th,L}}}{Y\Delta\sigma_0}\right)^2 \tag{10.7}$$

式中: $\Delta\sigma_0$ 为无缺陷材料的疲劳极限范围。

　　El-Haddad 模型将 KT 模型的 $(\text{area})^{1/2}$ 修正为 $(\text{area})^{1/2}+(\text{area}_0)^{1/2}$:

$$\Delta\sigma_e = \frac{\Delta K_{\text{th,L}}}{Y\sqrt{\pi(\sqrt{\text{area}}+\sqrt{\text{area}_0})}} \tag{10.8}$$

　　基于 El-Haddad 模型的修正 KT 图也绘制在图 10.7 中。通过引入本征缺
陷尺寸 $(\text{area}_0)^{1/2}$,标准 KT 图的水平线转变为从应力控制区到门槛值控制区的

光滑过渡,安全区的面积也在相应减小,这表明对能够长久安全服役的构件评估更加保守。根据图 10.7 可知,与标准 KT 图相比,当缺陷尺寸远大于本征缺陷尺寸时,即有 $(\mathrm{area})^{1/2} >> (\mathrm{area}_0)^{1/2}$ 时,El-Haddad 模型中 $(\mathrm{area}_0)^{1/2}$ 的影响可以忽略,标准 KT 模型与 El-Haddad 模型的预测基本一致。

在短裂纹扩展中,门槛值随着裂纹长度的增加而增加,不断增加的扩展阻力主要源于裂纹闭合效应。常见的裂纹闭合形式包括塑性诱导裂纹闭合、氧化物诱导裂纹闭合和粗造度诱导裂纹闭合。标准 KT 图仅考虑了长裂纹扩展门槛值 $\Delta K_{\mathrm{th,L}}$,未涉及从短裂纹至长裂纹扩展中的门槛值演化。2003 年,Chapetti 提出了考虑短裂纹扩展行为的 Chapetti 模型[26]:

$$\Delta\sigma_\mathrm{e} = \frac{\Delta K_{\mathrm{th,eff}} + (\Delta K_{\mathrm{th,L}} - \Delta K_{\mathrm{th,eff}})\ [1 - \mathrm{e}^{-k(\sqrt{\mathrm{area}} - \sqrt{\mathrm{area}_{\mathrm{eff}}})}\ ]}{Y\sqrt{\pi\sqrt{\mathrm{area}}}} \tag{10.9}$$

式中:本征门槛值 $\Delta K_{\mathrm{th,eff}}$、本征缺陷尺寸 $(\mathrm{area}_{\mathrm{eff}})^{1/2}$ 和参数 k 分别由式(10.10)、式(10.11)和式(10.12)决定[27-28]:

$$\Delta K_{\mathrm{th,eff}} \approx \chi \cdot 10^{-2} \cdot E \tag{10.10}$$

$$\sqrt{\mathrm{area}_{\mathrm{eff}}} = \frac{1}{\pi}\left(\frac{\Delta K_{\mathrm{th,eff}}}{Y\Delta\sigma_\mathrm{e}}\right)^2 \tag{10.11}$$

$$k = \frac{\Delta K_{\mathrm{th,eff}}}{4\sqrt{\mathrm{area}_{\mathrm{eff}}}(\Delta K_{\mathrm{th,L}} - \Delta K_{\mathrm{th,eff}})} \tag{10.12}$$

式中:E 为弹性模量;χ 为修正因子,对于 $E = 25 \sim 250\mathrm{GPa}$,$\chi$ 取 1.64。

图 10.9 比较了激光选区熔化成形 Ti-6Al-4V 合金标准 KT 图和基于 Chapetti 模型修正的 KT 图,并将疲劳失效数据点一并绘制在图中[29]。由图可知,由标准 KT 图得到的安全缺陷尺寸约为 57μm。根据传统 KT 图的定义,$(\mathrm{area})^{1/2} < 57\mu\mathrm{m}$ 的缺陷对材料的疲劳性能没有影响,而图中很多小于安全缺陷尺寸的缺陷(红色圆点所示)都导致了疲劳强度的下降。可见,由标准 KT 图定义的增材构件的安全缺陷尺寸是偏于危险的。此外,高周疲劳数据大部分位于由标准 KT 图定义的安全区以内,进一步说明安全区定义的不合理性。基于 Chapetti 模型修正后的 KT 图,安全缺陷尺寸显著减小至 11μm,所有失效数据均位于 Chapetti 模型定义的安全区以外,表明基于 Chapetti 模型修正的 KT 图在增材构件疲劳强度设计及评价中更具优势。

无论是标准 KT 图、El-Haddad 模型还是 Chapetti 模型,预测结果均表现出随着缺陷尺寸的增加,疲劳强度逐渐下降的趋势,这与相关研究和工程应用一致。KT 图的上限由近满密度或者无缺陷材料的疲劳极限确定,位于该区间的缺陷尺寸足够小,对材料的疲劳极限几乎无影响。随着缺陷尺寸的增加,在疲劳强度逐渐下降的区间,令应力强度因子范围等于长裂纹扩展门槛值,在线弹性断裂力学范畴内确定非扩展型裂纹。通过考虑缺口效应进一步给出 KT 图中疲劳强度下降区间的下限,即由光滑试样的疲劳极限范围 $\Delta\sigma_e$ 和应力集中系数 K_t 或者缺口疲劳系数 K_f 决定,如图 10.10 所示[28]。

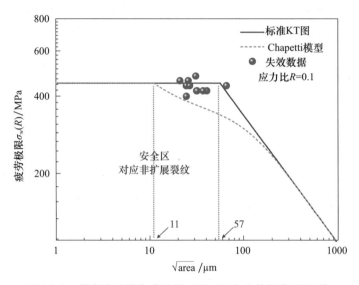

图 10.9 激光选区熔化成形 Ti-6Al-4V 合金的标准 KT 图与基于 Chapetti 模型的修正 KT 图[29]

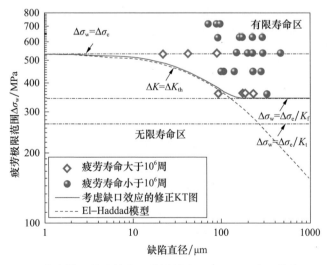

图 10.10 考虑缺口效应的电弧增材制造 Ti-6Al-4V 合金的修正 KT 图

10.3　缺陷相关疲劳寿命建模

由 10.2 节可知,气孔和未熔合缺陷会显著降低增材构件的疲劳强度,而疲劳强度预测模型可以给出基本的参考阈值。在服役载荷设计时,令外加应力低于疲劳强度值,认为构件能够长久安全服役而不发生失效破坏;若构件承受的循环应力大于该疲劳强度,则表明构件在经历一定的循环周次后会发生失效破坏。此时,基于缺陷特征的疲劳寿命预测和评估至关重要。此外,尽管构件在低于疲劳极限下应用,偶尔过载或者构件在服役和维修中发生异物(划擦和冲击)致损,也会使材料的疲劳性能劣化。因此,剩余寿命的可靠预测和检修间隔的合理制定对于避免构件失效意义重大。

然而,对于增材材料及部件,尽管在相同工艺和载荷作用下,由于制造缺陷的存在,导致试样之间的疲劳寿命具有较大的离散性,这为增材构件的疲劳寿命评估带来了挑战。我们认为,增材构件的疲劳寿命离散性主要取决于疲劳源缺陷的位置、尺寸、形态和取向等特征。近年来,结合名义应力法和损伤容限法,通过考虑缺陷几何参数的影响,提出了一系列的缺陷-疲劳寿命评价模型,为增材构件的疲劳寿命评估提供了重要支撑。

10.3.1　应力-缺陷-寿命评估图

应力-寿命(S-N)曲线是评价材料疲劳性能的重要工具。对于增材合金材料,受裂纹源缺陷特征的影响,试样之间的疲劳寿命分散性较大,尤其是在高周和超高周疲劳范畴[30]。这是由于高周和超高周疲劳裂纹萌生周期较长,而裂纹萌生行为主要受到缺陷几何参数的影响。因此,增材构件疲劳寿命的差异主要源于裂纹萌生寿命的差异,进而归因于裂纹源缺陷特征的差异。为了有效地分析缺陷对疲劳寿命离散性的影响,一种措施是在原有的疲劳 S-N 曲线中进一步引入裂纹源缺陷的几何特征,如图 10.11 所示[31]。

图中给出了选区激光熔化成形 AlSi10Mg 合金在堆积方向(V-HCF,平行于加载方向)和非堆积方向(H-HCF,垂直于加载方向)的高周疲劳数据,数据颜色代表相应试样的裂纹源缺陷尺寸。可见,堆积方向试样的裂纹源缺陷尺寸普遍大于非堆积试样,其疲劳性能显著低于非堆积试样。在同一应力水平下,缺陷的特征尺寸越大,试样的疲劳寿命则越低。

通常采用幂函数式 $S^m \cdot N = C$ 来描述疲劳 S-N 曲线。其中,m 和 C 是与材料、应力比及加载方式有关的常数。采用幂函数式拟合选区激光熔化成形 Ti-

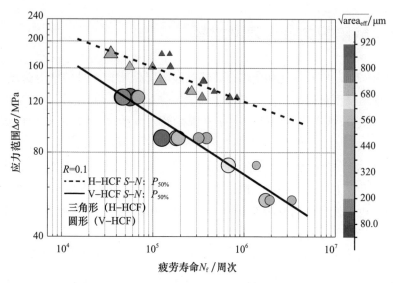

图 10.11　含有缺陷几何特征的选区激光熔化成形 AlSi10Mg 合金疲劳 S-N 曲线[31]

6Al-4V 合金的高周疲劳数据,结果如图 10.12 所示。

由于在同一应力水平下,不同试样的疲劳寿命差异较大,疲劳 S-N 曲线拟合优度 R^2 仅为 0.60,这对可靠性设计带来了挑战。为了降低离散性,在 S-N 曲线拟合时需进一步考虑缺陷的影响。为了定量地考虑缺陷特征尺寸的影响,很多学者基于缺陷容限思想,采用应力强度因子幅 ΔK 替代应力范围 $\Delta\sigma$,与疲劳寿命关联。将图 10.12(a)中的数据转换为 ΔK-N_f 关系,如图 10.12(b)所示。对比图 10.12(a)和(b)可以发现,采用 ΔK 参数可将数据的拟合优度 R^2 从0.60 提升至 0.83,降低了拟合数据的分散性[32]。

以上结果表明,缺陷尺寸是影响疲劳寿命的主要因素之一。Shimatani[33] 较早提出了考虑缺陷尺寸的疲劳寿命模型:

$$\left\{\sigma_a\left(\sqrt{area}\right)^{1/6}\right\}^{\alpha}N_f = C \tag{10.13}$$

式中:σ_a 为应力幅值;N_f 为疲劳寿命;α 和 C 为拟合参数。

此外,与近表面和内部缺陷相比,表面缺陷更易于萌生疲劳裂纹,并且缺陷的形貌会影响应力集中程度,进而对疲劳寿命也产生一定影响[31]。因此,Zhu 等[34] 在 Shimatani 疲劳寿命模型的基础上,进一步考虑了缺陷位置和形貌的影响,提出了 Z 参数模型 $Z^{\alpha}\cdot N_f = C$,表达式为

$$Z = Y\sigma_a\left(\sqrt{area}\right)^{1/6}D^{\beta} \tag{10.14}$$

式中:Y 为形状因子(三维球缺陷,$Y=1$;二维面缺陷,$Y=0.9$);D 为位置因子,取

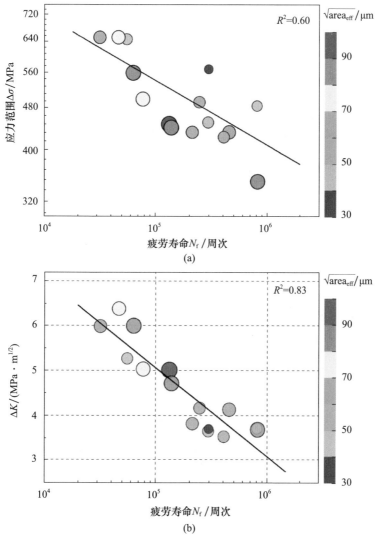

图 10.12　选区激光熔化成形 Ti-6Al-4V 合金的疲劳性能[32]

(a)应力范围与疲劳寿命关系;(b)应力强度因子幅与疲劳寿命关系。

值范围在 $0.5 \sim 1, D = (r - r_{inc})/r$,其中,$r$ 为试样半径,r_{inc} 为缺陷中心至材料表面的最短距离;β 为材料常数,可借助最小二乘法拟合获得。

　　Z 参数模型中的缺陷形貌仅涉及三维球缺陷和二维面缺陷两类,而实际增材缺陷的形貌差异较大,为了更准确地反映缺陷形貌的影响,采用缺陷圆度 C 替代 Z 参数模型中的缺陷形状因子 Y,建立 X 参数模型:

$$X = \sigma_a \left(\sqrt{\text{area}}\right)^{1/6} D^\beta / C^\alpha \qquad (10.15)$$

$$C' = \frac{\text{area}}{(\max^2 \times \pi)} \qquad (10.16)$$

$$C = \min[1, C'] \qquad (10.17)$$

式中:max 为投影中心至缺陷轮廓的最远距离。

考虑裂纹源缺陷的尺寸、位置和圆度,分别采用 Z 参数模型和 X 参数模型对图 10.13(a)中电子束熔化成形 Ti-6Al-4V 合金的高周疲劳数据进行拟合,结果如图 10.13(b)和(c)所示。与图 10.13(a)相比,材料疲劳寿命的离散性显著降低。Z 参数模型(图 10.13(b))和 X 参数模型(图 10.13(c))对原始疲劳数据(图 10.13(a))的拟合优度分别达到了 0.73 和 0.88,X 参数模型的拟合效果更好。由此可见,裂纹源缺陷的尺寸、位置和形貌等影响因素考虑得越全面,疲劳寿命分析的离散性则越小,这也反映出缺陷几何特征对增材材料疲劳寿命的重要影响。

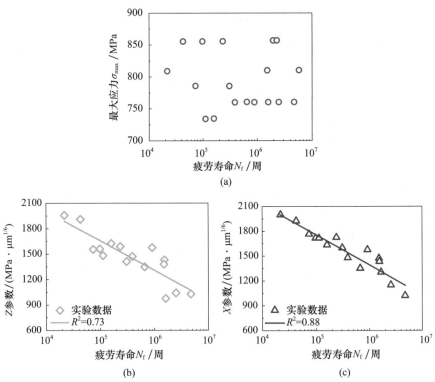

图 10.13 电子束熔化成形 Ti-6Al-4V 合金的疲劳性能

(a)应力与寿命关系;(b)Z 参数模型拟合结果;(c)X 参数模型拟合结果。

　　为了进一步研究影响增材疲劳性能的驱动作用,Murakami 等[35]在考虑缺陷位置和尺寸因素的同时,将材料的疲劳极限作为本征因素,对疲劳数据进行归一化处理。归一化参数为 σ_a/σ_w,其中,σ_a 为试样所受的外加应力,σ_w 为采用 Murakami 模型预测的试样的疲劳强度。众所周知,如果 $\sigma_a > \sigma_w$,高周疲劳试样的失效通常在有限寿命内发生;如果 $\sigma_a < \sigma_w$,则高周疲劳试样具有无限寿命。Murakami 等[35]表明,相比单独的外加应力 σ_a 参数,其与考虑缺陷特征后的疲劳极限 σ_w 的比值更能反映疲劳 S-N 曲线的驱动力。

　　图 10.14(a)给出了不同增材制造工艺下具有不同缺陷几何特征的 Ti-6Al-4V 合金的实验数据。采用上述归一化处理方法,得到如图 10.14(b)所示的结果。可见,经归一化处理后,不同工艺条件下的疲劳数据(蓝色和红色标识)从明显的分离状态(图 10.14(a))走向融合和统一(图 10.14(b)),分散性明显降低。直接金属激光烧结失效试样的 σ_a/σ_w 均大于 1,电子束熔化成形合金存在个别 $\sigma_a/\sigma_w < 1$ 的失效数据,但是所有失效试样均满足 $\sigma_a/\sigma_w > 0.9$。

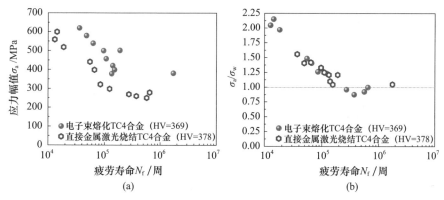

图 10.14　电子束熔化成形和直接金属激光烧结 Ti-6Al-4V 合金疲劳数据的归一化处理[35]
(a)σ_a—N_f 关系;(b)σ_a/σ_w—N_f 关系。

　　由图 10.14(b)可知,缺陷和材料属性是影响增材构件疲劳性能的重要因素,经归一化处理后两种制造工艺的数据重合。此外,基于(area)$^{1/2}$ 的 Murakami 模型能够有效地预测增材制造金属的疲劳极限,大多数失效试样满足 σ_a/σ_w >1。与直接金属激光烧结相比,电子束熔化成形 Ti-6Al-4V 合金的缺陷尺寸更大,通过(area)$^{1/2}$ 表征时,对于一些近表面缺陷,尽管缺陷轮廓未与材料表面相切或相交,但在外加载荷作用下缺陷周围塑性区的存在使得缺陷与材料表面之间形成薄弱连接带,因此,仅借助(area)$^{1/2}$ 预测疲劳强度时,导致疲劳强度偏大,使得图 10.14(b)存在部分 $\sigma_a/\sigma_w < 1$ 的失效数据。由图可见,缺陷特征尺寸

的定义对疲劳性能的准确评估具有重要影响。采用图7.9中的缺陷等效方法，将缺陷外接椭圆所包含的面积的平方根定义为$(area_{eff})^{1/2}$，将其作为缺陷特征尺寸，能够得到更加保守的疲劳强度预测结果。

上述介绍的疲劳寿命评估和预测模型均是在原始疲劳S-N数据的基础上，通过考虑裂纹源缺陷的几何特征，从拟合数据的角度（唯象模型）讨论在一定应力水平下，缺陷尺寸、位置和形貌对金属增材制造疲劳寿命的影响。以增材制造铝合金为例，图10.15更清晰地表达了"应力-缺陷-寿命"三者的关系。随着应力水平的提高及缺陷特征尺寸的增大，材料的疲劳寿命逐渐降低。为定量地确定不同应力水平下与缺陷相关的疲劳寿命，则需要借助损伤容限方法计算缺陷从初始尺寸扩展至临界失效尺寸所经历的循环周次。

初始裂纹尺寸、临界失效裂纹尺寸和疲劳裂纹扩展速率是损伤容限分析的三要素。初始裂纹尺寸可由裂纹源缺陷尺寸和循环塑性区决定，而临界失效裂纹尺寸可由材料的断裂韧性决定。典型的疲劳长裂纹扩展速率曲线包含3个区域，即门槛值区、稳定扩展区（经典 Paris 区）和失稳扩展区。Paris 模型是最为经典的描述裂纹扩展速率的唯象模型[36]：

$$\frac{\mathrm{d}a}{\mathrm{d}N} = C\Delta K^m \tag{10.18}$$

式中：$\mathrm{d}a/\mathrm{d}N$ 为疲劳裂纹扩展速率；C 和 m 为材料常数，取决于微观组织、材料性能、载荷频率、平均应力、应力状态、加载方式、环境温度和介质等。Paris 模型能够有效地描述稳定扩展区的裂纹扩展行为。

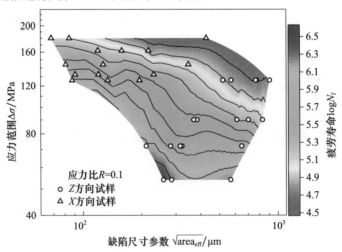

图 10.15　选区激光熔化成形 AlSi10Mg 合金"应力-缺陷-寿命"关系图

1992 年,Forman 和 Mettu 公开发表了 NASGRO 疲劳裂纹扩展唯象模型,该模型能够完整性地描述门槛值区、稳定扩展区和向失稳扩展过渡区的裂纹扩展行为,标准的 NASGRO 模型可表示为[36]

$$\frac{\mathrm{d}a}{\mathrm{d}N} = \left(1 - \frac{\Delta K_{\mathrm{th}}}{\Delta K}\right)^p C \left[\left(\frac{1-f}{1-R}\right)\Delta K\right]^m \left(1 - \frac{K_{\mathrm{max}}}{K_{\mathrm{IC}}}\right)^{-q} \tag{10.19}$$

式中:K_{max} 为最大应力强度因子;K_{IC} 对应 I 型裂纹的断裂韧性;R 为应力比;f 为裂纹张开函数;C、m、p 和 q 均为拟合参数。

最近,著者提出了一种新型的基于材料单轴拉伸性能的高周疲劳裂纹扩展模型(improved LAPS,iLAPS)[36-37],表达式为

$$\frac{\mathrm{d}a}{\mathrm{d}N} = \frac{U^2 c (E\varepsilon_{\mathrm{f}}')^{1/c}(\Delta K)^2}{2\pi \sigma_{\mathrm{yc}}^{2+1/c}(1+c+cn')}\left[1 - \left(\frac{\Delta K_{\mathrm{th,L}}}{\Delta K}\right)^{2+\frac{2}{c+cn'}}\right] \tag{10.20}$$

式中:U 为裂纹闭合函数;c 为疲劳延性指数;E 为弹性模量;$\varepsilon_{\mathrm{f}}'$ 为疲劳延性系数;σ_{yc} 为循环屈服强度;n' 为循环应变硬化指数。

由式(10.20)可知,仅对材料进行简单的单轴拉伸和长裂纹扩展门槛值实验,便可以得到与 NASGRO 方程相似的疲劳裂纹扩展模型,进而用于剩余寿命评估,在工程应用中极具潜力。

疲劳裂纹扩展寿命是裂纹由初始尺寸扩展至临界失效尺寸所经历的总循环周次,是施加应力和裂纹尺寸的函数,可由式(10.18)~式(10.20)积分求得。图 10.16 为基于 Paris 模型计算的电子束熔化成形 Ti-6Al-4V 合金由不同尺寸缺陷决定的疲劳 S-N 曲线。由图可见,该预测曲线与实验值基本吻合。大于给定缺陷尺寸的失效数据位于预测曲线的左侧,表示较大尺寸的缺陷会导致更低的疲劳寿命,与给定缺陷尺寸相当的数据点分布在对应的预测曲线附近。

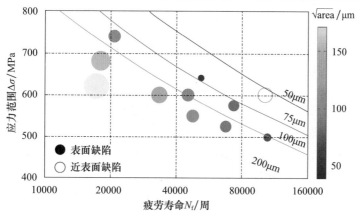

图 10.16　基于损伤容限计算的电子束熔化成形 Ti-6Al-4V 合金疲劳 S-N 曲线[38]

在低周疲劳范畴,裂纹萌生期较短,而损伤容限忽略了裂纹萌生期,仅计算裂纹扩展寿命。图 10.16 中的疲劳寿命分布在 $10^4 \sim 10^5$ 周,位于低周和高周疲劳的交界,裂纹萌生寿命较短,疲劳寿命主要为裂纹扩展寿命。在这种情况下,基于损伤容限思想的疲劳 $S\text{-}N$ 曲线与实验吻合良好。

为了预测缺陷相关的高周疲劳寿命,包括裂纹萌生寿命、短裂纹扩展寿命和长裂纹扩展寿命,提出了多阶段裂纹扩展模型[39]。多阶段裂纹扩展模型中的萌生寿命借助微观尺度下修正的 Coffin-Mason 公式中的损伤参数 β 求解;短裂纹扩展寿命借助裂纹尖端位移变量 ΔCTD 求解,ΔCTD 与裂纹长度成正比,与高周疲劳范围内施加应力的指数和低周疲劳范围内宏观塑性剪切应变范围成正比;线弹性范围内长裂纹扩展寿命通过 Paris 模型等积分求解。图 10.17 为基于多阶段裂纹扩展模型获得的激光近形制造 Ti-6Al-4V 合金的应变-疲劳寿命曲线[40]。由图可见,预测的总寿命曲线与实验数据吻合良好,裂纹形核寿命曲线与总寿命曲线差异较小,表明包含裂纹萌生寿命的预测更为合理。

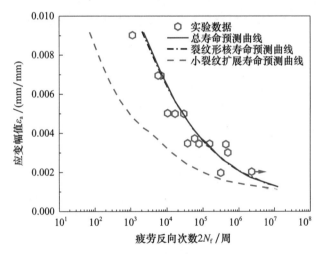

图 10.17　基于多阶段裂纹扩展模型计算的激光近形制造 Ti-6Al-4V
合金整个疲劳阶段、裂纹形核阶段和短裂纹扩展阶段的应变-疲劳寿命曲线[40]

增材构件服役时,首先根据其内部缺陷的位置、尺寸和形貌等特征,确定出危险程度较高的缺陷;然后基于这些缺陷的几何特征结合疲劳强度模型预测疲劳极限。当构件所受的外加应力低于该疲劳强度时,认为其能够长久安全服役;当外加应力高于该疲劳强度时,则表明构件为有限寿命,经历一定的循环周次后会发生失效破坏。此时,需要准确地预测该部件的剩余疲劳寿命,以合理地制定检修间隔,避免构件失稳断裂。上述失效情况,即构件从 KT 图包络线以内的无限寿命区转移至包络线以外的有限寿命区时,需要对传统 KT 图进一步改进,建立一个包含无限寿命区和有限寿命区的扩展 KT 图。其中,无限寿命区的意义在于缺陷-疲劳强度评估,有限寿命区的意义在于缺陷-疲劳寿命评估。基于损伤容限思想,将原有的应力-缺陷 KT 图改进至应力-缺陷-寿命三参数KT 图,同时实现缺陷-疲劳强度和缺陷-剩余寿命评估。

图 10.18 为选区激光熔化成形 Ti-6Al-4V 合金的扩展 KT 图,其中无限寿命区由式(10.9)中 Chapetti 模型确定,有限寿命区的剩余寿命则基于损伤容限方法求解[29]。当循环应力较大或缺陷尺寸较大时,如瞬断区所示,构件将直接面临失效断裂。图 10.18 中的剩余寿命由 NASGRO 公式积分获得,有限寿命区中不同颜色表示寿命的高低。较高的循环应力和较大的缺陷尺寸对应较低的疲劳寿命,接近 10^7 周次的疲劳寿命分布在 KT 图包络线附近。由图可见,应力-缺陷-寿命三参数扩展 KT 图可将裂纹扩展寿命预测与传统 KT 图相结合,不仅可以对含有不同尺寸缺陷的材料进行无限寿命设计,还可以进一步对在给定应力水平下,含不同尺寸缺陷的构件进行有限寿命评估。

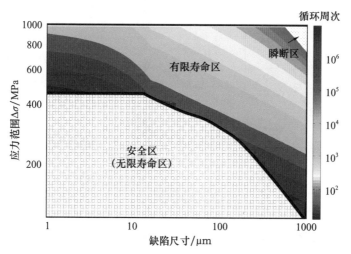

图 10.18　选区激光熔化 Ti-6Al-4V 合金应力-缺陷-寿命三参数扩展 KT 图[29]

对于实际工程部件,在服役载荷及设计寿命一定条件下,缺陷尺寸的控制水平将直接影响工程部件的服役安全。为此,Beretta 教授[41]结合有限元模拟和极值统计理论,开发了含缺陷工程部件的概率疲劳评估(Probabilistic Fatigue Assessment of Engineering Components with Defects,ProFACE)后处理软件,探索了增材构件的失效概率评价方法,如图 10.19 所示。整个评价流程包括零部件的有限元模拟结果、缺陷概率分布以及含缺陷材料的疲劳强度 3 个主要参数,可以借助 KT 图求解含缺陷构件在不同应力水平下的临界缺陷尺寸。服役可靠性则与构件内部最大缺陷(由极值统计法考虑体积中最大缺陷尺寸分布)小于临界尺寸的概率相关。通过计算在特定载荷下每个单元体积的失效概率,结合最弱带理论,得到整个部件的失效概率。

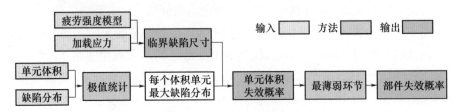

图 10.19　含缺陷工程部件的概率疲劳评估流程[41]

　　以选区激光熔化成形铝合金叉形杆为例。首先,建立构件有限元模型,进行有限元仿真分析,根据有限元仿真结果对疲劳加载的失效部位进行预测,并获得每个单元体积的应力状态,如图 10.20(a)所示。

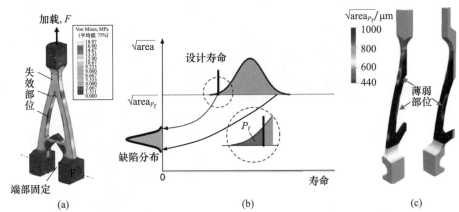

图 10.20　增材制造铝合金叉形部件 ProFACE 软件的可视化输出结果

(a)叉形件有限元模拟应力云图[41];(b)在一定加载条件下缺陷概率分布与构件疲劳寿命之间的关系[42];(c)在目标失效概率 $P_f = 1×10^{-4}$、加载范围 $\Delta F = 4.76$ kN 及设计寿命 $N_f = 25000$ 周次时,特定失效概率下的临界缺陷尺寸 $\sqrt{area_{P_f}}$ 的可视化结果[42]。

　　然后,根据材料缺陷尺寸的概率分布与疲劳寿命的关系,获得在目标失效概率下临界缺陷尺寸的分布(图 10.20(b))。借助 ProFACE 后处理软件,对设计寿命下不同单元体积所容纳的临界缺陷尺寸进行可视化(图 10.20(c)),获得在特定载荷及设计寿命条件下构件不同位置处的临界缺陷尺寸。图 10.20 (c)给出了选区激光熔化成形铝合金叉形杆在目标失效概率 $P_f = 1×10^{-4}$、载荷

范围 $\Delta F = 4.76$ kN 及设计寿命 $N_f = 25000$ 循环周次时的临界缺陷尺寸的可视化结果。可见,虽然构件大多数部位的缺陷容纳能力达到 $1000\mu m$ 及以上,但在最薄弱部位,所容纳的最大缺陷尺寸仅为 $441\mu m$。临界缺陷尺寸的可视化结果可以给技术人员尤其是探伤检查人员更加直观的参考,也对增材构件的结构设计以及增材制造的工艺优化提供了可行方案。

10.3.2　多缺陷诱导的疲劳寿命评估

增材缺陷的广域特征为多部位疲劳损伤的形成提供了便利条件,进而加剧增材构件疲劳行为的离散性。面对多部位损伤现象,采用传统的单一疲劳裂纹评定规范有可能导致伪安全问题。为促进增材制造金属构件的工程化应用,需要精准表征材料内部缺陷几何特征,量化多裂纹交互效应及力学耦合行为,进而建立可靠的缺陷致多裂纹损伤评估方法。

对多裂纹疲劳损伤行为的研究,早期报道以基于飞机蒙皮失效背景设计的孔板二维穿透型裂纹为主。对于压力容器、腐蚀管道、焊接接头等问题,常以非穿透形三维表面裂纹为主[43]。Kamaya 和 Haruna[44] 采用表面观察仪器原位监测了 304 不锈钢应力腐蚀开裂行为,发现裂纹合并对初始裂纹扩展行为有重要作用,并提出了多重开裂条件下裂纹扩展过程的 3 种类型:常规扩展、裂纹与尖端新生裂纹合并、裂纹与相邻裂纹合并。吴圣川等[45] 基于 X 射线成像技术探究了焊接接头气孔致多疲劳裂纹协同扩展现象,发现裂纹前缘存在着复杂的交互现象。在外部载荷作用下,多条裂纹的协同扩展存在显著干涉效应,这使得传统单一疲劳裂纹扩展分析适用性变差。

与焊接缺陷致疲劳多裂纹问题相似,增材缺陷全域随机分布也为多疲劳裂纹协同扩展创造了有利条件。该问题在铝合金、钛合金、钢、高温合金等多种增材材料研究中均有报道,并且服役条件涵盖单轴疲劳、旋转弯曲、多轴疲劳等多种服役工况,是制约增材构件长效可靠服役的共性科学问题之一[43]。如图10.21 所示,对于选区激光熔化成形 AlSi10Mg 合金,在单轴加载条件下,较高的应力水平促使失效试样的断裂面呈现多源开裂特征。

一般认为,单一缺陷会增大局部应力水平,进而萌生出短裂纹。在裂纹小范围扩展后(在短裂纹范围内),缺陷可视为裂纹的一部分。此时,与缺陷尺寸相比,短裂纹较短,可以将初始裂纹定义为临界缺陷的外接半椭圆形以简化计算。Yadollahi 等[46-47] 同样认为,源于不规则裂纹源缺陷的疲劳开裂一旦发生,裂纹将迅速演变为与实际缺陷外接半椭圆相近的形状,可把初始缺陷扩展至外接半椭圆形裂纹间的损伤区域定义为裂纹萌生阶段以简化处理疲劳短裂纹的

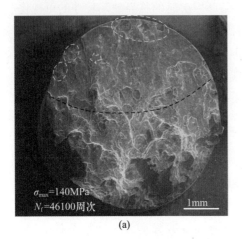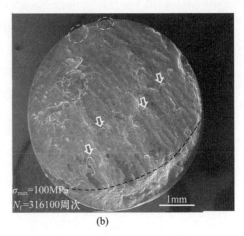

图 10.21　选区激光熔化成形 AlSi10Mg 合金高周疲劳多裂纹萌生现象[43]

问题。需要指出,外接椭圆等效方法需要满足以下条件:几何中心位于样品表面且椭圆的长轴满足与样品表面相切的位置约束关系。

如图 10.22 所示,缺陷质心距样品表面的最短距离 d 定义为缺陷距材料表面的距离,缺陷在断裂面上的实际投影面积定义为缺陷的特征面积 area。如果满足 $d_2+d_3<d_1$,则根据图 10.22(a)和(b)分别处理相邻缺陷;如果 $d_2+d_3>d_1$,则视为单个缺陷,如图 10.22(c)和(d)所示的等效处理。

对于图 10.22(a)所示的裂纹源缺陷类型,表面半椭圆裂纹前缘可以用标准椭圆的参数方程来描述,表达式为

$$\begin{cases} x = a\cos\theta \\ y = b\sin\theta \end{cases}, 0 \leqslant \theta \leqslant \pi \tag{10.21}$$

式中:a 和 b 分别是椭圆的长半轴和短半轴。

对于长轴与 x 轴夹角为 α 且中心位于 (x_0,y_0) 的一般情况,表面半椭圆裂纹可通过坐标变换用标准椭圆方程描述:

$$\begin{cases} x' = x\cos\alpha - y\sin\alpha + x_0 \\ y' = x\sin\alpha + y\cos\alpha + y_0 \end{cases}, 0 \leqslant \alpha \leqslant 2\pi \tag{10.22}$$

基于式(10.21)和式(10.22),任何位置的半椭圆表面裂纹都可以用标准形式来描述,这大大简化了计算过程。利用图 10.22 中定义的几何尺寸参数,半椭圆表面裂纹前缘的 I 型 K_I 及其变化范围 ΔK_I 可表示为

$$K_I = Y\sigma\sqrt{\pi b} \tag{10.23}$$

$$\Delta K_I = Y\Delta\sigma\sqrt{\pi b} \tag{10.24}$$

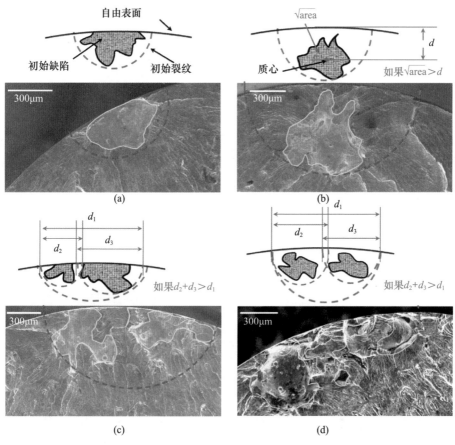

图 10.22　疲劳裂纹扩展计算中临界缺陷的规则化方法[43]

(a)一个表面缺陷;(b)一个近表面缺陷;(c)多个表面缺陷;(d)多个近表面缺陷。

式中:Y 是几何修正因子;σ 是均匀轴向应力;$\Delta\sigma$ 是轴向应力峰谷值之差。

考虑到对称关系,Shin 和 Cai[48]使用有限元方法计算了沿半裂纹前缘的 7 个代表性计算点(x/h 分别为 0.000、0.167、0.333、0.500、0.667、0.833 和 1.000)在不同裂纹深度 b/D 和长宽比 b/a 条件下的 Y 因子。

基于 Shin 和 Cai[48]的研究,可为沿半裂纹前缘的 7 个代表性计算点分别构造 7 个 Y 因子响应面,进一步建立 Y 因子与 b/D 和 b/a 的函数关系,以获得每个代表性计算点的 Y 因子。图 10.23 为 Y 因子响应面的示意图,其中黑点是根据 Shin 和 Cai[48]计算的结果,红点为表面上的任意点。

基于上述理论,单一裂纹扩展模型如图 10.24 所示,包括以下 4 个步骤。

(1)在裂纹前缘(蓝色曲线)上确定各代表性计算点(x/h 分别为 0.000、

0.167、0.333、0.500、0.667、0.833 和 1.000,如黑点所示)。

(2)依据各个 Y 因子响应面为每个代表性计算点确定相应 Y 因子大小及裂纹扩展驱动力 ΔK_I。

(3)根据修正的 NASGRO 方程,计算各代表性计算点的扩展增量,并据此沿半椭圆裂纹前缘外法线方向移动各代表性计算点。

(4)拟合第(3)步中产生的新代表性计算点(红点),进而获得新的裂纹前缘(蓝色曲线)。

重复上述步骤(1)~(4),直到裂纹前缘的最大应力强度因子 $K_{I,max}$ 达到临界值,即获得疲劳裂纹扩展寿命 N。由于在 100 个加载循环过程中的总疲劳裂纹扩展增量非常小,因此在每 100 个加载循环中,近似认为沿裂纹前缘的 ΔK_I 分布情况保持不变,从而可以有效地减少迭代次数。

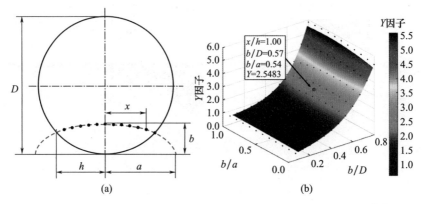

图 10.23　表面半椭圆裂纹相关定义示意图及代表性 Y 因子响应面[43]
(a)裂纹几何参数及代表性计算点定义;(b)$x/h=1$ 时的 Y 因子响应面。

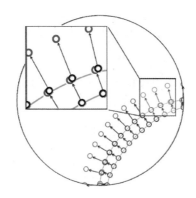

图 10.24　单一疲劳裂纹扩展模型原理示意图[43]

以选区激光熔化成形 AlSi10Mg 合金高周疲劳试样为例,基于原位同步辐射 X 射线成像,发现试样在经历 30 万次循环加载后从表面缺陷处发生疲劳开裂,裂纹形貌如图 10.25 中的黄色阴影所示。随后,该样品被进一步加载直至断裂,在此期间共经历 34587 次循环加载。第二阶段的疲劳扩展区域如图 10.25 中的红色阴影所示。为验证单裂纹扩展模型,将基于单一裂纹模型获得的疲劳裂纹扩展序列(如彩色弧线所示)叠加到上述的高周疲劳断口上。对比表明,虽然在红色阴影区域该模型给出了偏快的裂纹扩展模拟结果,但计算误差在 10% 左右,并且对疲劳裂纹前缘形貌具有很好的预测效果。这表明,该模型对疲劳裂纹扩展具有较为可靠的预测效果。

不同于单裂纹扩展模型,疲劳多裂纹的演化可分为 3 个阶段:预聚结、聚结和后聚结[49]。尽管裂纹前缘的相互作用增大了裂纹扩展驱动力,并加速了相邻尖端的扩展速率,但在两个裂纹相互合并前,这种影响是有限的。在裂纹合并之前,它们分别按照半椭圆几何形状独立扩展,只伴随着长短半轴长度的增加。早期 ASME 标准给出的裂纹合并准则被认为过于保守[49],随后发展的无相互作用和同步转化(Non-Interaction and Immediate Transition, NIIT)方法被广泛使用[50]。NIIT 法是指忽略合并前两条相邻裂纹的相互作用,当两条裂纹接触时,立即转变为一条新裂纹。新裂纹的长度为两条裂纹之和,深度为两条裂纹的最大深度,并且裂纹前缘保持半椭圆形。此外,在多裂纹扩展问题中,各裂纹并非位于同一平面内,即便它们最终可合并形成主裂纹。此处假设所有通过合并形成主裂纹的分裂纹均位于同一平面上。

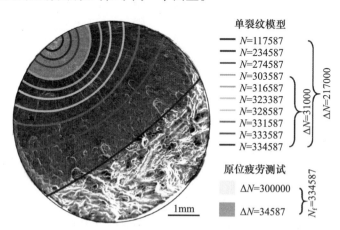

图 10.25　选区激光熔化成形 AlSi10Mg 样品高周疲劳断口及裂纹扩展路径[43]

多疲劳裂纹协同扩展(Synergistic Multiple Fatigue Crack Growth, smFCG)寿

命模型的基本计算过程与单一疲劳裂纹扩展模型基本相同,但需要添加进一步的判别准则以同时考虑多个裂纹和内部缺陷的影响。新型 smFCG 扩展模型的计算过程如图 10.26 所示,主要包括以下 5 个步骤[43]。

(1)基于疲劳测试前的 X 射线三维成像结果和疲劳加载后的断裂面分析确定各初始疲劳裂纹和内部缺陷分布。初始裂纹均由图 10.22 所示的规则化方法确定,由半椭圆形简化。初始内部缺陷均依据等面积转化准则由具有相同投影面积的圆表示。

(2)基于单一裂纹扩展模型,计算每个疲劳裂纹的扩展增量。

(3)判断各裂纹是否满足失稳扩展条件:$K_{I,max}=K_{IC}$。若任意裂纹满足该条件,则终止计算程序,获得裂纹扩展寿命计算值。

(4)判断是否满足裂纹转化条件。当两个裂纹(i 和 j)接触时,$a_{new}=a_i+a_j$,$b_{new}=\max\{b_i,b_j\}$,中心位于裂纹与样品表面交线的中点处。当裂纹与任何内部缺陷接触时,聚结过程是依据等面积转化准则,通过保持裂纹中心不变,前缘均匀扩展实现的。

(5)更新各疲劳裂纹的前缘,开始下一个循环。

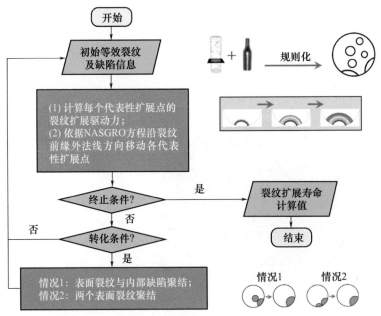

图 10.26　基于 smFCG 模型的疲劳裂纹扩展寿命预测流程图[43]

图 10.27 给出了 smFCG 模型的应用实例。由图 10.27(b)所示,随着加载次数的增加,裂纹 2 和 3 的纵横比增加,而裂纹 1 的纵横比减小。经过 16200 次

循环加载后,裂纹 2 和 3 相互接触后立即合并。伴随新裂纹的形成,裂纹纵横比突然减小。经过 23100 次循环加载后,由两次合并形成的主裂纹继续扩展。在主裂纹扩展阶段,纵横比先增大后减小至 0.6 左右。内部缺陷与主裂纹的合并将导致开裂区域的面积突然变化,进而产生图 10.27(a)中的白色条带。按照同样的方式,对多个选区激光熔化成形 AlSi10Mg 合金的高周疲劳样品开展 smFCG 计算,发现当考虑多个裂纹时,裂纹扩展寿命对总寿命的贡献下降了 5% ~10%。此外,裂纹萌生寿命占总寿命的 40% ~65%。

Biswal 等[51]研究了电弧增材制造 Ti-6Al-4V 合金的疲劳裂纹萌生行为,发现由气孔引起的裂纹萌生寿命占总寿命的 70% ~80%,该结果高于 smFCG 模型计算结果。这可能是当前研究中涉及的临界缺陷均为垂直于加载方向且形状复杂的未熔合缺陷的缘故。未熔合缺陷类裂纹状的尖锐边缘比表面光滑的气孔更利于裂纹萌生与扩展,从而显著降低了裂纹萌生寿命。

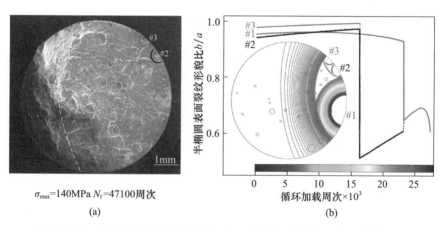

σ_{max}=140MPa N_f=47100周次

(a)　(b)

图 10.27　选区激光熔化成形 AlSi10Mg 合金高周疲劳裂纹扩展[43]

(a)多裂纹起源的疲劳断口;(b)smFCG 模型的计算结果。

10.4　结构完整性的时域阶梯疲劳方法

工业革命以来,汽车、火车、飞机、舰船等现代装备的诞生极大地改善了人们的交通出行方式。但在发展过程中也伴随着惨痛的代价:1842 年凡尔赛铁路事故、1988 年阿罗哈航空 243 号班机机舱天花板撕裂脱落、1998 年德国列车轮箍断裂致脱轨事故。人们在一次次重大事故中深入研究并总结失效破坏原因,材料及结构强度学也由此诞生并得到不断发展。具体而言,结构完整性评估方法经历了由静强度评估法到疲劳寿命评估法再到损伤容限评估法的主要发展历程,关键承载结构设计理念也从无限寿命设计向安全寿命设计和损伤容限设计转变。本节简单阐述著者近年来在材料及结构完整性评估方面的工作,并以增材构件为研究对象展示其应用过程。

10.4.1 现行结构完整性评估方法介绍

最初人们认为,只要结构的设计应力始终低于材料的许用应力便可以避免材料破坏,由此形成了早期工程结构关键承载部件的完整性评估方法——静强度准则。为确保在异常情况下结构仍具有足够安全裕度,其中的许用应力并非直接选取材料的抗拉极限或屈服强度,而是由此类材料性能除以一个基于设计经验而确定的安全系数所最终确定的保守值。

然而,基于静强度准则设计的结构事故频发,人们很快意识到,尽管结构工作载荷显著低于材料的许用应力可保证结构不发生显著的塑性变形,但若外载具有长期周期性循环特点,结构在其作用下仍将断裂失效。1860 年,德国机械工程师 Wöhler 在探究铁路车轴失效断裂的工作中将这种失效现象定义为"疲劳",随后工程结构的各种疲劳失效现象引起人们的广泛关注和大量研究,这也标志着结构完整性评估方法的第一次里程碑式变革。

基于在铁路车轴强度及疲劳方面的研究工作,Wöhler 最早提出了疲劳极限概念。随后,提出了多种便于工程应用的疲劳极限图,如 Smith 图、Haigh 图、Gerber 图、Goodman 图等,形成了基于此类疲劳评定图的疲劳强度准则以弥补静强度准则的不足。与静强度准则类似,疲劳强度准则要求应保证结构在若干指定的疲劳工况作用下所受应力幅值低于材料的疲劳极限。不难发现,两类设计准则虽有不同,但都意在保证结构在全寿命周期内不发生任何破坏(塑性变形或疲劳失效),即遵循无限寿命设计理念。

尽管无限寿命设计准则发展最早,相关理论体系成熟且便于工程应用,但充足的安全裕度也意味着厚重的结构设计,无法满足现代化工程装备轻量化设计需求。此外,工程结构服役具有随机性,真实外部载荷并非理论恒定大小而具有变幅特点,无限寿命设计恰恰忽略了这一基本特征,而将其简化为准静态的恒幅载荷问题。随着损伤力学的发展,疲劳失效长期累积的本质特征被逐步揭示,结构完整性评估方法也迎来了第二次变革。

疲劳损伤累积理论考虑实际外部载荷的可变性,将真实载荷谱简化为多级恒幅疲劳载荷,基于疲劳 S-N 曲线和损伤累积法共同确定结构服役周期内的总疲劳累积损伤大小。其中,准确的损伤累积法则是关键,大量学者已分别提出了 Miner 线性法则、Manson 双线性法则、Corten-Dolan 非线性法则、Levy 经验法则等。基于该理论体系形成了经典的名义应力评价准则,具体而言,在部件服役期间,其累积疲劳损伤大小应低于相关许用损伤水平。此时,人们允许部件在使用过程中发生一定程度的疲劳损伤,但应保证在完整服役期间不发生失效,这种方法称为安全寿命设计方法。

当前,在工程结构生产实践中,安全寿命设计准则已部分取代了无限寿命设计准则以改善结构轻量化设计与评估问题。但无论是无限寿命设计理念还是安全寿命设计准则,均是基于一个重要的前提假设,即工程结构为无缺陷的理想均匀连续体。实际上,无论部件是在生产加工过程、运输装配过程还是受载服役过程,均会因工艺水平或偶发因素而在部件内外引入各类缺陷和损伤,这使得上述两种设计准则依旧无法保证结构安全可靠服役。

结构完整性评估方法的第三次变革源自 20 世纪初断裂力学的发展与完善,逐渐形成了考虑初始或在役结构检出缺陷的损伤容限理论体系。其基本思想是基于断裂力学评估的伤损部件剩余寿命,制定合理的探伤标准和检修策略,从而确保含缺陷部件在服役期间不发生破坏性扩展,此即损伤容限设计理念。近年来,基于断裂力学的损伤容限评估方法受到航空航天、轨道交通等多领域的广泛关注,是当前工程结构完整性评价领域的研究热点。

上述内容即现行主流工程结构完整性评价方法的基本发展历程,在运用中应考虑受载条件(静载或动载)、设计需求(无限寿命或有限寿命)等实际情况按需选择适配评价准则。尽管如此,随着计算能力及仿真技术的不断发展,工程结构完整性评价方法仍在向更加精细、准确的方向发展。如前所述,疲劳载荷在服役期间具有动态可变特征,疲劳损伤累积理论虽可解决变幅受载问题,但仍未考虑加载次序影响,且在载荷谱简化过程中忽略了大量小载荷作用。事实上,虽然小幅疲劳载荷对裂纹萌生阶段贡献甚微,但在疲劳裂纹扩展阶段将抑制裂纹闭合甚至加速裂纹扩展,而不同加载序列同样将显著影响裂纹闭合水平。近年来创新地将系统动力学仿真分析与现有结构完整性评估方法相结合,形成了更为精准且普适的结构完整性时域阶梯疲劳评估方法。下面将详细阐述其主要内容并通过实际工程结构分析案例进行示范。

10.4.2 时域阶梯疲劳评估方法介绍

英国于 2000 年颁布的 BS 7910《金属结构中缺陷可接受性评定方法》在典型含缺陷结构(焊接、铸造、增材制造)的完整性评定中具有深远影响。尽管在设计初期其主要面向压力容器失效评定,但在航空航天、轨道交通等领域的装备安全性评定方面也具有重要参考价值。具体而言,它采用三级评定方法

(Option 1、Option 2 和 Option 3)开展缺陷的安全评定,基于疲劳与断裂力学绘制失效评定图,当缺陷数据点位于失效评定图内时即可判定结构安全。由此可见,其对工程结构的安全性评定仍处于半定量化阶段。

与 BS 7910 类似,著者提出的时域阶梯疲劳评估(Time-domian Stepwise Fatigue Assessment,TSFA)方法也分为 3 个等级,但通过逐级递进,评价结果也由半定量化过渡为定量评估。其中,第一级评估为基于名义应力法的静强度或无限寿命评价(Option 1),与现行方法不同的是,除 Goodman 图等经典疲劳评定图外,还引入了著者提出的可更加准确获得疲劳极限的样本信息聚集改进原理(Improved Backward Statistical Inference Approach,ISIA),另外,针对含初始缺陷结构,额外引入了基于 KT 图的评定方案。第二级评估为基于名义应力法和疲劳累积损伤原理的安全寿命评价(Option 2),同样与现行方法的不同在于引入了 ISIA 原理,更为准确的疲劳极限对于 Miner 损伤累积法则的使用尤为重要。同时,基于损伤累积情况可确定结构的临界安全部位,为损伤容限评估确定主要校核目标。第三级评估为基于断裂力学的损伤容限评价(Option 3),与现行方法的不同之处在于对裂纹扩展速率的描述。著者提出的新型疲劳裂纹扩展模型 iLAPS 仅需要材料的单轴拉伸参数,极大地节约了测试成本,简化了结构性能评价流程,此外,还可考虑近门槛区短裂纹和裂纹闭合效应。对于仅受恒幅载荷作用的简单情况,可进一步绘制应力-缺陷-寿命三参数评估图,以便于工程实践中快速判定结构的安全性及其服役寿命。

除上述几点主要改进之外,该方法的最大优势在于所述评价体系在保持现行静强度准则、疲劳强度准则、名义应力准则、损伤容限准则的同时,通过引入系统动力学仿真分析获得反映结构完整动力学响应的时域载荷谱(既非相关标准中的通用常幅载荷谱,亦非线路实测简化后的分级载荷谱),可进一步提升各级评估准则的评价精度及适用范围。这一理论创新具有重要意义,传统评价方法限于技术、成本及其他方面考虑,在工程结构设计中往往仅针对单一的部件或结构开展评定,而不考虑其在整个物理系统中的动力学响应情况。忽略复杂实际工况及完整系统部件间的载荷传递对目标结构真实受载的影响,而仅采用假设的或标准的载荷谱是导致传统无限寿命或安全寿命设计无法切实保障工程结构及装备可靠服役的主要原因之一。此外,虽然 3 个评价等级逐级递进,相关评价精度逐级提升,但在使用过程中可依据实际需求在任意阶段停止,而无须受限于完整评价流程,其评价流程图如图 10.28 所示。其中,10.3.1 节已介绍了应力-缺陷-寿命三参数评估图,下面将对 TSFA 方法所含另外两大关键技术进行简要介绍。

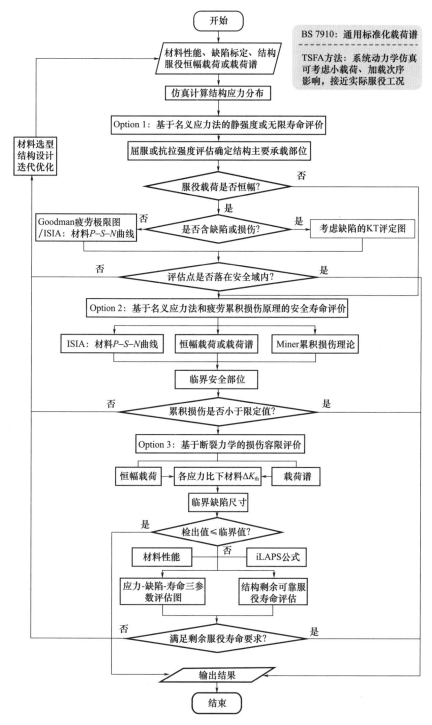

图 10.28 结构完整性时域阶梯疲劳评估方法的执行流程图

1. 疲劳强度的准确评估

材料疲劳强度的准确获取是基于疲劳强度准则或名义应力法进行工程结构抗疲劳设计的基本前提。疲劳性能测试标准中规定由升降法(The Staircase Method,TSM)及成组法(The Group Method,TGM)实测获得工程材料疲劳 S-N 曲线及疲劳极限。具体而言,参考给定材料的单轴拉伸性能,在材料屈服强度以下均匀选取 4~5 个应力水平进行重复测试获得高周疲劳 S-N 曲线,与高周疲劳 S-N 曲线拐点(常取 $N=10^7$ 循环周次,对于有色金属材料,亦常采用 $N=2 \times 10^6$ 循环周次)寿命相对应的应力幅值被定义为疲劳极限,又称为条件疲劳极限。然而,疲劳性能受诸多因素影响,如加载条件、试样特征、取样位置、测试环境和人员及设备差异等,并且标准测试方法所需时间及经济成本较高。此外,随着测试应力水平的降低,材料疲劳性能的离散性呈加剧趋势,增大了相关服役性能评价工作的不确定性。疲劳数据的离散性可由正态分布等数理统计方法描述,其中以标准差的估算最为关键。对此,根据分位点一致性原理(图10.29),可将各级测试应力水平下的疲劳数据等效至某一应力条件下,以充分利用有限数据获得更为准确的标准差,再将其用于其他应力水平数据分布评估,最后连接各测试应力水平概率分位点,即可获得不同失效率下的疲劳 S-N 曲线。但受尺寸效应影响,该由标准小试样获得的材料疲劳 S-N 曲线需经过一系列系数修正才可用于全尺寸部件的完整性评估。

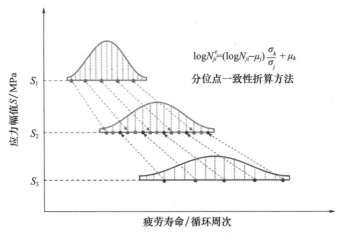

$$\log N_{ji}^e = (\log N_{ji} - \mu_j)\frac{\sigma_k}{\sigma_j} + \mu_k$$

分位点一致性折算方法

图 10.29　不同应力水平下的疲劳寿命等效方法

上述由有限数据绘制材料疲劳概率 P-S-N 曲线的方法称为经典疲劳样本信息聚集原理(Backward Statistical Inference,BSI)。然而,经典 BSI 方法给出的疲劳寿命标准差为有效解的下限值,在实际应用中所得评估结果偏于危险。为此,由理论上限值自上而下检索疲劳寿命标准差有效解的上限值对经典 BSI 进行改进。此外,对材料疲劳 S-N 曲线的全尺寸修正方法进行改进,通过调整系数修正顺序,使其具有疲劳 P-S-N 曲线向下开口的喇叭口状特点,如图 10.30 所示。详细方法改进描述可参见文献[52]。此处疲劳曲线的喇叭形特点反映了在低应力水平下疲劳失效不确定性加剧的基本特点。

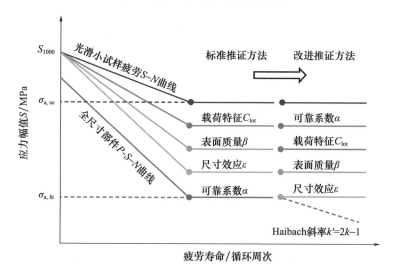

图 10.30　全尺寸部件的疲劳 P-S-N 曲线

上述方法的有效性已在文献[52]中被验证与讨论。相关结果表明,该改进方法不仅可大幅减小所需数据集大小,还可获得更为保守的疲劳数据离散性评价,即更可靠的疲劳 S-N 曲线和更准确的疲劳极限(小于 BSI 预测),进而提高基于疲劳强度准则及名义应力法的无限寿命和安全寿命评定的有效性。这种新型高周疲劳 P-S-N 曲线拟合方法称为 ISIA 原理。

2. 疲劳裂纹扩展的新模型

如前面章节所述,工程材料及部件在生产、装配和使用过程中均会因工艺水平或偶然因素等在内部及表面产生各类缺陷(孔洞、夹杂等)和损伤(凹坑、划痕等),其导致的应力集中甚至可扩展性疲劳裂纹使结构不再具有"无限寿命"的可能。为此,需引入基于缺陷或裂纹的断裂力学方法对承受外部循环载荷作用的构件进行裂纹扩展行为预测,进而建立材料及构件的剩余寿命概念。与仅可给出定性寿命估算结果的名义应力方法相比,断裂力学方法通过数值计算可以给出相对确定或定量的剩余寿命预测和评估。

断裂力学概念源自20世纪20年代英国物理学家 Griffith 对玻璃断裂问题的相关研究。他指出,材料内部存在缺陷(或裂纹)是导致其实际强度小于理论强度的主要原因。当含裂纹材料受载时,若裂纹扩展所需表面能小于弹性能的释放值,则裂纹将扩展直至材料断裂失效。但因该理论仅在玻璃(完全脆性材料或完全弹性体)的断裂研究中得到证实,故在提出后并未得到广泛发展。直至1948年,美国科学家 Irwin 将 Griffith 的脆性材料破坏理论推广至工程金属材料,并创新性提出了应力强度因子 K 概念,据此建立了线弹性断裂力学的理论基础。

断裂力学的核心问题主要包括疲劳裂纹扩展驱动力的确定和材料抗疲劳裂纹扩展特性的描述,前者依据裂纹尖端材料状态不同可分别由线弹性参量 ΔK 或弹塑性参量 $\Delta \delta$、ΔJ 量化,后者则可由各类唯象模型或理论模型表示。裂纹扩展特性的唯象模型是指把相应的影响参数直接植入到裂纹扩展速率方程中,然后由实验数据拟合校正的一类模型,以美国学者 Paris 于 1963 年提出的对数线性方程最为经典,如式(10.18)所示。

该模型因其形式最为简洁且便于应用而被广泛认可,但较少的参数往往意味着对复杂实际问题的过度简化。Paris 模型为后续学者的研究工作提供了有效参考,如在此基础上提出的 Walker 模型,通过引入应力比 R 而具有考虑不同加载条件影响作用的优点,Walker 模型的表达式为

$$\frac{\mathrm{d}a}{\mathrm{d}N} = C \left[\frac{\Delta K}{(1-R)^{\gamma}} \right]^{m} \tag{10.25}$$

式中:γ 为材料常数,且当 $R=0$ 时,Walker 模型与 Paris 模型形式相同。

参考式(10.25),我国学者赵永翔等通过引入疲劳长裂纹扩展门槛值 ΔK_{th} 对其进行更进一步修正,模型的表达式为

$$\frac{\mathrm{d}a}{\mathrm{d}N} = C \left[\frac{2(\Delta K - \Delta K_{\mathrm{th}})}{1-R} \right]^{m} \tag{10.26}$$

此外,当考虑材料断裂韧性 K_{IC}、裂纹闭合效应、弹性模量 E 等因素对各阶段裂纹扩展速率的影响时,将得到更多形式的修正模型,如 Forman 模型、经典 NASGRO 方程和郑修麟等的工作,此处不再一一例举。

在工程实践中,I 型裂纹最为常见且危险,其扩展特性理论模型的建立多基于裂纹尖端奇异场理论(如 HRR 场和 RKE 场等),由低周疲劳参数间接实现。HRR 场理论是由 Hutchinson、Rich 和 Rosengren 基于 J 积分概念建立的,用于计算裂纹尖端奇异场,表达式为

$$\begin{cases} \sigma_{ij} = \sigma_y \left(\dfrac{J}{\alpha \sigma_y \varepsilon_y I_n r} \right)^{n/(1+n)} \tilde{\sigma}_{ij}(\theta;n) \\[4mm] \sigma_{ij} = \alpha \varepsilon_y \left(\dfrac{J}{\alpha \sigma_y \varepsilon_y I_n r} \right)^{1/(1+n)} \tilde{\varepsilon}_{ij}(\theta;n) \end{cases} \tag{10.27}$$

式中：σ_y 为屈服应力；$\varepsilon_y = \sigma_y/E$ 为屈服应变；n 为应变硬化指数；α 为材料常数；r 和 θ 为极坐标参数；I_n 是 n 的无量纲无理函数；$\tilde{\sigma}_{ij}$ 和 $\tilde{\varepsilon}_{ij}$ 是关于参数 θ 和 n 的无量纲函数。

RKE 场理论最初是由 Rice 提出计算Ⅲ型裂纹的尖端奇异场。此后，Kujawski 和 Ellyin 经过研究发现，Ⅰ型裂纹和Ⅲ型裂纹尖端的受力状态具有很好的相似性，该理论也同样适用于Ⅰ型裂纹。

在单调加载工况下，RKE 场理论描述如下：

$$\begin{cases} \sigma = \sigma_y \left(\dfrac{K^2}{\pi(1+n)\sigma_y^2 r} \right)^{n/(1+n)} \\[4mm] \varepsilon = \varepsilon_e + \varepsilon_p \end{cases} \tag{10.28}$$

式中：ε_e 和 ε_p 分别为弹性应变和塑性应变。

基于 HRR 理论和 Paris 公式，Glinka 给定的裂纹扩展速率模型为

$$\frac{\mathrm{d}a}{\mathrm{d}N} = C_1 (\Delta K)^{-2N'/[c(1+N')]} \tag{10.29}$$

式中：参数 $N' = 1/n'$；c 为疲劳延性指数；C_1 为与低周疲劳相关的材料常数，说明结合低周疲劳参数能够实现疲劳裂纹扩展速率的预测。

为准确描述疲劳裂纹在循环塑性区的扩展状态，Kujawski 和 Ellyin 在建立裂纹扩展速率模型时，引入过程区域尺寸 L_p 概念。结合 HRR 场对裂纹尖端的应力应变场的计算和塑性应变能失效原理，另一种裂纹扩展速率模型为

$$\frac{\mathrm{d}a}{\mathrm{d}N} = 2L_p \left[\frac{\Delta K^2 - \Delta K_{th}^2}{(4\psi E \sigma_f' \varepsilon_f' L_p)} \right]^{1/\beta} \tag{10.30}$$

式中：ε_f' 和 σ_f' 分别表示疲劳延性系数和疲劳强度系数，参量 ψ 和 β 表达式为

$$\begin{cases} \psi = I_{n'}/[\tilde{\sigma}_\theta(\tilde{\sigma}_\theta - 0.5\tilde{\sigma}_r)] \\ \beta = -(b+c) \end{cases} \tag{10.31}$$

式中：b 为疲劳强度指数；c 为疲劳延性指数。

与式（10.30）类似，Ellyin 基于 RKE 场理论提出的模型为

$$\frac{\mathrm{d}a}{\mathrm{d}N} = 2L_p \left[\frac{\Delta K^2 - \Delta K_{th}^2}{4\psi E \sigma_f' \varepsilon_f' L_p} \right]^{1/\beta} \tag{10.32}$$

式中：参量 ψ 和 β 的计算公式为

$$\begin{cases} \psi = \pi(1+n') \\ \beta = -(b+c) \end{cases} \tag{10.33}$$

与式(10.30)相比,式(10.32)对参数 ψ 的求解方式不同,不需要借助数值方法求解无理函数。此外,HRR 场理论和 RKE 场理论获得的估算值在塑性区差异较小,但在弹塑性过渡区,RKE 场的理论值与实验数据更接近。

考虑应力比 R 的影响,Kujawski 和 Ellyin 进一步将式(10.32)修正为

$$\frac{\mathrm{d}a}{\mathrm{d}N} = 2L_{\mathrm{p}} \left[\frac{\Delta K^2 - \Delta K_{\mathrm{th}}^2}{4\pi(1+n')(\sigma_{\mathrm{f}}' - \sigma_{\mathrm{m}}) E\varepsilon_{\mathrm{f}}' L_{\mathrm{p}}} \right]^{1/\beta} \tag{10.34}$$

式中: σ_{m} 为平均应力。

考虑到应力比的影响,式(10.34)能够更为全面地反映裂纹扩展速率的变化趋势,也在与实验数据的对比中验证该结论。但对于过程区域的大小,该模型并没有给出准确的求解公式,需要进一步改进。

与唯象模型相同,通过考虑多种影响因素可对已有理论进行修正,进而得到诸多模型,但基于低周疲劳性能的本质使得此类模型建立成本提高且可靠性差。通过考虑建立单调拉伸参数与低周疲劳性能间的联系,巧妙地建立了仅需单调拉伸参数即可表征疲劳裂纹扩展的理论模型 iLAPS[36]。

10.4.3 悬浮架结构完整性评估

飞机、舰船、高铁等高端装备的快速发展对各类大型承载结构件提出了更高的技术要求,如一体化、轻量化、高参数等,逆向推动了以增材制造为典型代表的各种先进制造技术面向工程运用发展以打破传统成形技术对金属部件结构设计和材料选型的限制。以高速磁浮列车及其所代表的现代轨道交通装备为例,通过选区激光熔化技术成形轻质铝合金以实现高性能复杂零部件一体化、近净成形的智能制造,在实现关键承载部件集成化、大型化、精简化方面极具发展前景和应用价值。但为将增材制造技术切实应用于高速磁浮列车关键部件仍需大量基础研究与理论实践工作,如探索最优成形工艺、测试材料服役性能、建立质量评价体系、完善运维检修制度等。本节以选区激光熔化成形高速磁浮列车悬浮架为典型研究对象,基于所述结构完整性的时域阶梯疲劳评估方法探究其理论服役性能,为推动增材制造工程应用提供理论基础,同时展示所述 TSFA 方法的评价流程与技术要点。值得注意的是,TSFA 方法对所用系统动力学仿真计算方法并无特别改进之处,相关内容作为独立学科具有庞大理论体系且并非本节论述要点,故仅对其进行简单介绍,读者可查阅相关论著以获得更为深入的了解。此外,所述高速磁浮列车悬浮架服役载荷为典型时域载荷

谱,故在其完整性评估流程中并未执行 Goodman 图、KT 图或应力-缺陷-寿命三参数评估图(三者均仅适用于恒幅载荷)。

1. 悬浮架载荷分析

高速磁浮交通系统主要由车辆系统、线路系统、牵引供电系统和运行控制系统组成,其中车辆系统和线路系统最为核心。为准确预测磁浮列车悬浮架的服役载荷,借鉴翟婉明院士[53]提出的机车车辆与线路最佳匹配设计原理及方法,将车辆系统和线路系统作为一个整体大系统加以考虑。

首先,以高速磁浮车辆系统作为主体设计对象,将线路系统视为车辆系统的动态服役环境,根据高速磁浮列车的结构和承载特点、设计参数和运营条件,拟定线路条件和载荷工况(极限设计载荷、常规疲劳载荷),并初步确定线路构造参数。其次,基于计算结构动力学理论和有限元法,采用分块兰索斯(Block Lanczos,BL)模态分析法和模态综合超单元法分别对车体、悬浮框、摇枕和轨道梁进行模态分析与柔性体子结构建模。然后,参照翟婉明团队[54]所提出的磁浮车辆-轨道系统动力学建模与仿真策略,综合考虑列车的刚-柔耦合、机-电耦合和车-桥耦合,采用赵春发研究员基于多体系统动力学仿真软件 SIMPACK 和 SIMULINK 所搭建的多物理场耦合的大系统动力学联合仿真分析平台,建立高速磁浮列车动力学模型。最后,获取各载荷工况作用下高速磁浮车辆系统的动态响应,并据此预测增材铝合金悬浮架服役载荷(设计极限载荷、超常载荷谱、疲劳载荷谱),为后续悬浮架完整性评估提供依据。

2. 结构强度分析

参照 GB/T 33582—2017 机械产品有限元力学分析通用规则,建立增材铝合金悬浮架的有限元模型。各关键承载部件均由三维实体单元建模,主要为 8 节点六面体单元,少量采用 6 节点楔形单元和 5 节点金字塔单元等退化实体单元拟合几何外形复杂的过渡曲面。为提高计算效率,基于刚度等效原则,由一维单元、耦合单元、质量单元等对部分连接关系及实体结构进行简化。此外,对复杂过渡曲面和易发生应力集中的部位进行单元网格无关性验证,并据此进行了单元尺寸细化和局部精细化建模。最终,悬浮架有限元模型的单元和节点总数分别为 888 万和 462 万。各主要承载部件材料属性均由选区激光熔化成形 AlSi10Mg 合金的力学性能测试结果确定,其中弹性模量、泊松比和密度分别选取为 71.39 GPa、0.33 和 2712 kg/m³。

依据高速磁浮列车增材铝合金悬浮架的服役条件、传力路径和结构特点,建立计算边界条件,并结合悬浮架极限设计载荷分析结果,对悬浮架模型进行

加载和约束。计算完成后按照式(10.35)折算悬浮架动、静强度的安全裕度,据此开展悬浮架结构强度分析与评价,即

$$U = \sigma_Y / \sigma_{eq} \geq S \qquad (10.35)$$

式中:σ_{eq} 表示通过仿真分析或测试获得的名义应力或等效应力;σ_Y 表示材料的屈服强度;S 表示结构强度评估的设计安全系数。

以列车直线紧急制动工况为例,增材悬浮架仿真所得等效应力分布如图 10.31 所示[55]。选区激光熔化成形 AlSi10Mg 合金的力学性能测试表明,在堆积方向和非堆积方向的屈服强度非常接近,分别为 206MPa 和 208MPa,故取两者中更小的 206MPa 作为屈服强度的参考值。此时,增材铝合金悬浮架最大 Mises 应力值为 132.4MPa,位于牵引拉杆的杆端压装孔处,折算安全裕度为 1.56;次大 Mises 应力为 89.5MPa,位于电磁铁托臂一系橡胶弹簧安装座附近的折角位置,折算安全裕度为 2.30。由此可见,在该工况下增材铝合金悬浮架各主要承载部件的最小安全裕度为 1.56,大于静态设计安全系数上限值 1.50,表明其在实现轻量化设计目标的同时,也能保证其在结构强度方面具有充足安全裕度,满足设计要求。更多校核工况此处不再一一例举。

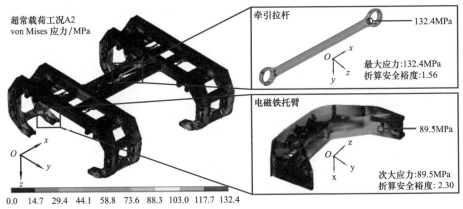

图 10.31 增材铝合金悬浮架直线紧急制动工况等效应力云图[55]

3. 损伤累积寿命预测

基于前节所建立的增材铝合金悬浮架有限元模型和疲劳载荷谱开展悬浮架瞬态动力学仿真分析,计算各疲劳工况下悬浮架所受绝对值最大主应力-时间历程。采用雨流计数法分别对各疲劳工况作用下的各组绝对值最大主应力-时间历程进行循环计数,将时域内的应力-时间历程转换为与时序无关的应力变化范围-循环比-循环周次($\Delta\sigma_i$-R_i-n_i)三变量雨流矩阵。利用平均应力修

正公式及双斜率设计 $S-N$ 曲线,根据循环比 R_i 对每一个疲劳循环借助平均应力修正,并获得该循环比所对应的设计 $S-N$ 曲线的材料常数 $m_{1,i}$、$m_{2,i}$、$C_{1,i}$ 和 $C_{2,i}$。此外,选区激光熔化成形 AlSi10Mg 合金高周疲劳性能测试结果表明,在堆积方向和非堆积方向材料的高周疲劳性能存在显著各向异性,表现为非堆积方向的高周疲劳性能优于堆积方向。基于安全设计原则,考虑最不利的条件,据其在堆积方向的实测疲劳 $S-N$ 曲线预测悬浮架的疲劳损伤累积寿命,所得结果为增材悬浮架疲劳寿命下限值。

根据各疲劳工况下的三变量雨流矩阵和经平均应力修正后的设计 $S-N$ 曲线,雨流矩阵中每个疲劳循环的损伤贡献均可单独计算。在经历雨流计数后动应力-时间历程的时序信息已转变为间接信息储存在循环周次参数 n 中,三变量的雨流矩阵已经不再与时序相关,至此可通过对将各个疲劳载荷工况作用下的各雨流矩阵中每个疲劳载荷的损伤贡献进行累加来计算悬浮架的总累积损伤。因此,疲劳载荷谱的分组方式、每组的里程长度和分组数量仅会影响疲劳损伤的中间计算过程,但不会影响悬浮架的总累积损伤寿命的最终计算结果。依据变幅载荷作用下的相对 Miner 损伤累积理论,悬浮架在全部疲劳载荷工况作用下的总疲劳损伤累积寿命的计算公式为

$$N = L_s D_s \Big/ \sum_{j=1}^{n} \left[\sum_{\Delta\sigma_i \geqslant \Delta\sigma_{D,i}} \frac{n_i}{C_{1,i}(\Delta\sigma_i/\gamma)^{m_{1,i}}} + \sum_{\Delta\sigma_i < \Delta\sigma_{D,i}} \frac{n_i}{C_{2,i}(\Delta\sigma_i/\gamma)^{m_{2,i}}} \right]$$

(10. 36)

式中:L_s 表示全部疲劳载荷工况对应的疲劳载荷谱所代表的总里程;i 表示雨流矩阵的第 i 级载荷循环;j 表示第 j 个疲劳载荷工况;D_s 表示由相对 Miner 损伤累积理论所规定的许用损伤。参照 FKM 标准所给出的铝合金结构的许用损伤的推荐值并考虑最不利条件,将其选取为 0. 3。

根据式(10. 37)即可计算增材铝合金悬浮架在全部疲劳载荷工况作用下的总疲劳损伤累积寿命,并按照年行驶里程 657000km 将疲劳寿命里程折算为所对应的服役时间,所得评估结果如图 10. 32 所示[55]。

由图 10. 32 可知,增材铝合金悬浮架疲劳寿命相对较低的部件主要是电磁铁托臂、电磁铁托臂下连接件和横向止挡安装座。其中一位端、二位侧电磁铁托臂一系橡胶堆安装座附近折角处的疲劳寿命最短,疲劳损伤累积寿命里程约为 4. 526×10^{7}km,折算为服役时间约为 68. 89 年。若按照悬浮架 35 年的设计寿命,则电磁铁托臂最小疲劳寿命的安全裕度为 1. 97,表明增材铝合金悬浮架的疲劳寿命能够满足设计要求且有较充足的安全裕度。

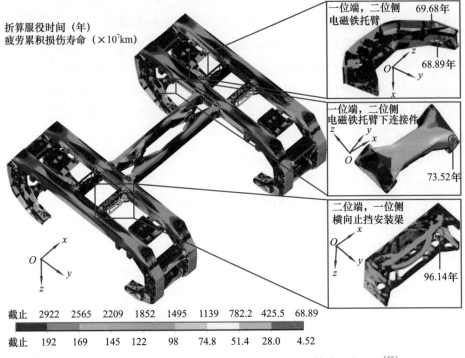

图 10.32 增材铝合金悬浮架直线紧急制动工况等效应力云图[55]

4. 损伤容限评价

前述悬浮架疲劳损伤评估表明,其一位端、二位侧电磁铁托臂一系橡胶堆安装座折角处是可靠服役寿命最短的临界安全位置。更进一步,从该临界安全位置出发,共有如图 10.33 所示的 3 条潜在失效路径[55]。经对各路径承载状态分析发现,垂直于失效路径 3 平面的疲劳载荷以压缩载荷为主,而失效路径 1、2平面则以拉伸载荷为主,且无论依据峰值应力水平还是疲劳损伤累积寿命,失效路径 2 均比路径 1 更危险。故选取失效路径 2 作为增材铝合金悬浮架临界安全位置的主要失效路径,进一步开展托臂的损伤容限评估。

在失效路径 2 所在平面建立局部坐标系 $o^*-x^*-y^*-z^*$,其中原点 o 位于折角的交汇点处,如图 10.33 所示[55]。沿失效路径 2 建立剖分面 $o^*-y^*-z^*$,以原点 o 为圆心植入规则化的椭圆形裂纹,裂纹的半短轴 c 沿 y 轴正方向布置,半长轴 a 沿 z 轴正方向布置。参照相关高速磁浮列车悬浮架疲劳失效事故断口,将裂纹的基础形貌比 c/a 设置为 0.85,并间隔 0.05,分别取其上、下浮动值0.80 和 0.90 进行分析。依据 BS 7910—2019 给出的裂纹和初始缺陷规则化原则,在托臂临界安全位置植入椭圆裂纹,裂纹前缘采用 6 节点楔形奇异单元,扩

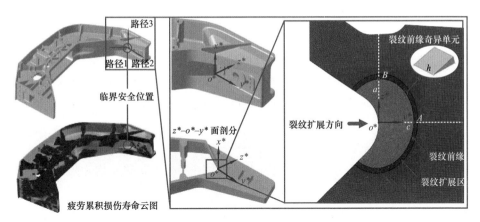

图 10.33 增材铝合金悬浮架电磁铁托臂裂纹植入位置及裂纹面有限元模型[55]

展区则采用 8 节点六面体单元,所建立的有限元模型和扩展区如图 10.33 所示(以形貌比 c/a 为 0.85 和半短轴 c 长度为 10mm 的裂纹为例)。

如前所述,悬浮架电磁铁托臂失效路径 2 所在平面承受着轴向拉力作用,即在图 10.33 所示植入位置疲劳裂纹将以 Ⅰ 型裂纹形式扩展。参照 BS 7910—2019 标准,Ⅰ 型裂纹前缘的应力强度因子可定义为

$$K_{\mathrm{I}} = \lim_{r \to 0} \left(\sigma_r \sqrt{2\pi r} \right) \tag{10.37}$$

式中:σ_r 为垂直于裂纹前缘方向的应力分量;r 表示到裂纹尖端的距离。

考虑裂尖应力奇异性,σ_r 不能通过有限元计算直接获得,故采用单元应力外推法间接计算裂纹前缘应力强度因子。应力外推法基本思想是通过计算裂纹尖端微区内扩展路径上若干临近节点的应力强度因子并对其进行线性拟合,随后即可外推至裂纹前缘以获得其应力强度因子。

将初始裂纹植入悬浮架有限元模型后,采用本节第一步骤所得疲劳载荷谱和计算边界条件对悬浮架开展瞬态动力学分析,从 A 点沿裂纹扩展路径提取所需外推节点上沿 z 轴的名义应力分量 $\sigma_{z,i}$,并由单元应力外推法计算 Ⅰ 型应力强度因子。值得注意的是,该过程可将瞬态动力学分析获得的时域应力-时间历程 $\sigma_{r,i(t)}$ 转化为相应的应力强度因子-时间历程。同样,可由本节第三步骤所述的雨流计数法将时域内的应力强度因子-时间历程转换为与时序无关的应力强度因子变化范围-循环比-循环周次(ΔK_i-R_i-n_i)三变量雨流矩阵。随后,根据下述式(10.39)按照循环比 R_i 对 ΔK_i 进行修正,可进一步将其转换为等效应力强度因子变化范围 ΔK_{i*},所得的雨流矩阵也由此转换为关于等效应力强度因子变化范围-循环比-循环周次(ΔK_{i*}-R_i-n_i)的三变量雨流矩阵,即

$$\Delta K^* = 10^{\beta R} \cdot \Delta K \qquad (10.38)$$

此时,便可以结合前期选区激光熔化成形 AlSi10Mg 合金在不同应力比条件下的疲劳裂纹扩展速率试验结果开展剩余寿命估算和损伤容限评估。其中,疲劳裂纹扩展驱动力由等效应力强度因子变化范围来描述,则材料抗疲劳开裂特性由修正的 NASGRO 方程来描述,则有

$$\frac{\mathrm{d}a}{\mathrm{d}N} = C \cdot \left(\frac{1-f}{1-R} \cdot \Delta K^* \right)^m \cdot \left\{ \left(1 - \frac{\Delta K_{\mathrm{th}}^*}{\Delta K^*} \right)^p \middle/ \left(1 - \frac{K_{\max}}{K_{\mathrm{IC}}} \right)^q \right\} \qquad (10.39)$$

式中:K_{IC} 为断裂韧度;$K_{\max}$ 为最大应力强度因子;m、C、p 和 q 均为拟合常数;f 为裂纹张开函数,ΔK_{th}^* 为裂纹扩展门槛值,由下式确定,即

$$\Delta K_{\mathrm{th}}^* = 10^{\beta R}(2.184 - 1.007 \cdot R) \qquad (10.40)$$

当 $\Delta K_i > \Delta K_{\mathrm{th}}^*$ 时,在这些加载循环作用下裂纹能够扩展,故将其计为有效循环。当 $\Delta K_i < \Delta K_{\mathrm{th}}^*$ 时,加载期间裂纹不扩展,则将其视为无效循环而舍弃。据此,将使得应力强度因子变化范围被全部舍弃的最大裂纹深度 c 定义为深度门槛值 c_{th}。当裂纹深度大于 c_{th},即发生扩展,并且随着裂纹扩展,载荷块有效循环占比逐渐增加,故在每次裂纹扩展计算前均需重复筛选。经有效性筛选后,将各疲劳工况作用下的全部 $\Delta K_i^* - R_i - n_i$ 的雨流矩阵进行叠加以作为一个"块谱",由式(10.39)计算其每一加载循环所对应裂纹扩展速率,并将其叠加即可获得该加载期间的扩展增量。从 c_{th} 开始,以适宜间隔确定各计算裂纹深度,间隔大小除以一个块谱所对应的总扩展增量即可折算相应裂纹扩展所需块谱数量,再将其乘以块谱代表的里程,即可获得相应的总剩余寿命。

值得注意的是,选区激光熔化成形 AlSi10Mg 合金的裂纹扩展速率在堆积方向和非堆积方向同样存在着各向异性。基于安全设计原则,应采用最不利的裂纹扩展速率进行剩余寿命评估,所得剩余寿命同样可作为临界安全位置损伤容限的下限。当增材铝合金悬浮架电磁铁托臂分别具有形貌比 c/a 为 0.80、0.85 和 0.90 3 种初始裂纹时,其剩余寿命如图 10.34 所示[55]。

由图 10.34 可见,悬浮架电磁铁托臂剩余寿命呈现出随初始裂纹形貌比的增加而降低的规律。其中,当存在形貌比为 0.90 的初始裂纹时,从 5.45mm 的临界裂纹深度扩展至 18.00mm 的截止深度对应于托臂最小剩余寿命,为 $2.412 \times 10^7 \mathrm{km}$,折算服役时间为 36.71 年,相比于 35 年的设计寿命计算,安全裕度为 1.05。该结果表明,即便在增材铝合金悬浮架托臂的临界安全位置检出了形貌比为 0.90 的初始裂纹,其依然能够在设计寿命周期内安全服役,而无需补修或延寿处理。然而,为了确保托臂安全可靠服役,可以根据剩余里程 $2.412 \times 10^7 \mathrm{km}$ 或 36.71 年来引入一个安全系数,这便是无损探伤周期制定的基本依据之一。

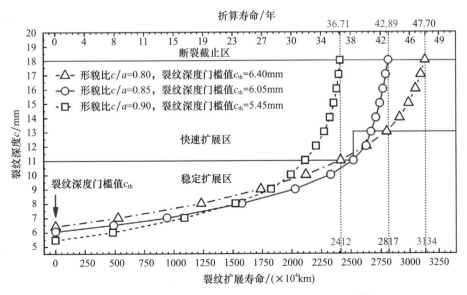

图 10.34 增材铝合金悬浮架电磁铁托臂剩余寿命[55]

10.5 本章小结

增材制造金属内部不易根除的气孔和未熔合缺陷是导致疲劳性能劣化和疲劳寿命离散性大的重要因素之一,与工艺过程不稳定产生的匙孔缺陷一起,统称为增材制造的宏观缺陷。单纯从形貌特征上来看,气孔一般球度值较大,接近于球体;未熔合球度值偏小,呈现扁平状,与自然裂纹形状近似;匙孔一般呈现椭球状,球度值介于气孔和未熔合之间多形成于工艺不稳定状态。在工艺过程稳定的增材制造中,一般不会出现匙孔这类缺陷。相关研究表明,诱导裂纹萌生的临界缺陷的几何特征在很大程度上决定着材料的疲劳寿命。如何在材料内部数量众多的缺陷中准确、可靠地辨识出临界缺陷,进而建立考虑临界缺陷几何特征的疲劳寿命准确预测模型是当前的研究热点和急需解决的关键科学问题。首先,本章按照由简及难、评价精度递增的顺序介绍了 5 种缺陷危险等级的定义方法;其次,论述了考虑缺陷特征的疲劳强度和寿命评估和预测模型,涉及单裂纹源和多裂纹源两种情况;最后,示范了新型的时域阶梯疲劳评估方法在激光增材制造结构件疲劳寿命评估中的应用。必须指出的是,目前考虑缺陷特征的寿命预测模型多以经验或半经验为主,传统的力学研究方法在深入挖掘缺陷特征与疲劳寿命之间潜在的内在关联方面仍具有很大的局限性,迫切需要发展新的缺陷致疲劳性能评估方法。

参 考 文 献

[1] Romano S,Brandao A,Gumpinger J,et al. Qualification of AM parts:Extreme value statistics applied to tomographic measurements [J]. Materials and Design,2017,131:32-48.

[2] Fedor F, Manfred H, Norbert H, et al. Probabilistic fatigue–life assessment model for laser-welded Ti-6Al-4V butt joints in the high-cycle fatigue regime [J]. International Journal of Fatigue,2018,116:22-35.

[3] Serrano-Munoz I,Buffiere J Y,Mokso R,et al. Location,location & size defects close to surfaces dominate fatigue crack initiation [J]. Scientific Reports,2017,7:45239.

[4] Murakami Y. Effects of small defects and nonmetallic inclusions [M]. Oxford:Elsevier,2002.

[5] 宋哲,吴圣川,胡雅楠,等.冶金型气孔对熔化焊接7020铝合金疲劳行为的影响 [J].金属学报,2018,54(8):811-820.

[6] 吴圣川,胡雅楠,杨冰,等.增材制造材料缺陷表征及结构完整性评定方法研究综述 [J].机械工程学报,2021,57(22):3-34.

[7] Xie C,Wu S C,Yu Y K,et al. Defect-correlated fatigue resistance of additively manufactured Al-Mg4. 5Mn alloy with in situ micro-rolling [J]. Journal of Materials Processing Technology,2021,291:117039.

[8] Serrano-Munoz I,Buffiere J Y,Verdu C. Casting defects in structural components:Are they all dangerous? A 3D study [J]. International Journal of Fatigue,2018,117:471-484.

[9] Tammas-Williams S,Withers P J,et al. The influence of porosity on fatigue crack initiation in additively manufactured Titanium components [J]. Scripta Materialia,2017,7:7308.

[10] Li P,Li J,Donath S,et al. Quantification of the interaction within defect populations on fatigue behavior in an aluminum alloy [J]. Acta Materialia,2009,57(12):3539 3548.

[11] Danninger H,Weiss B. The influence of defects on high cycle fatigue of metallic materials [J]. Journal of Materials Processing Technology,2003,143-144:179-184.

[12] Wu S C,Song Z,Kang G Z,et al. The Kitagawa-Takahashi fatigue diagram to hybrid welded AA7050 joints via synchrotron tomography [J]. International Journal of Fatigue,2019,125:210-221.

[13] Li P,Warner D H,Fatemi A,et al. Critical assessment of the fatigue performance of additively manufactured Ti-6Al-4V and perspective for future research [J]. International Journal of Fatigue,2016,85:130-143.

[14] Mu P,Nadot Y,Nadot-Martin C,et al. Influence of casting defects on the fatigue behavior of cast aluminum AS7G06-T6 [J]. International Journal of Fatigue,2014,63:97-109.

[15] Qian G A,Jian Z M,Qian Y J,et al. Very-high-cycle fatigue behavior of AlSi10Mg manufactured by selective laser melting:Effect of build orientation and mean stress [J]. International

Journal of Fatigue,2020,138:105696.

[16] Murakami Y,Beretta S. Small defects and inhomogeneities in fatigue strength:Experiments, models and statistical implications [J]. Extremes,1999,2(2):123–147.

[17] Beretta S,Romano S. A comparison of fatigue strength sensitivity to defects for materials manufactured by AM or traditional processes [J]. International Journal of Fatigue,2017,94:178–191.

[18] 吴正凯,吴圣川,张杰,等. 基于同步辐射 X 射线成像的选区激光熔化 Ti-6Al-4V 合金缺陷致疲劳行为 [J]. 金属学报,2019,55(7):811–820.

[19] Masuo H,Tanaka Y,Morokoshi S,et al. Influence of defects,surface roughness and HIP on the fatigue strength of Ti-6Al-4V manufactured by additive manufacturing [J]. International Journal of Fatigue,2018,117:163–179.

[20] Benedetti M,Fontanari V,Bandini M,et al. Low- and high-cycle fatigue resistance of Ti-6Al-4V ELI additively manufactured via selective laser melting:Mean stress and defect sensitivity [J]. International Journal of Fatigue,2018,107:96–109.

[21] Zerbst U,Vormwald M,Pippan R,et al. About the fatigue crack propagation threshold of metals as a design criterion-A review [J]. Engineering Fracture Mechanics,2016,153:190–243.

[22] 吴正凯. 基于缺陷三维成像的增材铝合金各向异性疲劳性能评价 [D]. 成都:西南交通大学,2020.

[23] Pessard E,Bellett D,Morel F,et al. A mechanistic approach to the Kitagawa-Takahashi diagram using a multiaxial probabilistic framework [J]. Engineering Fracture Mechanics,2013, 109:89–104.

[24] Kevinsanny,Okazaki S,Takakuwa O,et al. Defect tolerance and hydrogen susceptibility of the fatigue limit of an additively manufactured Ni-based superalloy 718 [J]. International Journal of Fatigue,2020,139:105740.

[25] El Haddad M H,Topper T H,Smith K N. Prediction of non-propagating cracks [J]. Engineering Fracture Mechanics,1979,11(3):573–584.

[26] Chapetti M D. Fatigue propagation threshold of short cracks under constant amplitude loading [J]. International Journal of Fatigue,2003,25(12):1319–1326.

[27] Aigner R,Pusterhofer S,Pomberger S,et al. A probabilistic Kitagawa-Takahashi diagram for fatigue strength assessment of cast aluminum alloys [J]. Materials Science & Engineering A, 2019,745:326–334.

[28] Biswal R,Zhang X,Syed A K,et al. Criticality of porosity defects on the fatigue performance of wire+arc additive manufactured titanium alloy [J]. International Journal of Fatigue,2019, 122:208–217.

[29] Hu Y N,Wu S C,Wu Z K,et al. A new approach to correlate the defect population with the fatigue life of selective laser melted Ti-6Al-4V alloy [J]. International Journal of Fatigue,

2020,136:105584.

[30] Avateffazeli M,Haghshenas M. Ultrasonic fatigue of laser beam powder bed fused metals:A state-of-the-art review [J]. Engineering Failure Analysis,2022,134:106015.

[31] Wu Z K,Wu S C,Bao J G,et al. The effect of defect population on the anisotropic fatigue resistance of AlSi10Mg alloy fabricated by laser powder bed fusion [J]. International Journal of Fatigue,2021,151:106317.

[32] Chen B Q,Wu Z K,Yan T Q,et al. Experimental study on mechanical properties of laser powder bed fused Ti-6Al-4V alloy under post-heat treatment [J]. Engineering Fracture Mechanics,2022,261:108264.

[33] Shumatani Y,Shiozawa K,Nakada T,et al. The effect of the residual stresses generated by surface finishing methods on the very high cycle fatigue behavior of matrix HSS [J]. International Journal of Fatigue,2011,33:122-231.

[34] Zhu M L,Jin L,Xuan F Z. Fatigue life and mechanistic modeling of interior micro-defect induced cracking in high cycle and very high cycle regimes [J]. Acta Materialia,2018,157 (15):259-275.

[35] Murakami Y,Takagi T,Wada K,et al. Essential structure of $S-N$ curve:Prediction of fatigue life and fatigue limit of defective materials and nature of scatter [J]. International Journal of Fatigue,2021,146:106138.

[36] 吴圣川,李存海,张文,等. 金属材料疲劳裂纹扩展机制及模型的研究进展 [J]. 固体力学学报,2019,40(6):489-538.

[37] Wu S C,Li C H,Luo Y,et al. A uniaxial tensile behavior based fatigue crack growth model [J]. International Journal of Fatigue,2020,131:105324.

[38] Tammas-Williams S,Withers P J,Todd I,et al. The influence of porosity on fatigue crack initiation in additively manufactured titanium components [J]. Scientific Reports, 2017, 7 (1):7308.

[39] Mcdowell D L,Gall K,Horstemeyer M F,et al. Microstructure-based fatigue modeling of cast A356-T6 alloy [J]. Engineering Fracture Mechanics,2003,70(1):49-80.

[40] Torries B,Shamsaei N. Fatigue behavior and modeling of additively manufactured Ti-6Al-4V including interlayer time interval effects [J]. JOM,2017,69(12):2698-2705.

[41] Beretta S,Patriarca L,Gargourimotlagh M,et al. A benchmark activity on the fatigue life assessment of AlSi10Mg components manufactured by L-PBF [J]. Materials & Design,2022, 218:110713.

[42] Sausto F,Romano S,Patriarca L,et al. Benchmark of a probabilistic fatigue software based on machined and as-built components manufactured in AlSi10Mg by L-PBF [J]. International Journal of Fatigue,2022,165:107171.

[43] 钱伟建. 激光增材 AlSi10Mg 合金多缺陷诱导的疲劳裂纹扩展分析 [D]. 成都:西南交

通大学,2022.

[44] Kamaya M,Haruna T. Influence of local stress on initiation behavior of stress corrosion cracking for sensitized 304 stainless steel [J]. Corrosion Science,2007,49(8):3303-3324.

[45] Wu S C,Yu C,Yu P,et al. Corner fatigue cracking behavior of hybrid laser AA7020 welds by synchrotron X-ray computed microtomography [J]. Materials Science and Engineering:A, 2016,651:604-614.

[46] Yadollahi A,Mahtabi M J,Khalili A,et al. Fatigue life prediction of additively manufactured material:Effects of surface roughness,defect size,and shape [J]. Fatigue & Fracture of Engineering Materials & Structures,2018,41(7):1602-1614.

[47] Yadollahi A,Mahmoudi M,Elwany A,et al. Fatigue-life prediction of additively manufactured material:Effects of heat treatment and build orientation [J]. Fatigue & Fracture of Engineering Materials & Structures,2020,43(4):831-844.

[48] Shin C S,Cai C Q. Experimental and finite element analyses on stress intensity factors of an elliptical surface crack in a circular shaft under tension and bending [J]. International Journal of Fracture,2004,129(3):239-264.

[49] Lin X B,Smith R A. A numerical simulation of fatigue growth of multiple surface initially semicircular defects under tension [J]. International Journal of Pressure Vessels and Piping, 1995,62(3):281-289.

[50] Pang K J,Yuan H. Fatigue life assessment of a porous casting nickel-based superalloy based on fracture mechanics methodology [J]. International Journal of Fatigue,2020,136:105575.

[51] Biswal R,Zhang X,Shamir M,et al. Interrupted fatigue testing with periodic tomography to monitor porosity defects in wire+arc additive manufactured Ti-6Al-4V [J]. Additive Manufacturing,2019,28:517-527.

[52] 李存海,吴圣川,刘宇轩. 样本信息聚集原理改进及其在铁路车辆结构疲劳评定中的应用 [J]. 机械工程学报,2019,55(4):42-53.

[53] 翟婉明. 机车车辆与线路最佳匹配设计原理、方法及工程实践 [J]. 中国铁道科学, 2006,27(2):60-65.

[54] 赵春发,翟婉明. 磁浮车辆/轨道系统动力学(Ⅱ)——建模与仿真 [J]. 机械工程学报, 2005,41(8):163-175.

[55] 郭峰. 高速磁浮列车增材铝合金悬浮架结构设计及完整性研究 [D]. 成都:西南交通大学,2022.

第 11 章
基于机器学习的抗疲劳评价技术

微观组织、内部缺陷、表面质量和残余应力是影响增材制造金属疲劳性能的四要素。综合考虑上述因素,建立可靠评价和准确预测疲劳性能的力学模型是目前增材结构完整性研究的重点与难点,也是推动增材制造装备大规模生产和高可靠应用的关键环节。第 4 章论述了缺陷作为应力集中源,会诱导疲劳裂纹萌生,进而降低材料的疲劳性能,而缺陷的尺寸、位置、形貌和取向等几何参数的随机分布又导致疲劳寿命离散性加剧,又为疲劳性能的可靠评估和准确预测带来挑战。然而,传统的力学研究方法在深入挖掘四要素与疲劳性能之间隐含的复杂规律上具有局限性。近年来,机器学习方法为有效处理高维数据之间的复杂非线性关系提供了契机,尤其是以物理信息为牵引的机器学习方法。本章首先简要介绍了机器学习与大数据方法,然后叙述了数据的建立与预处理过程,最后论述了机器学习方法在增材制造领域应用示例,并总结了当前的研究难点以及未来的研究方向。

11.1　机器学习与大数据方法

几个世纪以来,科学发现经历了四个阶段:第一阶段是实证科学,根据经验和实验了解世界;第二阶段是理论科学,在此期间提出了许多定理;第三阶段是计算科学,得益于计算机科学与相关技术的突破;第四阶段是数据驱动科学,以计算能力和数据规模的飞速发展为依托[1]。

当前,大数据在各技术领域发展迅猛,应用成效显著。其独特的思维和方法为科学探索提供了新的途径与范式。力学研究中,高时空分辨率、多参数同步观测与高精度、大规模模拟手段的发展,为力学大数据的发展提供了契机,大数据的应用正呈现快速上升趋势。目前,大数据在学术界和业界还没有统一、标准化的定义。可以从"大数据作为一种资源"、"大数据作为一种科学方法"

以及"大数据作为一种前沿技术"三个层面理解其内涵[2]。

　　大数据本身是指所涉及的信息量规模巨大，无法通过目前软件工具在合理的时间内获取、管理、处理并整理成为辅助决策的信息，需要新处理模式才能使其成为具有更强的决策力、洞察发现力和流程优化能力的海量、高增长率和多样化的信息资源。大数据区别于"小数据"的核心内在特征包括完备性、高维度、内在结构复杂及结构动态变化。有别于大数据本身，大数据科学是以大数据为研究对象，旨在发展从数据中提取知识、获取价值的科学手段。大数据分析是大数据科学发展的方法论之一，是指从大数据中找出可以帮助决策的隐含模式、未知的相关关系以及其他有用信息的过程。大数据分析主要包括以下 3 种模式：描述性分析、预测性分析和规定性分析。在数据应用的价值链中，大数据技术旨在发展解决实际问题所需的关键技术，其中包括数据采集与整理、基础硬件构架、软件平台与应用工具等[2]。

　　在通常情况下，大数据技术与机器学习（Machine Learning，ML）是互相促进、相依共存的关系。机器学习不仅需要合理、适用和先进的算法，还需要依赖质量高、足够多的数据。数据量越多，质量越高，机器学习的效率和准确性就越高。由此可见，大数据并不等同于 ML；同理，机器学习也不等同于大数据。机器学习仅仅是大数据分析中的一种。机器学习中的"训练"与"预测"对应于人类的"归纳"和"推测"。从广义上来说，机器学习是一种能够赋予机器学习能力并让它完成直接编程无法完成的功能的方法。但从实践意义来说，机器学习是通过利用数据训练出模型，然后使用模型预测的一种方法。

　　目前，材料服役性能研究主要有 4 个方向，即加速实验、力学性能研究、数据模型和数据挖掘。其中，加速实验是最简单可行的方法，但是加速过程可能会掩盖材料真实服役中的演化特征，难以区分不同工况对材料性能影响的细微差别。尽管如此，加速实验仍然是工程中亟待发展和应用的重要研究手段。力学性能研究是通过经典力学、断裂力学、疲劳力学和损伤力学等方法，建立材料理论模型，然后进行力学分析与服役性能预测。但是对于受力及环境复杂的工况，建立的力学模型十分复杂，难以反映出材料真实的受力情况。数学模型是通过短时实验结果，进而推测长时服役条件下材料的性能变化。这种方法预测误差较大、计算复杂，模型的普适性还有待进一步研究。数据挖掘通过 ML 方法，对大量的服役数据进行学习，总结规律，进而对材料服役性能进行预测，已在多个领域取得了显著的应用成果。

　　机器学习任务可分为三大类：监督学习，无监督学习和强化学习。在监督学习中，每个输入数据都标有一个输出，训练集由许多输入/输出对组成，每个输入都是一个包含所有相关特征的矢量,这些特征可能会影响其输出。若输出是对质量的评估(好或坏),相应的 ML 类别是分类;若输出的是目标参数(如孔隙率和抗拉强度),相应的 ML 类别为回归。在无监督学习中,每个输入数据都没有输出,模型会研究输入数据之间的关系。无监督学习的一个典型应用是聚类,即根据所有数据的相似度将它们聚为一组。强化学习是学习如何将情境映射到行动上,从而最大化数字奖励信号。目前,在增材制造领域,大多数应用的 ML 方法都属于监督学习范畴。

11.2 大数据处理方法

11.2.1 数据的创建

ML 模型的成功与否很大程度上依赖于数据。此外,算法模型训练也是其中的关键环节。但是,如果没有真正理解数据的意义,尽管已掌握了 TB 级的数据和信息,训练出来的 ML 模型也可能对研究分析带来错误的指导。因此,数据创建是有助于寻找更适合 ML 模型的重要条件。

数据缺乏是应用 ML 时常常面临的问题。首先,可以利用开源数据集来支撑机器学习模型的训练。有大量用于 ML 的公共数据,如谷歌云、百度云、阿里云等。其次,使用正确的方式收集数据。如果在收集数据之前理解 ML 需要解决的问题,可以提前定制数据收集策略。另外,此处也可以理解为对事物的规律性认识,如损伤机理和典型特征等。

1. 确定研究问题

事先了解想要预测的内容将有助于决定哪些数据可能更有价值。在提出问题时,进行数据探索,并尝试在 ML 模型中的分类、聚类、回归和排序等问题中进行研究。通俗地说,这些任务按以下方式区分:分类,想要一个算法来回答二进制是或否的问题,或者想要进行多类分类,需要具有标签的数据集,以便算法可以从中学习。聚类,需要一种算法来查找分类规则和类别。与分类任务的主要区别在于,实际上算法并不知道对应的类是什么,以及它们的划分原则是什么。回归,需要一个算法来直接预测数值。例如,由于取决于多种因素,通常需花费大量时间为产品确定合适的价格,此时,可以通过回归算法进行估计。排序,部分 ML 算法根据研究对象的特征对其进行排名。

2. 建立数据收集机制

存在两种类型的数据收集机制。一种类型称为数据仓库,即将数据存放在仓库中。这种存储通常是为结构化记录创建的,这意味着它们适合标准表格式。另一个传统属性是进行数据转换。但在数据转换时遇到的问题是并不总是事先知道哪些数据有用,哪些数据没有用。因此,仓库通常用于通过智能接口访问数据,以可视化知道需要跟踪的指标。第二种类型称为数据湖,实现结构化和非结构化数据的存储,包括图像、视频、声音记录等。但即使数据是结构化的,它也不会在存储之前进行转换。可以将其按原样加载数据,并在以后按需决定如何使用和处理。这种方法的步骤简化为提取、加载以及在需要时进行转换。一般情况下,数据湖被认为更适用于 ML。

11.2.2 数据的预处理

数据预处理是将原始数据转换为用于训练数据的过程。一般来说,预处理是指在输入算法之前应用于数据的转换,如图 11.1 所示。它只是将原始数据转换为 ML 模型可理解的格式。输入的质量决定了 ML 算法所得到的结果质量。因此,数据的预处理往往决定了 ML 算法所能达到的上限。

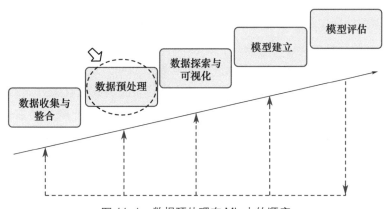

图 11.1 数据预处理在 ML 中的顺序

数据预处理通常占据 ML 总时间的 70%,这表明,预处理阶段对于任何机器学习项目来说都是重要且必不可少的。因此,为了避免数据对输出结果的误导性,在将数据输入 ML 算法之前,必须经历严格筛选。预处理面对的数据量较大,包含了噪声、缺失值和不一致的数据信息,这些数据可能以多种形式存在,是从多个来源的数据集中收集的。预处理的输出结果是最终的数据集。根据数据的准确性(检查输入数据是否正确)、完整性(检查数据是否可用)、一致性(检查是否在所有匹配或不匹配区域保存了相同数据)、及时性(数据应正确更新)、可信度(数据来源足够可信)、可解释性(数据的可理解程度)等 6 个指标,检查数据的质量。数据预处理过程如图 11.2 所示。

图 11.2　数据预处理的主要步骤

1. 数据清洗

数据预处理中最重要的步骤之一是从数据集中检测和修复不准确的数据样本,以提高数据质量。具体包括识别数据中不完整、不准确、重复和不相关的数据样本或空缺值,然后采用相关方法来修改或删除。通过填补缺失值、平滑噪声数据、去除异常值可以达到清洗数据的目的。前期数据收集方式的错误或数据损坏会产生缺失值。在处理时可以使用各种技术来填充缺失的数据,如删除包含缺失数据的整行或用任何相应的值替换数据。但当缺失值较多时,这种处理方法会对数据本身产生很大影响。均值、众数、中值插补是最常用的方法。它包括用该变量的所有已知值的平均值或中值(定量属性)或众数(定性属性)替换对应的缺失数据。此外,还可以使用相关 ML 模型方法来估算缺失值,基于实现目标确定具体的 ML 模型。例如,可以使用最邻近结点算法(K-Nearest Neighbor,KNN)插补,使用距离作为度量,将缺失值替换为与相应缺失值最相似的数据。KNN 插补是最常使用的填补缺失值的方法。对于二元分类,可以使用类标签来估算缺失值,同时这也有助于最小化似然误差。

为了消除噪声,可采用分箱(Binning)方法,通过检查邻域值来达到平滑数据的目的。首先,数据被排序并划分为相等的频率箱;然后,使用各种分箱技术,如通过 bin 均值进行平滑、通过 bin 中值进行平滑或通过 bin 边界进行平滑。此外,也可以采用回归和聚类方法来消除噪声。

原始数据集中的离群值对于数据清洗也是极为重要的。由于有离群值的存在,会导致平均值很高,模型估计可能会完全改变。可以使用各种可视化技术,如箱型图、散点图和直方图来识别离群值。值得注意的是,噪声与离群值不同。数据噪声是不需要的信息,应当在执行离群值检测之前将其删除。离群值使模型失效的可能性较小,而噪声很有可能使模型失效。检测离群值的技术之一是查看四分位距(Inter Quartile Range,IQR)的范围,其判断依据是:当数值超出$-1.5IQR \sim 1.5IQR$ 时将被判定为离群值。

2. 数据整合

数据整合是指合并来自多个来源的数据,这有助于减少和避免数据中的冗余,涉及以下几个方面。模式集成:集成来自不同来源的元数据(一组描述其他数据的数据)。实体识别:从多个数据库中识别实体。检测和解析数据价值:合并时从不同数据库获取的数据可能不同,就好像一个数据库中的属性值可能与另一个数据库不同。

3. 数据缩减

缩减策略用于在不丢失其信息的情况下减少数据集的数量。降维处理能够减少特征或变量的数量,通过更小的数据形式来减少数据量。主成分分析是一种广泛使用的降维技术,通过将数据从原始高维空间投影到低维空间以减少数据中的特征数量。创建的新特征称为组分,诠释了从数据中捕获的差异量。特征子集选择是降低数据维度的另一种方法。此外,采样也可以用作数据缩减技术,因为它有助于从大数据集中对小数据集进行采样。有多种方法可用于数据采样:无替换采样,即从数据集中删除每个选定的实例;替换采样,不删除每个选定的实例,允许在样本中多次选择和整群抽样,首先将整体划分为聚类,然后从中选择简单的聚类随机样本;分层抽样,首先将整体划分为阶层(根据共同特征),然后进行阶层的简单随机抽样。通常用于 ML 的数据量很大,合理地降维处理是十分必要的。通过对随机变量或特征进行简化,从而降低数据集的维数。对数据属性进行组合和合并,而不丢失其原有的特征。降维处理也有助于减少存储空间和计算时间。当数据是高维数据时,就会出现"维数灾难"问题。此时,需要对数据进行压缩。这种压缩可以是无损的或有损的。当压缩过程中没有信息丢失时,称为无损压缩。有损压缩忽略了数据集中的部分信息,但这部分被删除的数据通常为不必要信息。

4. 数据转换

数据转换是将数据或信息从一种格式转换为另一种格式的过程,这有助于发现数据模式或提高模型的效率和准确性。数据可用不同方式从不同的来源收集起来,并且给定的数据可能具有不同的规模。归一化是一种数据转换技术,其中属性数据被缩放到一个小范围内并使所有属性相等。列归一化或特征归一化用于对 0~1 的数据进行转换或压缩。列标准化或特征标准化在实践中被广泛使用,转换或压缩数据后,平均值为 0,标准差为 1。

数据平滑化是指从数据集中去除噪声,有助于了解数据集的重要特征。数据聚合是指将数据以摘要的形式存储和呈现。将来自多个来源的数据集与数据分析集成,这是数据预处理的重要步骤,因为数据的准确性取决于数据的数量和质量。较好的数据质量和数量有利于获得更相关的结果。数据离散化是指将连续数据分割成区间,这有助于减少数据量的大小。数据归一化是指对数据进行缩放处理,进而使其能够在更小的范围内表示。

通常数据预处理的顺序如下:数据的采集与合并;数据清洗;如果变量的数据类型中存在任何不匹配,则转换数据类型;将变量的格式更改为所需的格式;用适当的值替换特殊字符和常量;缺失值的检测和处理;根据数据处理负值(如果存在);异常值检测和处理;变量转换;创建新的派生变量;缩放数值变量;编码分类变量;将数据拆分为训练集、验证集和测试集。

11.3　机器学习的应用进展及挑战

增材制造是一种涵盖多因素、多物理、多尺度的复杂成形技术。目前,其工程应用尚面临诸多共性关键科学问题,如第 3 章~第 6 章所述,对其服役性能的可靠评价和准确预测提出了挑战。此外,成形过程的复杂性使得不同批次组件的力学及疲劳性能呈现较大的差异,使得基于测试的传统力学及疲劳性能评价方法显示出迁移性及稳健性较差等问题。不同批次成形部件往往需重复相关测试工作,时间及经济成本巨大。近年来,逐步发展成熟的 ML 方法已交叉融合在众多科学领域并发挥重要作用,其在材料科学领域的应用以数据驱动、机理牵引的材料基因组计划为典型代表。面对 AM 技术领域中存在的上述问题,运用 ML 方法建立一种基于数据驱动的准确、高效、可迁移评价和预测模型具有非同一般的重要意义。以材料硬度、缺陷特征、表面质量等为输入,材料的力学或疲劳性能为输出,可基于随机森林、神经网络等 ML 模型建立关联映射模型以实现性能预测。更进一步,当输入特征为工艺参数、材料物化特性等初始信息,输出标签为材料力学或疲劳性能时,则可在预测部件服役性能的同时反向指导工艺参数及成分优化,以节约工艺调控成本,提升产品成形质量。

虽然 ML 方法已在优化 AM 工艺参数和预测成形零件质量方面取得了巨大

进展,但模型的预测精度和泛化能力仍有待进一步提高。此外,由于数据科学只强调数据间的相关性故缺乏现实物理约束,使得 ML 方法的可靠性仍然受到质疑。在从 AM 的复杂热力学框架出发解释 ML 模型训练结果方面,ML 技术固有的"黑匣子"性质对其提出了重要挑战。对于 AM 领域,ML 方法建模效果依赖于其与物理原理和材料科学理论的一致性,应侧重于通过融合真实约束定律或信息以提高模型可解释性,降低所需训练数据集大小,同时提高模型的预测精度和泛化能力。现阶段,已有少量融合物理信息的 ML 方法被成功应用于 AM 领域,但仍存在诸多不足与挑战。本节将对其应用与挑战进行介绍。

11.3.1　典型应用举例

如第 4 章所述,孔隙类缺陷在 AM 中无法避免,这些缺陷作为微裂纹萌生位点而增大疲劳寿命分散性。基于工艺和力学数据分析和数值模型的开发可将工艺参数与孔隙率相关联,有助于理解孔隙形成的性质及其基本特征,称此类模型为物理模型。但这些模型具有固有的模型偏差,需校准模型参数且计算量巨大,无法进行实时孔隙度预测和过程优化。基于先进传感技术在成形期间高速捕获的熔池热图像,使用判别分析和决策树等监督学习方法可进行原位孔隙度检测或预测,称此类模型为数据科学模型。此类模型的最大优势在于能够处理高维、异质性和大容量的过程中热图像数据,以实现高效的知识发现,但因缺乏物理知识而限制了其对工艺参数的可解释性和推广性。

鉴于物理模型和数据科学模型各自的局限性和优势,一种 PyroNet+或 PyroNet++的物理驱动的深度学习模型被提出,用于揭示 AM 成形参数与孔隙度的内在联系,并准确预测孔隙度水平,如图 11.3 所示[3]。具体地,由名为 PyroNet 的深度学习模型来学习熔池热图像中的隐藏模式和结构,并将结果与 AM 仿真模型预测的过程信息和物理特征相融合,然后将其传递到随后的多层感知器以进行孔隙率预测。其中,热图像中的特征暗含了具有实际物理意义的各类工艺参数,如激光功率、扫描速度和熔池体积等。仿真结果则是对有限现场测试数据的补充,并且为 ML 模型预测结果合理性提供校准与参考。PyroNet++模型可以观察 AM 过程的实际情况,根据与理想状态的偏差推断孔隙度,相比于传统 ML 模型,此时所获得的模型并非简单的图像和孔隙率间的统计关系,而是可以提供一定物理见解,具有更高的准确性和可解释性。

如前所述,数据驱动的 ML 方法要么依赖于机器设置,要么忽略了孔隙生成的物理基础,当机器、组件或参数设置范围发生变化时,这些已经建立的模型通

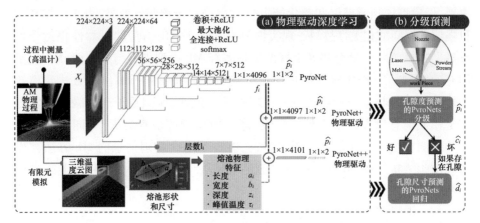

图 11.3　融合物理信息的 ML 框架示意图

常失去预测作用。这种限制的根本原因是机器相关的设置参数对于孔隙生成机制是间接相关的,而直接原因是 AM 中激光与材料间相互作用的时间或相关热历程。因此,在控制零件质量、分析孔隙生成机制方面,Liu 等[4]为将物理效应纳入数据驱动模型,并提供对孔隙度生成机理的深入见解,未直接使用机器设置参数为输入信息来预测成形部件的孔隙率水平,而是首先将机器设置解释为物理效应,如激光能量密度和激光辐射压力,然后将这些物理的、与设备无关的参量应用于预测孔隙度水平。在该过程中,因各种机器设置参数被解释为相应的物理效应,故内在的物理效应在建模过程中可被自动识别,进而建立基于物理信息的数据驱动模型来学习这些物理效应和孔隙率之间的关系,分析孔隙的形成机理,以最小化孔隙率为目标参数。此外,由于激光与材料相互作用过程中的物理信息效应是独立于机器的。因此,该物理信息数据驱动模型可灵活运用于不同类型的激光 AM 系统,具有良好的推广性。

　　如第 6 章所述,研究不同扫描策略引起的热场对于评估和优化 AM 过程中产生的残余应力和变形分布十分重要。然而,使用现有的数值模型来分析和选择适当的扫描策略以模拟如粉末床熔融沉积等增材制造过程所需计算成本高昂,模拟结果与实测结果间仍存在较大的差异。仅依靠 ML 方法同样存在着建立含足够数据的模型训练集资源消耗量大、难以将标记数据与物理意义相联系等问题。因此,部分研究工作集中于基于图像处理的 AM 过程监控和缺陷检测方面,如 Guo 等的研究工作[3]。同样,如 Guo 等[3]所述,基于一定物理信息的有限元模型可成为 ML 算法训练数据的良好来源,但选择恰当的数据结构来描述成形过程中的沉积状态演变规律是关键环节。

对此,Ren 等[5]提出了一种用于 AM 热分析的循环神经网络和深度神经网络组合模型,其以 AM 数值仿真结果为输入,对激光扫描模式的可行性和预期效果进行评估。模型的建立过程如下所述。首先,利用有限元热分析仿真架构,在整个 AM 成形中持续预测仿真域温度场,并跟踪每个材料体素的沉积时间,为生成大型热历史数据集奠定基础。值得注意的是,这种时间信息对于研究融合物理信息的 ML 模型至关重要,该沉积时间矩阵被用作所开发模型的输入。其次,由特殊设计的数据集结构描述沉积中激光扫描状态和相应温度场,该步骤可融合不同激光扫描模式。最后,建立循环神经网络和深度神经网络组合模型,如图 11.4 所示,旨在根据给定激光扫描模式预测成形区域温度演化行为,并据此比较任意几何形状的不同激光扫描模式。

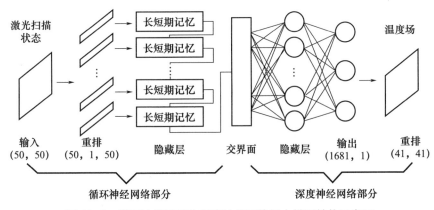

图 11.4　循环神经网络和深度神经网络组合模型结构示意图

通过将考虑物理信息的仿真模拟结果作为输入,在 ML 框架中引入了真实物理约束,但 AM 数值模拟工作需要对时空离散化、耦合策略、边界条件和线性求解器进行复杂的数学处理,以确保偏微分方程求解过程的稳定性、稳健性和计算效率[5]。即便由 AM 过程的高保真模拟获取所需 ML 训练数据集同样是非常昂贵和复杂的。对此,新兴的科学机器学习(SciML)方法成为经济、高效的将复杂物理信息引入传统 ML 方法的有效途径。其基本思想是与目标问题相关的高度浓缩的专业知识和理论表示为一组偏微分方程,将这类知识整合到 ML 模型中,以增强在稀疏数据区域中的预测能力。

尽管大多数 SciML 应用仅限于单一物理系统,但若将其扩展至一般概念,将有望解决金属增材制造中的多物理问题。近期的一项研究基于上述思想,通过由具有受物理定律约束的损失函数的多层感知机,处理 AM 过程的真实数据,进而提出了一个用于预测金属 AM 温度场和熔池流体动力学的物理信息神经网络框架[6]，不仅减少了对训练数据的需求，还加快了模型训练过程。具体地，模拟动量、质量和能量守恒的偏微分方程被直接考虑到损失函数中，将其融合到神经网络中。如果损失函数中没有包含这种基于物理的领域知识，该模型将依赖于简单的、缺乏物理意义的梯度下降法，其计算效率低且不考虑约束条件，从而导致插值和外推恶化。此外，为了施加必要的狄利克雷边界条件，借鉴多相流体力学中广泛使用的界面捕获的思想，将一小部分神经网络仅用于通过一个Heaviside函数执行狄利克雷边界条件。与在损失函数中使用附加约束来强制执行边界条件的传统"软"方法相比，这种"硬"方法不仅可以精确地满足狄利克雷边界条件，而且可以加快学习过程。一旦模型经过训练，就可以准确预测感兴趣的量，如温度、速度、压力、熔池尺寸和冷却速率等，展示了基于物理的深度学习方法在先进制造技术发展中的应用潜力。

近年来，鉴于在数据分类、回归和归类方面具有无与伦比的优势以及在处理复杂、多维数据方面具有较强的泛化能力，机器学习在增材制造领域得到了持续的关注，主要应用集中在材料设计、拓扑结构优化、工艺参数改进以及缺陷在线监测等方面，目前也涉及疲劳与断裂性能预测。

Zhan等[7]考虑应力水平和工艺参数（如激光功率、扫描速率、扫描间距、铺粉厚度）的影响，结合连续损伤力学方法和ML算法（如人工神经网络、随机森林、支持向量积），预测了增材制造316L不锈钢、Ti-6Al-4V钛合金和AlSi10Mg铝合金的疲劳寿命，并在展望中指出有必要进一步建立考虑缺陷几何特征的机器学习模型。Luo等[8]考虑应力水平以及气孔位置、尺寸和数量的影响，采用3种机器学习算法（线性回归、支持向量回归、核岭回归），预测了增材制造Inconel 718镍基合金的疲劳寿命。Bao等[9]考虑载荷以及缺陷位置、尺寸和形态的影响，采用两种ML算法（支持向量积和K临近算法），建立了裂纹源缺陷二维几何特征与Ti-6Al-4V钛合金疲劳寿命之间的映射关联，注意其中缺陷的二维几何特征经疲劳断口分析获得，如图11.5所示。

目前，基于ML建立考虑缺陷特征的疲劳寿命预测模型尚处于起步阶段，已有的模型均是以疲劳断口上关键缺陷的二维几何特征为输入量，这种依赖于破坏性检测的疲劳寿命预测模型在工程部件的疲劳寿命预测中存在着迁移性较差和稳健性不高等问题。此外，基于纯数据驱动的机器学习方法依赖于海量数据支撑，属于"暴力"求解，缺乏相关物理信息的关联和约束，导致机器学习的稳健性不高。因此，以物理信息为牵引的机器学习方法成为预测金属增材制造疲劳性能的热点研究方向。Peng等[10]针对选区激光熔化成形AlSi10Mg铝合金，定义了多项裂纹源缺陷参数（尺寸、位置和形貌），使其能够更加完整地表达增材缺陷的物理信息。进而,结合其他物理模型尝试打开机器学习模型中的黑箱,以此尝试进行力学分析,为建立基于机器学习的疲劳寿命预测进行了有益探索。同时,利用随机森林以及 Pearson 相关性分析方法,减少了裂纹源缺陷的特征指标,在一定程度上降低了 ML 模型的数据维度,增加了机器学习模型的泛化能力,最终实现了基于 XGboost 模型的增材制造金属缺陷致疲劳寿命的影响性分析。这一缺陷特征与疲劳寿命的映射关系被称为 Wu-Withers 四参数模型,给出了缺陷尺寸、位置和形貌等对疲劳寿命的贡献分数,对于评估增材缺陷的影响具有重要意义。特征重要性和寿命预测结果如图 11.6 所示。

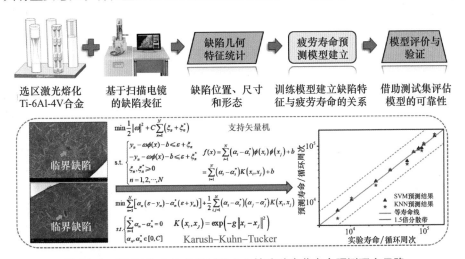

图 11.5　基于 ML 方法的增材钛合金缺陷致疲劳寿命预测研究思路

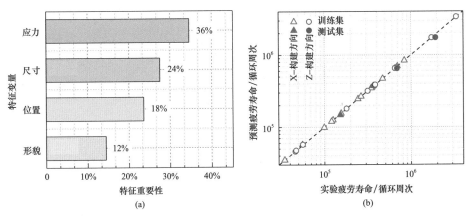

图 11.6　基于 ML 方法的增材铝合金缺陷致疲劳寿命预测结果

(a)特征重要性;(b)疲劳寿命。

分析表明,基于 ML XGBoost 模型建立的考虑裂纹源缺陷特征(尺寸、位置和形貌)和应力水平的疲劳寿命预测模型,预测精度 R^2 达到 0.95,可见新预测模型对测试数据具有较好的泛化能力。此外,借助 XGBoost 算法对缺陷特征与疲劳寿命的关联程度进行分析,发现最大应力和裂纹源缺陷尺寸是决定材料疲劳寿命的主要参数,验证了两参数 Murakami 模型的合理性。此外,通过对半经验的两参数(应力和缺陷尺寸)Murakami 模型和新提出的四参数(应力、缺陷尺寸、位置和形貌)的 X 参数模型对比研究后发现,两参数 Murakami 模型基本可以给出一定精度的预测结果,而最新的四参数的 X 参数模型同时考虑了缺陷位置和形貌参数,预测精度显著提高,也更符合理论预期,为重大装备的损伤容限设计提供了科学依据。例如,在制定运维策略时,不仅应考虑极限承载水平,而且要综合评判缺陷尺寸、位置和形貌的影响,而非仅仅依赖缺陷尺寸进行决策。需要指出的是,高时空分辨显微 CT 技术的推广应用,将使得这一技术思路具有更强的可行性。这里,将提出的四参数模型定义为基于四参数 Wu-Withers(W-W 参数)的寿命预测模型,其优点是考虑并提出了增材缺陷与寿命关联的特征物理信息,对疲劳寿命的影响程度从尺寸至位置再至形貌逐渐降低。值得注意的是,无论是两参数 Murakami 模型还是四参数 Wu-Withers 模型,预测精度与实验数据均有一定程度的偏差,部分原因是没有对材料组织和残余应力的贡献给予合理考虑,这也是未来的研究方向。

Salvati 等[11]提出了一种物理信息牵引的神经网格模型以预测增材制造缺陷致疲劳损伤。针对选区激光熔化成形 AlSi10Mg 铝合金:首先借助 X 射线计算机断层扫描技术,获取疲劳试样内部缺陷分布;然后基于缺陷容限思想和断裂力学理论,对缺陷几何特征的影响进行量化分析;最后通过引入断裂力学约束来加强神经网络的训练过程,具体措施为损失函数中既考虑 ML 模型的损失函数,又考虑基于断裂力学处理后的实验数据的损失函数。文中建立的物理信息牵引的机器学习模型使用较少的实验数据集,既充分利用了 ML 方法在数据分析中的优越能力,同时又遵守了断裂力学定律。

11.3.2 面临的技术挑战

在 AM 及相关领域,从传统 ML 方法到物理驱动或融入物理信息的 ML 方法的过渡是一个持续的过程。该思想方法的现有案例(见 11.3.1 节)为其可行性及有益效果提供了有力论证。然而,尚有诸多悬而未决的问题有待解决。本小节将从数据可用性、数据预处理、数据完整性以及计算能力等方面对 ML 方法在金属增材制造应用中存在的挑战和潜在问题进行讨论。

　　AM 中数据的可用性是物理驱动或融入物理信息的 ML 方法发展的关键问题。由于 AM 技术的灵活性和个性化定制特点,现阶段金属 AM 应用倾向于小批量生产,并且一些商业 AM 设备没有内置数据采集系统,这些情况都导致了许多 AM 应用程序中的数据可用性有限。尽管一些机构已经为金属 AM 创建了参考数据集,但这些数据集往往仅可代表实验室环境中的金属 AM,而非其在实际工业场景下的应用。尽管可通过开发 AM 过程数值模拟以提供额外的物理上有意义的仿真数据以扩充实测数据集,但高保真模拟所需时间及经济成本同样高昂,相关仿真技术目前尚有巨大挑战。虽然仿真建模或物理建模方法在过去 10 年中取得了重大进展,但常常需要设定许多固有假设,进行简化和近似处理,其在简化问题、方便运算的同时必然导致模拟准确性的降低,造成现有物理模型与实际制造过程不一致。此外,在预测金属 AM 工艺特性时,相关温度范围内的多尺度(空间和时间)集成也会引入可变性。

　　数据的不均匀问题是阻碍 ML 方法或融合物理信息的 ML 方法的另外一个关键问题。在许多 AM 应用中,与合格样品数据相比,与不合格零件相关数据往往占比较低。一方面,有限的数据可用性限制了金属 AM 数据集的大小;与此同时,测量不合格样品缺陷(如孔隙率、尺寸、位置分布)需要昂贵的工具,如用于分析零件内部缺陷的计算机断层扫描技术。

　　当获得所需数据后,在数据处理方面同样存在挑战。在金属 AM 中,处理数据集的方式应以实际情况为指导。即应根据预期,通过对数据的学习来解决问题以确定对所得数据集的后续处理方法。例如,由于熔池中的异常热动力学与成形金属件中的孔隙率之间存在合理的联系,熔池的原位图像可用于预测孔隙率。此时,使用沿不同角度安装的在线传感器收集的热图像可以显示在增材过程中正在构建的零件轮廓及熔池状态,整合各数据源则可提高预测分析的准确性。由此可见,了解增材制造过程中的基础物理、力学和材料学理论与现象是进一步研究实际生产数据的必要前提。因此,需要跨学科协作来指导机器学习方法或融合物理信息的 ML 方法中的数据处理工作。

　　此外,算法的输入数据模式,如图像、时间序列、声学信号等,是模型选择和数据预处理工作所需考虑的主要因素。在金属 AM 的研究背景下,所选择的模型必须可处理输入数据模式中的可用物理信息。例如,二维卷积神经网络适用于 AM 相关图像处理,其能够检测影响材料拉伸性能的裂纹和孔隙等几何特征。而若分析对象为时间序列数据(如温度信号),则循环神经网络(如长短期记忆网络和相关变体)具有应用前景。这是因为循环架构是 Markovian,能够在做出未来预测时考虑先前时间步长的影响,如温度场的时间演化。更进一步,若尝试从数据中提取 AM 的基本物理特性,如粉末床熔融成形中熔池的原位热图像,其为具有时空相关性的图像数据。此时,标准卷积神经网络将无法完成,而需要采用循环卷积神经网络来捕获时间维度相关性。

另一个考虑因素是数据的完整性。无论数据模式如何,任何 ML 模型都可能被低质量训练数据所破坏。源自工厂、车间等生产现场的实测数据通常是嘈杂、冗余和不完整的,导致可供学习的有用信息有限。此外,低质量的训练数据可导致 ML 模型预测效果受真实值之外的噪声数据干扰。对于融合物理信息的 ML 方法还需通过可信数据严格验证内置物理信息约束条件或假设,错误或误导性的先验信息与噪声数据对模型的影响相似,但程度更严重。

尽管与有限元等基于物理特征的数值仿真计算技术相比,ML 方法或融合物理信息的 ML 方法计算速度更快,但其计算成本仍然很高。金属 AM 系统可能涉及复杂的力学、物理学和材料科学,其物理系统优化模型往往存在难以解析等问题。考虑计算复杂性和时间,融合物理信息的 ML 方法可能是为这种复杂问题提供数据驱动求解的最佳方案,但计算上的复杂性不可避免。当在大规模生产中实施 ML 方法或融合物理信息的 ML 方法时,其对计算资源造成的巨大负担可能会带来高昂的计算成本。因此,在建立准确、稳健的算法模型时,应适度降低所融合物理信息的复杂性,以协调模型训练所需的计算资源。

11.4　本章小结

ML 是人工智能领域的核心技术,也是工业 4.0 的基础设施。该技术旨在不通过显著式编程而赋予机器"学习"的能力,并通过不断的"学习"使机器提高自身性能,做出智能决策。鉴于在数据分类、回归和归类方面的显著优势以及在处理复杂、多维数据方面具有较强的泛化能力,ML 在金属增材制造领域得到了广泛关注,具体应用涉及材料设计、拓扑结构设计、工艺参数优化、缺陷在线监测、力学性能预测等。但是传统的基于纯数据驱动的机器学习依赖于海量数据支撑,属于"暴力"求解,缺乏相关物理信息的关联和约束,导致机器学习的稳健性不高。因此,以物理信息为牵引的 ML 方法成为热点前沿方向。本章首先简要介绍了 ML 与大数据方法的内涵;然后论述了数据的创建及预处理步骤,列举了 ML 或物理信息牵引的 ML 在增材制造领域中的代表性应用;最后总结了面临的挑战与未来的研究方向。

参 考 文 献

［1］ Zhang X C, Guo J G, Xuan F Z. A deep learning based life prediction method for components under creep, fatigue and creep-fatigue conditions ［J］. International Journal of Fatigue, 2021, 148:106236.

［2］ 杨强, 孟松鹤, 仲政, 等. 力学研究中"大数据"的启示、应用与挑战 ［J］. 力学进展, 2020, 50:202011.

［3］ Guo W H, Tian Q, Guo S H, et al. A physics-driven deep learning model for process-porosity causal relationship and porosity prediction with interpretability in laser metal deposition ［J］. CIRP Annals, 2020, 69:205-208.

［4］ Liu R, Liu S, Zhang X. A physics-informed machine learning model for porosity analysis in laser powder bed fusion additive manufacturing ［J］. The International Journal of Advanced Manufacturing Technology, 2021, 113:1943-1958.

［5］ Ren K, Chew Y, Zhang Y F, et al. Thermal field prediction for laser scanning paths in laser aided additive manufacturing by physics-based machine learning ［J］. Computer Methods in Applied Mechanics and Engineering, 2020, 362:112734.

［6］ Zhu Q, Liu Z, Yan J. Machine learning for metal additive manufacturing: predicting temperature and melt pool fluid dynamics using physics-informed neural networks ［J］. Computational Mechanics, 2021, 67:619-635.

［7］ Zhan Z X, Li H. A novel approach based on the elastoplastic fatigue damage and machine learning models for life prediction of aerospace alloy parts fabricated by additive manufacturing ［J］. International Journal of Fatigue, 2021, 145:106089.

［8］ Luo Y W, Zhang B, Feng X, et al. Pore-affected fatigue life scattering and prediction of additively manufactured Inconel 718: An investigation based on miniature specimen testing and machine learning approach ［J］. Materials Science & Engineering A, 2021, 802:140693.

［9］ Bao H Y X, Wu S C, Wu Z K, et al. A machine-learning fatigue life prediction approach of additively manufactured metals ［J］. Engineering Fracture Mechanics, 2021, 242:107508.

［10］ Peng X, Wu S C, Qian W J, et al. The potency of defects on fatigue of additively manufactured metals ［J］. International Journal of Mechanical Sciences, 2022, 221:107185.

［11］ Salvati E, Tognan A, Laurenti L, et al. A defect-based physics-informed machine learning framework for fatigue finite life prediction in additive manufacturing ［J］. Materials & Design, 2022, 222:111089.